高职高专“十三五”规划教材

电工基础及应用学习指导

李玉芬　刘小英　主　编
赵旭升　冀俊茹　主　审

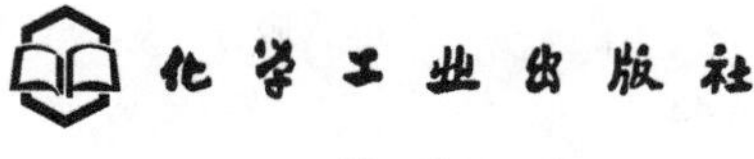

·北京·

本书为新形态教材《电工基础及应用——信息化教程》的配套指导书，全书分十个单元，每个单元设置学习模块，全书共35个学习模块（其中※部分为选学模块），每个模块包含知识回顾、典型例题和模块习题三个部分，通过知识回顾，学生可以系统地总结教材中各模块的知识点；通过典型例题的分析，学生可以领会解题思路，掌握解题方法；通过模块习题的操练，学生可以及时巩固所学知识，提高基础知识的学习效果。同时，本指导书的每个单元附2套单元自测题、全书附有5套综合自测题，通过自测题的自我检验，学生可以真切了解自己对每个单元以及整个课程知识的掌握与应用程度，从而有针对性地对自己的薄弱环节进行再学习，进而提升学习的效率。

本书可供电气类、电子类、自动化类及机电类专业作为学习指导书使用。

图书在版编目（CIP）数据

电工基础及应用学习指导/李玉芬，刘小英主编.—北京：化学工业出版社，2016.9（2024.8重印）
高职高专"十三五"规划教材
ISBN 978-7-122-27217-1

Ⅰ.①电… Ⅱ.①李…②刘… Ⅲ.①电工学-高等职业教育-教学参考资料 Ⅳ.①TM1

中国版本图书馆CIP数据核字（2016）第179007号

责任编辑：廉 静　　文字编辑：张绪瑞
责任校对：宋 玮　　装帧设计：王晓宇

出版发行：化学工业出版社（北京市东城区青年湖南街13号 邮政编码100011）
印　　装：北京虎彩文化传播有限公司
787mm×1092mm 1/16 印张13 字数330千字 2024年8月北京第1版第8次印刷

购书咨询：010-64518888　　售后服务：010-64518899
网　　址：http：//www.cip.com.cn
凡购买本书，如有缺损质量问题，本社销售中心负责调换。

定　　价：32.00元

前言 FOREWORD

《电工基础及应用学习指导》根据严金云副教授主编的新形态教材《电工基础及应用——信息化教程》教材进行编写。本学习指导书的章节编排与《电工基础及应用——信息化教程》完全相同。全书分十个单元，每个单元设置学习模块，全书共35个学习模块（其中※部分为选学模块），每个模块包含知识回顾、典型例题和模块习题三个部分，通过知识回顾，学生可以系统地总结教材中各模块的知识点：通过典型例题的分析，学生可以领会解题思路，掌握解题方法；通过模块习题的操练，学生可以及时巩固所学知识，提高基础知识的学习效果。同时，本指导书的每个单元附2套单元自测题、全书附有5套综合自测题，通过自测题的自我检验，学生可以真切了解自己对每个单元以及整个课程知识的掌握与应用程度，从而有针对性地对自己的薄弱环节进行再学习，进而提升学习的效率。

本书邀请校内外老师及企业人员参与研讨并确立教材体系，南京科技职业学院承担了教材的主要编写工作，陕西咸阳职业技术学院、扬州工业职业技术学院参与了大纲和内容的讨论及编写工作。

全书由南京科技职业学院李玉芬、陕西咸阳职业技术学院刘小英担任主编，南京科技职业学院陈琳、刘玲担任副主编，赵旭升教授、冀俊茹副教授担任主审。文稿部分，第1单元、第2单元由刘小英完成，第5单元的模块15、16和自测题以及第3单元和第10单元由陈琳完成，第6单元、第7单元由刘玲完成，第5单元中的模块17到模块20以及第4单元、第8单元、第9单元由李玉芬完成，综合自测题部分由扬州工业职业技术学院杨润贤和江苏省电力公司检修分公司何瑜工程师完成，全书的统稿工作由李玉芬负责。其中部分题目采纳了网上和兄弟院校的习题，本教材编写过程中还采纳了严金云、尹俊、陈柬等课程组老师的中肯建议，在此对他们一并表示衷心的感谢！

本书可供电气类、电子类、自动化类及机电类专业作为学习指导书使用。

本学习指导书虽经多次修订才出版，难免仍有疏漏和不妥之处，恳请读者给予批评指正。

编者

2016. 5

目录　CONTENTS

第 1 单元 UNIT 1 电路模型与电路定律

模块 1　电路的组成及作用

知识回顾

（1）电路的概念：所谓电路就是电流的通路。

（2）电路的作用：

① 电能的传输和转换；

② 电信号的传递和处理。

（3）电路的组成：电路主要由电源、负载和中间环节三部分组成。

典型例题

【例 1】 常见的电路形式有________和________。

解： 所谓电路就是电流的通路。其形式多种多样，概括起来主要有两方面：

（1）电能的传输和转换，习惯称为“强电”电路。

（2）电信号的传递和处理，习惯称为“弱电”电路。

【例 2】 试画出白炽灯接线的电路模型。

解： 图 1.1 即为白炽灯接线电路模型。它是用几个理想电路元件构成的用于模拟实际电路的模型。通常通过建立电路模型来研究电路问题。

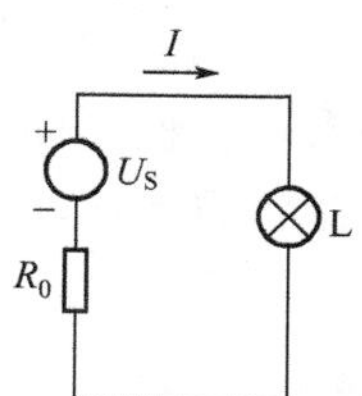

图 1.1　白炽灯接线电路

模块习题

1. ________流通的路径称为电路，通常电路是由________、________和________组成。

2. 用来表征将电能转换成热能的元件叫________，用来表征电场储能现象的元件叫________，用来表征磁场储能现象的元件叫________。

3. 在电路中，________是提供电能或信号的设备，________是消耗电能或输出信号的设备。

4. 在建立电路模型时，通常用________来表征白炽灯等发热元件。

5. 通常将用于组成电路的电工、电子设备或元器件统称为________。

模块 2　电路的基本物理量

知识回顾

一、电流及其参考方向

1. 电流的概念

带电粒子在电场力作用下有规则的定向移动就形成了电流。

直流电（DC）：大小和方向均不随时间变化，$I=\frac{Q}{T}$。

交流电（AC）：大小和方向均随时间变化，$i=\frac{\mathrm{d}q}{\mathrm{d}t}$。

2. 电流的方向

先任意选定某一方向作为参考方向，并根据此方向进行计算：

计算结果为正：电流的实际方向与参考方向同向。

计算结果为负：电流的实际方向与参考方向相反。

二、电压及其参考方向

1. 电压的概念

在电路中，电场力把单位正电荷（q）从 a 点移动到 b 点所做的功（W）称为 a、b 两点间的电压，也称为电位差。

2. 电压的方向

先选取电压的参考方向：

当电压值为正：电压的实际方向与参考方向同向。

当电压值为负：电压的实际方向与参考方向相反。

3. 电压方向的表示方法

如图 1.2 所示。

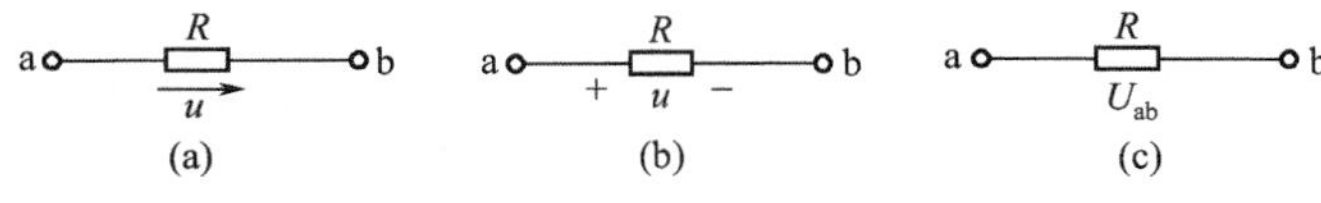

图 1.2　电路图

三、电位

（1）电位的单位是伏特（V）。

（2）电位的相对性：电位随参考点选择而异，参考点不同，电位值不同。

（3）电位的单值性：参考点一经选定，电路中各点的电位即为确定值。

四、电动势

（1）电动势的单位是伏特（V）。

（2）电源电动势的表示：

$$E=\frac{W}{Q}\text{或}\ e=\frac{\mathrm{d}w}{\mathrm{d}q}$$

五、功率

（1）定义：单位时间内电场力或电源力所做的功，称为功率。

（2）功率的单位是瓦特（W）。

典型例题

【例 1】 如图 1.3 所示，电流参考方向已经选定，已知 $I_1=1\text{A}$，$I_2=-3\text{A}$，$I_3=-5\text{A}$，试指出电流的实际方向。

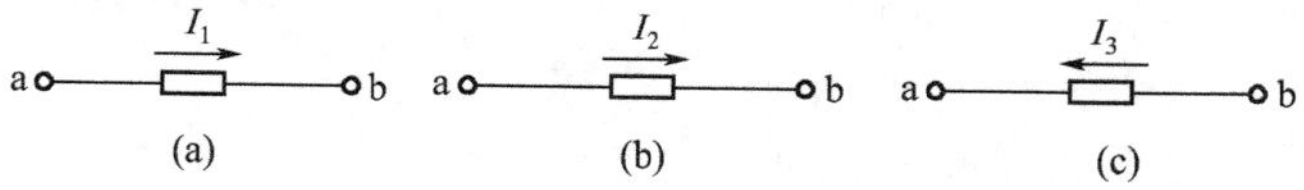

图 1.3 例 1 电路图

解： $I_1>0$，说明电流的实际方向与参考方向相同，即电流由 a 流向 b，大小为 1A；

$I_2<0$，说明电流的实际方向与参考方向相反，即电流由 b 流向 a，大小为 3A；

$I_3<0$，说明电流的实际方向与参考方向相反，即电流由 a 流向 b，大小为 5A。

【例 2】 已知图 1.4(a) 中 $U=5\text{V}$；图 1.4(b) 中 $U=-5\text{V}$；图 1.4(c) 中 $U_{ab}=-6\text{V}$，试指出电压的实际方向。

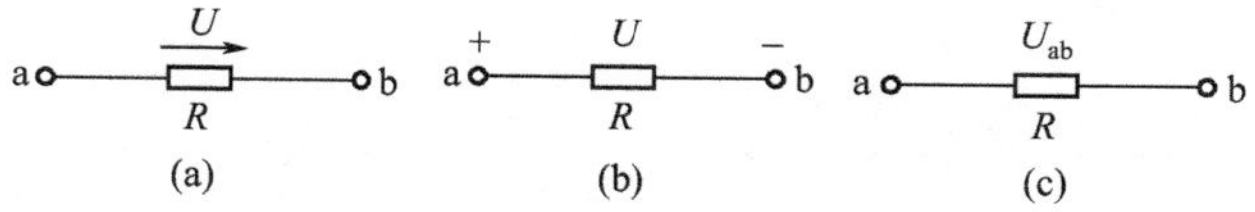

图 1.4 例 2 电路图

解： 图 1.4(a) 中，$U=5\text{V}>0$，说明电压的实际方向与参考方向相同，即由 a 指向 b；

图 1.4(b) 中，$U=-5\text{V}<0$，说明电压的实际方向与参考方向相反，即由 b 指向 a；

图 1.4(c) 中，$U_{ab}=-6\text{V}<0$，说明电压的实际方向与参考方向相反，即由 b 指向 a。

【例 3】 如图 1.5 所示电路，已知 $E_1=20\text{V}$，$E_2=30\text{V}$，$R_1=R_3=R_4=5\Omega$，$R_2=10\Omega$，求 a、b、c 三点电位。

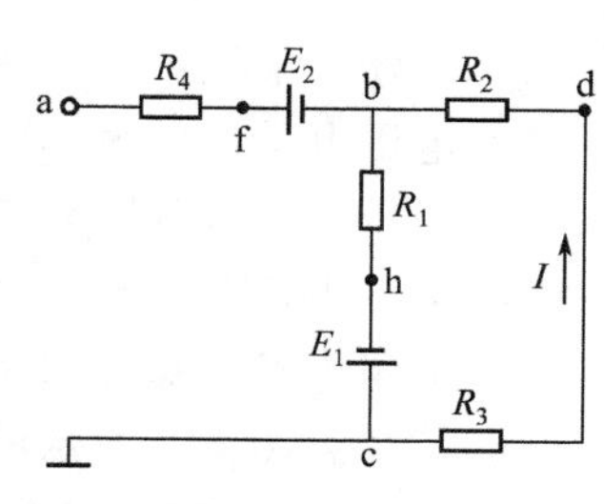

图 1.5 例 3 电路图

解：（1）分析电路

电阻 R_4 上无电流通过，所以也无电压。

$$I=\frac{E_1}{R_1+R_2+R_3}=\frac{20}{5+10+5}=1\text{A}$$

（2）选 c 点为参考点

$$V_c=0$$

（3）计算各点电位

$$V_b=U_{bd}+U_{dc}=-I(R_2+R_3)=-1\times(10+5)=-15\text{V}$$

$$V_a=U_{af}+U_{fb}+U_{bc}=0+E_2+V_b=0+30-15=15\text{V}$$

模块习题

1. 为了方便分析，对于负载一般把电流与电压的参考方向选为一致，称之为________，当两者方向相反时，称为________。

2. 习惯上规定________电荷移动的方向为电流的方向，为此，电流的方向实际上与电子移动的方向________。

3. 测量电流时，应将电流表________接在电路中，使被测电流从电流表的________接线柱流进，从________接线柱流出，每个电流表都有一定的测量范围，称为电流表的________。

4. 电压是衡量________做功能力的物理量。

5. 电动势的方向规定为在电源内部由________极指向________极。

6. 当电压与电流为关联参考方向时，$P=UI$ 功率为正，表示电路________功率，功率为负，表示电路________功率。

7. 当电压与电流为非关联参考方向时，$P=UI$ 功率为正，表示电路________功率，功率为负，表示电路________功率。

8. 测量电压时，应将电压表和被测电路________联，测量电流时，应将电流表和被测电路________联。

9. 如图 1.6 所示，(a) 图中电压表的 a 应接电阻的________端，b 应接电阻的________端，(b) 图中电流表的 a 应接电阻的________端。

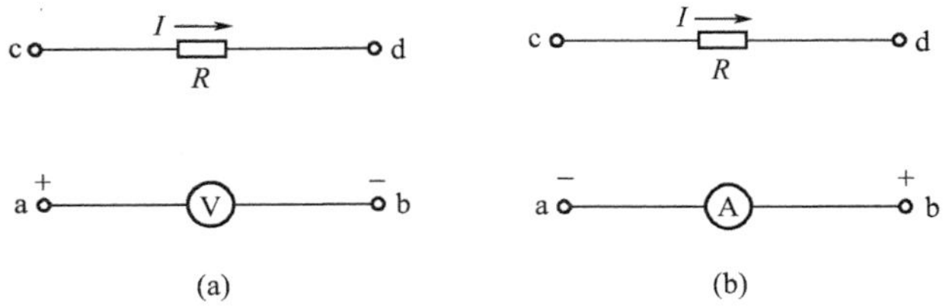

(a) (b)

图 1.6 习题 9 图

10. 电路中某点与________的电压即为该点的电位，若电路中 a、b 两点的电位分别为 V_a、V_b，则 a、b 两点间的电压 $U_{ab}=$________；$U_{ba}=$________。

11. 导体中电流由电子流形成，因此电子流动的方向就是电流的方向。 （ ）

12. 电源电动势的大小由电源本身性质所决定，与外电路无关。 （ ）

13. 电压和电位都随参考点的变化而变化。 （ ）

14. 电路中任意两点之间的电压等于这两点电位之差。 （ ）

15. 电路中参考点选取不同，电路中各点的电位相同。 （ ）

16. 试计算图 1.7 所示电路中 B 点的电位 V_B。

17. 在图 1.8 所示电路中，已知四个电阻阻值相等，$U_{CE}=4\text{V}$，试用电位差的概念计

算 U_{AB}。

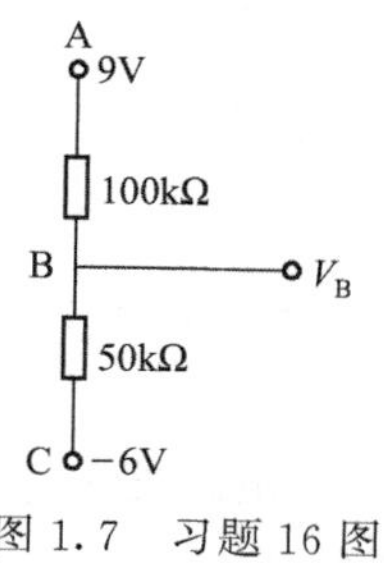

图 1.7 习题 16 图

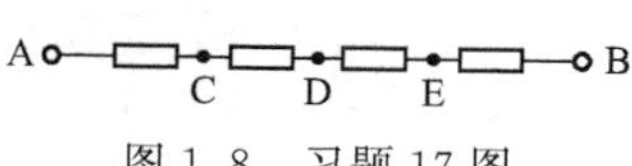

图 1.8 习题 17 图

模块 3 电路的工作状态

知识回顾

一、开路状态（空载状态）

（1）定义：当电路因某种原因断开，称为开路状态。

（2）特性：电路中电流为零，端电压等于电源电动势。

二、短路状态

（1）定义：当电源两端由于某种原因短接在一起，称为短路状态。

（2）特性：产生很大的短路电流，电能均被内阻消耗，端电压为零。

三、负载状态（通路状态）

（1）定义：电源与一定大小的负载接通，称为负载状态。

（2）特性：当电压一定时，负载的电流越大，消耗的功率亦越大，负载也越大。

典型例题

【例 1】 如图 1.9 所示电路中，已知电源电动势为 24V，内阻为 4Ω，负载电阻为 20Ω。试求：

（1）电路中的电流 I；

（2）电源的端电压 U_1；

（3）负载电阻上的电压 U_2；

（4）内压降 U_3。

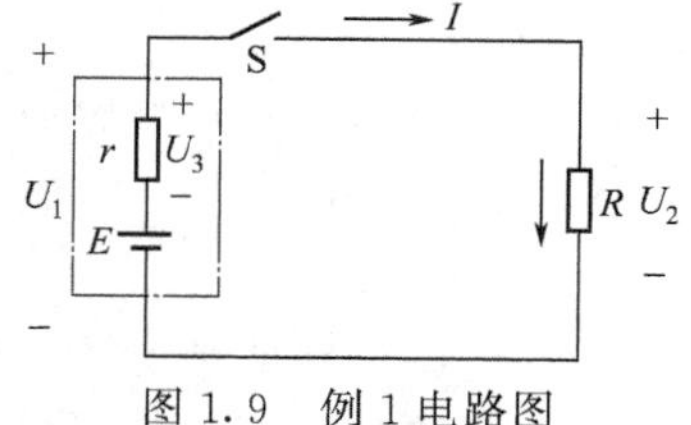

图 1.9 例 1 电路图

解：（1）已知 $E=24\text{V}$，$r=4\Omega$，$R=20\Omega$

依据欧姆定律列方程：

$$E=I(R+r)$$

电路中电流：

$$I=\frac{E}{R+r}=\frac{24}{4+20}\text{A}=1\text{A}$$

（2）电源端电压：

$$U_1=E-Ir=24-1\times4=20\mathrm{V}$$

（3）负载电阻电压：

$$U_2=IR=1\times20\mathrm{V}=20\mathrm{V}$$

（4）内压降：
$$U_3=Ir=1\times4\mathrm{V}=4\mathrm{V}$$

【例 2】 如图 1.10 所示，已知 $E=6\mathrm{V}$，$r=0.2\Omega$，$R=9.8\Omega$，试求开关 S 分别处于不同位置时电流表和电压表的读数。

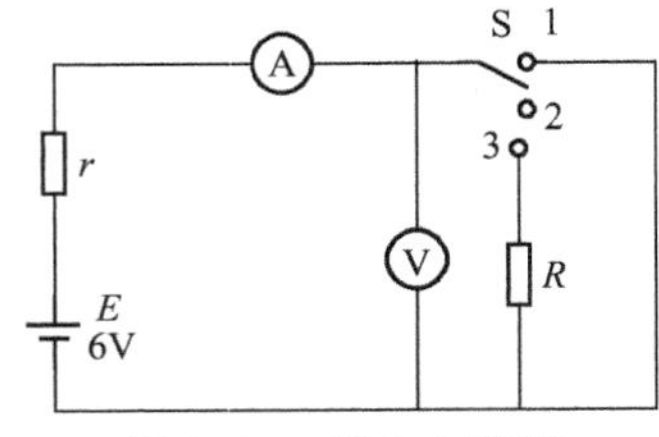

图 1.10　例 2 电路图

解： 当开关 S 打在 1 位置时，电路处于短路状态：

$$I=\frac{E}{r}=\frac{6}{0.2}\mathrm{A}=30\mathrm{A}$$

$$U=0$$

即电流表的读数为 30A，电压表的读数为 0V。

当开关 S 打在 2 位置时，电路处于开路状态：

$$I=0\qquad U=E=6\mathrm{V}$$

即电流表的读数为 0A，电压表的读数为 6V。

当开关 S 打在 3 位置时，电路处于通路状态：

$$I=\frac{U}{R+r}=\frac{6}{9.8+0.2}\mathrm{A}=0.6\mathrm{A}$$

$$U=E-Ir=(6-0.6\times0.2)\mathrm{V}=5.88\mathrm{V}$$

即电流表的读数为 0.6A，电压表的读数为 5.88V。

模块习题

1. 电路的三种工作状态分别是：________、________和________。

2. 为了防止短路事故的发生，常在电路中接入________或________，以便于在发生短路时迅速切断故障电路。

3. 一般常用的额定值有：________、________和________。

4. 用电压表测得电路端电压为零，这说明（　　）。

A. 外电路断路　　B. 外电路短路

C. 外电路上电流比较小　　D. 电源内电阻为零

5. 电源电动势为 2V，内电阻为 0.1Ω，当外电路断路时，电路中的电流和端电压分别是（　　）。

A. 0、2V　　B. 20A、0

C. 20A、2V　　D. 0、0

6. 上题中当外电路短路时，电路中的电流和端电压分别是（　　）。

A. 20A、2V　　B. 20A、2V

C. 20A、0　　D. 0、0

7. 在电源一定的情况下，电阻大的负载是大负载。（　　）

8. 在通路状态下，负载电阻变大，端电压将下降。（　　）

9. 当电路开路时，电源电动势的大小为零。（　　）

10. 在短路状态下，端电压等于零。（　　）

模块 4 电路元件——RLC 元件

知识回顾

一、电阻元件

(1) 电阻用 R 表示，单位为欧姆（Ω）。

(2) 电阻是一个耗能元件，在电路中吸收的功率为 $P=UI=RI^2=\frac{U^2}{R}$。

(3) 电能的单位为焦耳（J）或者度，1 度等于 3.6×10^6J。

二、电感元件

(1) 电感用 L 表示，单位为亨利（H）。

(2) 线圈中通入交流电时，就会在线圈的周围产生感应电压，感应电压为：$u_L=L\frac{\mathrm{d}i}{\mathrm{d}t}$。

(3) 电感是一个储能元件，在电路中储存的能量为：$W_L=\frac{1}{2}Li^2$。

三、电容元件

(1) 电容用 C 表示，单位为法拉（F）。

(2) 电容器两端通入交流电时，会在电容上积聚电荷，产生电流，其电流为：$i_C=C\frac{\mathrm{d}q}{\mathrm{d}t}$。

(3) 电感是一个储能元件，在电路中储存的能量为：$W_C=\frac{1}{2}Cu^2$。

典型例题

【例 1】 一段导线，其电阻为 10Ω，如果把它对折起来作为一条导线用，电阻值为多少？如果把它均匀拉伸，使它的长度为原来的两倍，电阻值又是多少？

解：依据电阻计算公式 $R=\rho\frac{L}{S}$ 可知：当将导线对折时，导线长由原来的 L 变成 $\frac{1}{2}L$，横截面积由原来的 S 变成 $2S$，可见

$$R_1=\rho\frac{\frac{1}{2}L}{2S}=\frac{1}{4}R=2.5\Omega$$

当将导线拉升至原来两倍时，导线由原来的 L 变为 $2L$，横截面积由原来的 S 变成 $\frac{1}{2}S$，可见

$$R_2=\rho\frac{2L}{\frac{S}{2}}=4R=40\Omega$$

【例 2】 某电磁炉的电阻为 10Ω，工作电压为 220V，问当通电时间为 30min，可以放出多少能量？可以消耗多少度电？

解： 释放热量 $$Q=\frac{U^2 t}{R}=\frac{220^2\times 30\times 60}{10}=8.712\times 10^6\text{J}$$

电能 $$W=Q=\frac{8.712\times 10^6}{3.6\times 10^6}=2.42\text{ 度}$$

模块习题

1. 常见的耗能元件有________，常见的储能元件有________和________。
2. 对于电阻而言，无论电压与电流为正值或负值，其功率均________。
3. 5.6μH=________ H，0.6μF=________ pF。
4. 在电工技术中，常用的理想电路元件只有五种：________、________、________、________和________。

模块 5 电路元件——电压源与电流源

知识回顾

一、电压源

（1）定义：电压源是指理想电压源，其内阻为零，且电源两端的端电压值恒定不变或按某一特定规律随时间而变化。

（2）特点：电压大小取决于电压源本身，与流过的电流无关。流过电压源的电流大小与电压源外部电路有关，由外接负载决定。

（3）电压源的表示（见图 1.11）

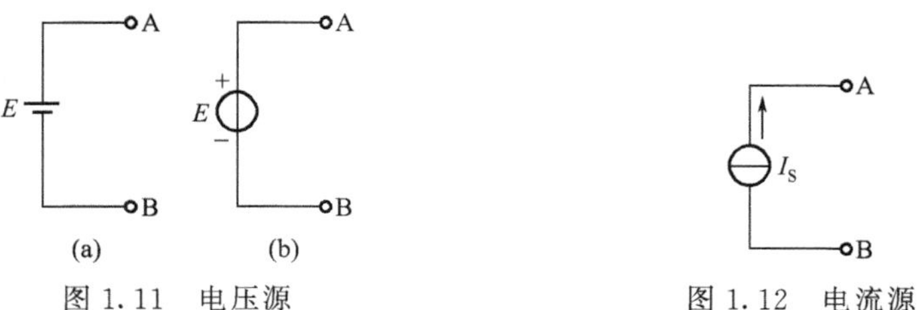

图 1.11 电压源　　图 1.12 电流源

二、电流源

（1）定义：电流源是指理想电流源，即内阻为无限大，输出恒定电流 I_S 的电源。

（2）特点：电流大小取决于电流源本身，与电源的端电压无关。端电压的大小与电流源外部电路有关，由外接负载决定。

（3）电流源的表示（见图 1.12）

三、实际电压源与实际电流源

(1) 实际电压源可以用一个理想电压源和一个理想电阻串联组合电路来表示。如图 1.13 所示，其端电压为：$U=E-Ir$。

(2) 实际电流源可以用一个理想电流源和一个理想电阻并联组合电路来表示。如图 1.14 所示，其端电压为：$I=I_S-\frac{U}{r}$。

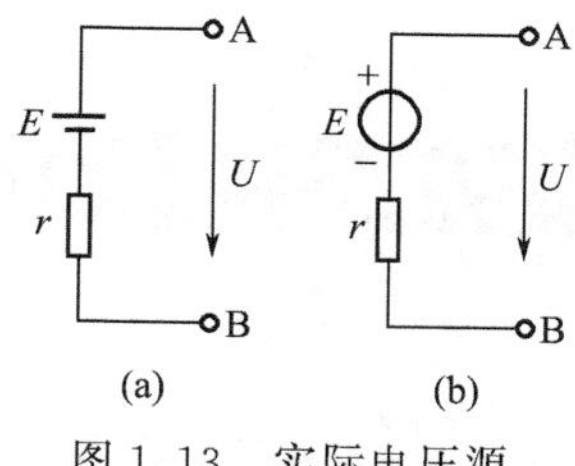

图 1.13　实际电压源

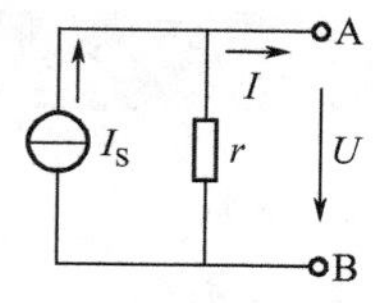

图 1.14　实际电流源

典型例题

【例 1】 试求图 1.15(a) 中电压源的电流与图 1.15(b) 中电流源的电压。

解： 图 1.15(a) 中流过电压源的电流也是流过 5Ω 电阻的电流，所以流过电压源的电流为：$I=\frac{U_S}{R}=\frac{10}{5}=2\text{A}$。

图 1.15(b) 中电流源两端的电压也是加在 5Ω 电阻两端的电压，所以电流源的电压为：$U=I_SR=2\times5=10\text{V}$。

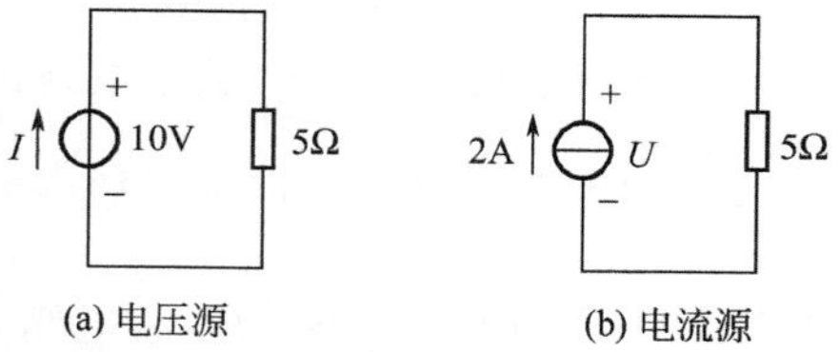

(a) 电压源　(b) 电流源

图 1.15　例 1 电路图

【例 2】 如图 1.16(a) 所示，电压源、电流源的功率分别为多大？判断是吸收还是发出功率？

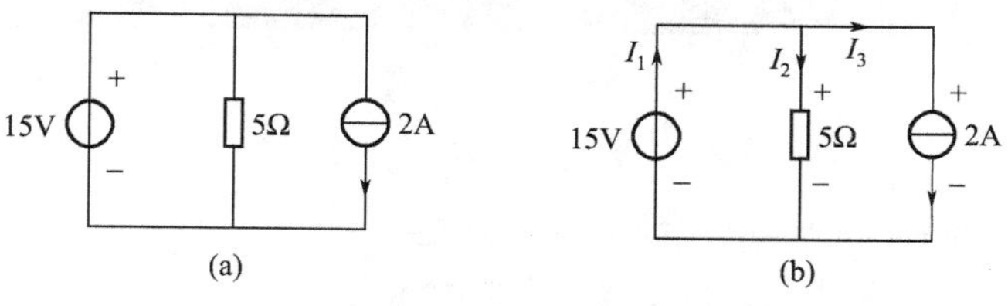

图 1.16　例 2 电路图

解： 电压源的性质为两端电压不变、电流方向由外电路决定。

电流源的性质为输出电流不变、电流方向不变，两端电压由外电路决定。

标出图中电流参考方向如图 1.16(b) 所示。

对于电阻而言，其两端电压为 15V，则流过电阻的电流为：

$$I_2=\frac{15}{5}\text{A}=3\text{A}$$

$$I_3=I_S=2\text{A}$$

$$I_1=I_2+I_3=3+2=5\text{A}$$

电压源功率：$P_1=I_1U=-5\times15\text{W}=-75\text{W}$，电压源发出功率。

电流源功率：$P_2=I_3U=2\times15\text{W}=30\text{W}$，电流源吸收功率。

电阻功率：$P_R=I_2U=3\times15\text{W}=45\text{W}$，电阻吸收功率。

由上可知：$P_1+P_2+P_R=-75\text{W}+30\text{W}+45\text{W}=0$

电路中吸收功率等于发出功率。

模块习题

1. 电源模型一般分为________源和________源。
2. 理想电压源的内阻为________，理想电流源的内阻为________。
3. 对于电流源而言，电流的大小取决于外电路的负载大小。 (　　)
4. 理想电压源两端的电压取决于它所连接的外电路。 (　　)
5. 理想电压源的端电压始终为恒定值，与通过它的电流无关。 (　　)
6. 电流源既可以对外电路提供能量，也可以从外电路吸收能量。 (　　)
7. 在一个电路中，电源产生的电功率等于负载消耗的功率与电源内电阻消耗的功率之和。 (　　)
8. 电源在实际电路中，总是向外供给电能量（即产生功率）。 (　　)
9. 任何电路或任何元件上的功率都可以用公式 $P=I^2R$ 或 $P=\frac{U^2}{R}$ 计算。 (　　)
10. 一个 100Ω、$\frac{1}{4}$W 的碳膜电阻，问使用时，电流不能超过多大值？此电阻能否接在 10V 的电源上使用？

模块6　基尔霍夫定律

知识回顾

一、基本概念

（1）支路：电路中通过同一电流的每一个分支。

（2）节点：电路中三条或三条以上支路的连接点。

（3）回路：电路中的任一闭合路径。

（4）网孔：内部不含支路的回路。

二、基尔霍夫电流定律

（1）概念：任意时刻，流入电流中任一节点的电流之和等于流出该节点的电流之和。

（2）应用：基尔霍夫电流定律描述了电路中任意节点处各支路电流之间的相互关系，在任意瞬间，流进流出一个节点电流的代数和恒等于零，即 $\sum I=0$。

(3) 基尔霍夫电流定律的推广：不仅适用于节点，也可推广应用到包括几个节点的闭合面。

三、基尔霍夫电压定律

(1) 概念：任何时刻，沿电路中任一闭合回路，各段电压的代数和恒等于零。

(2) 应用：基尔霍夫电压定律描述了电路中任意回路上各段电压之间的相互关系，在任意瞬间，沿任意回路绕行方向绕行一周，回路中各段电压的代数和恒等于零，即$\sum U=0$。

(3) 基尔霍夫电压定律的推广：不仅应用于回路，也可推广应用于一段不闭合电路。

四、支路电流法

以支路电流为未知量，应用基尔霍夫定律，列出与支路电流数相等的方程组，联立求解支路电流的方法，称为支路电流法。

支路电流法的解题步骤为：

① 确认电路结构（假设 n 个节点，b 条支路）；

② 标出支路电流参考方向和回路绕行方向（任意选定）；

③ 根据 KCL 列写节点的电流方程式($n-1$ 个独立 KCL 方程)；

④ 根据 KVL 列写回路的电压方程式(补充 $b-n+1$ 个独立 KVL 方程)；

⑤ 解联立方程组，求取未知量。

典型例题

【例 1】 如图 1.17 所示，已知 $I_1=2\text{A}$，$I_2=1\text{A}$，$I_3=3\text{A}$，$I_4=7\text{A}$，求电流 I_5。

解：

依据基尔霍夫电流定律：　$\sum I_{进}=\sum I_{出}$

则对于节点 A 而言：　$I_1+I_3=I_2+I_4+I_5$

即：　$2\text{A}+3\text{A}=1\text{A}+7\text{A}+I_5$

解得：　$I_5=-3\text{A}$

即 I_5 大小为 3A，其实际方向与图示的参考方向相反。

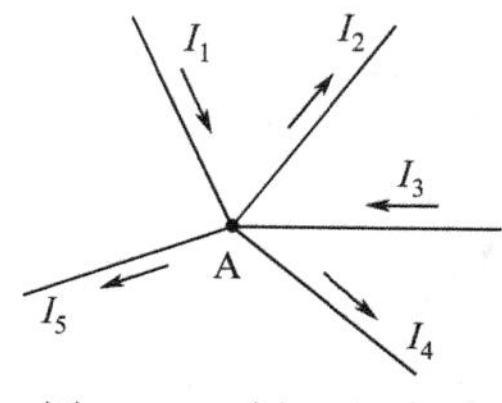

图 1.17　例 1 电路图

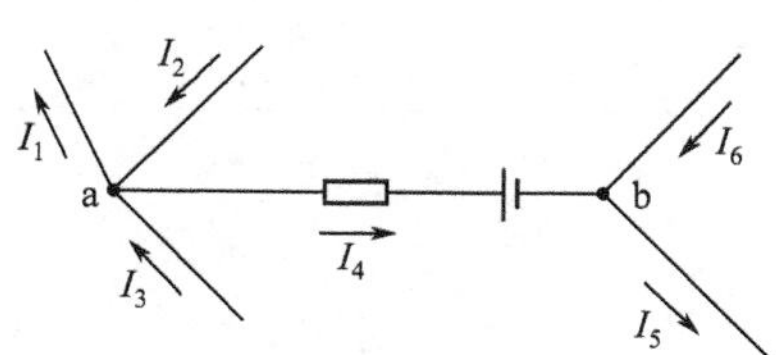

图 1.18　例 2 电路图

【例 2】 如图 1.18 所示电路中，已经 $I_1=4\text{A}$，$I_2=0.5\text{A}$，$I_3=3\text{A}$，$I_6=2\text{A}$，求 I_4、I_5。

解： 对节点 a，依据基尔霍夫电流定理，可得：

$$I_2+I_3=I_1+I_4$$

代入数据：

$$0.5\text{A}+3\text{A}=4\text{A}+I_4$$

可得：$I_4=-0.5\text{A}$，电流方向与参考方向相反。

对节点 b，依据基尔霍夫电流定理，可得：

$$I_4+I_6=I_5$$

代入数据：

$$-0.5\text{A}+2\text{A}=I_5$$

可得：$I_5=1.5\text{A}$，电流方向与参考方向一致。

【例 3】 如图 1.19 所示电路图，试求电流 I 的大小。

解： 经过分析，电路中只存在一个单一电流回路，标出该回路中电流参考方向。依据基尔霍夫电压定律可列方程式：

$$I+2I=3\text{V}$$

解得：

$$I=1\text{A}$$

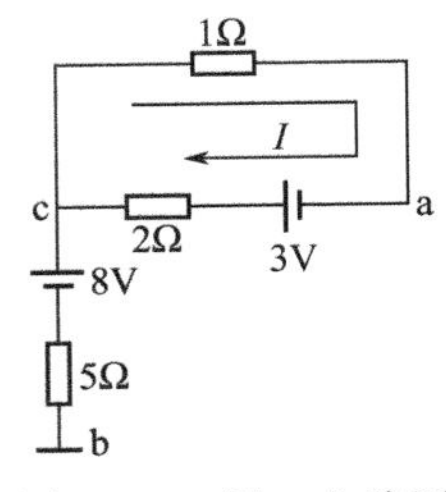

图 1.19 例 3 电路图

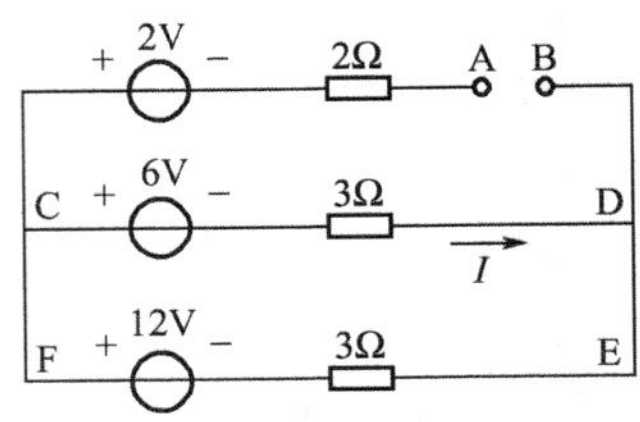

图 1.20 例 4 电路图

【例 4】 求图 1.20 所示电路的开口电压 U_{AB}。

解： 电流 I 参考方向如图 1.20 所示，在回路 CDEFC 中，根据基尔霍夫电压定律，有

$$6+3I+3I-12\text{V}=0$$

求得：

$$I=1\text{A}$$

在回路 ABEFA 中，根据基尔霍夫电压定律，有

$$2+U_{AB}+3I-12=0$$

求得：

$$U_{AB}=7\text{V}$$

【例 5】 如图 1.21(a) 所示电路，已知 $R_1=5\Omega$，$R_2=10\Omega$，$R_3=15\Omega$，$U_{S1}=180\text{V}$，$U_{S2}=80\text{V}$，求各支路中的电流。

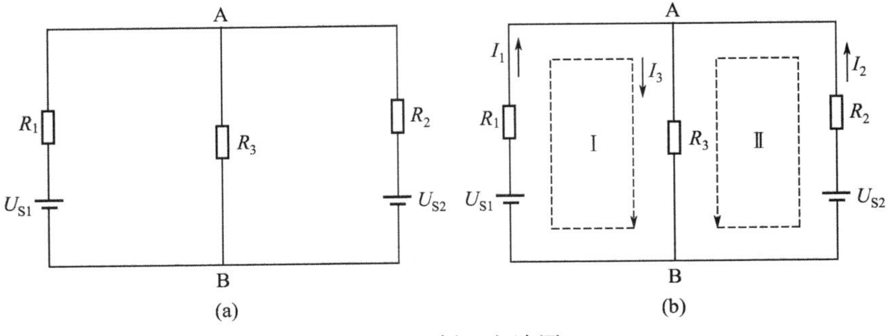

图 1.21 例 5 电路图

解： 应用支路电流法求解该电路，因待求支路有 3 条，所以必须列出 3 个独立方程才能求解 3 个未知电流 I_1、I_2 和 I_3。

设各支路电流参考方向及回路的绕行方向如图 1.21(b) 所示。

由 KCL 得

节点 A：
$$I_1+I_2-I_3=0$$

由 KVL 得

回路Ⅰ：
$$R_1I_1-R_2I_2+U_{S2}-U_{S1}=0$$

回路Ⅱ：
$$R_2I_2+R_3I_3-U_{S2}=0$$

联立求解方程组并代入参数得

$$I_1+I_2-I_3=0$$
$$5I_1-10I_2+80-180=0$$
$$10I_2+15I_3-80=0$$

解联立方程可得

$$I_1=12\text{A}，I_2=-4\text{A}，I_3=8\text{A}$$

结果中的 I_1 和 I_3 为正值，说明电流的实际方向与参考方向一致；I_2 为负值，说明电流的实际方向与参考方向相反，即电流 I_2 是流入电动势 U_{S2} 的，此时电动势 U_{S2} 作为负载，也称为反电动势。蓄电池被充电就是这种情况。

模块习题

1. 不能用电阻串、并联化简的电路称为________。

2. 电路中的________称为支路，________称为节点，电路中________都称为回路。

3. 流过同一________的电流大小相同。

4. 如图 1.22 电路结构中，I_1 与 I_2 的关系是（　　）。

A. $I_1>I_2$　　B. $I_1<I_2$　　C. $I_1=I_2$　　D. 不确定

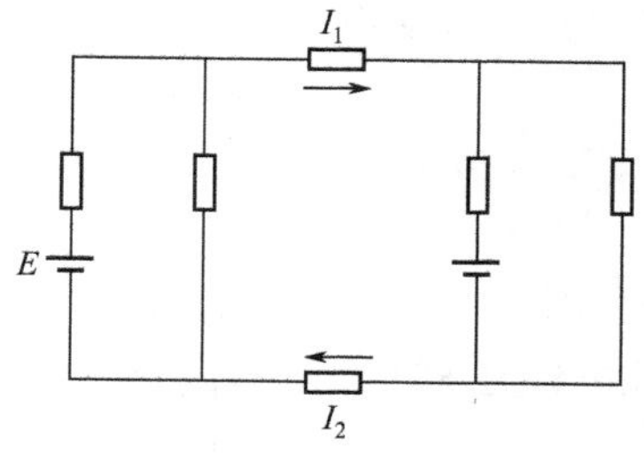

图 1.22　习题 4 图

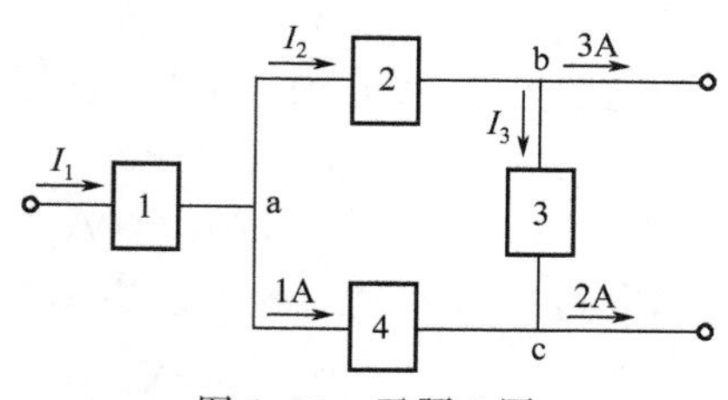

图 1.23　习题 5 图

5. 如图 1.23 所示，电流 I_1 的大小为（　　）。

A. 1A　　B. 3A　　C. 5A　　D. −3A

6. 在图 1.24 所示的部分电路中，已知：$I_A=3\text{A}$，$I_{AB}=-5\text{A}$，$I_{BC}=8\text{A}$，求 I_B、I_C 和 I_{AC}。

7. 已知如图 1.25 所示电路中，$U_S=2\text{V}$，$I_S=1\text{A}$，$R_1=1\Omega$，$R_2=3\Omega$。求 V_a。

8. 如图 1.26 所示电路，已知直流发电机的电动势 $E_1=7\text{V}$，内阻 $r_1=0.2\Omega$，蓄电池组的电动势 $E_2=6.2\text{V}$，内阻 $r_2=0.2\Omega$。负载电阻 $R_3=3.2\Omega$。求各支路电流和负载的端电压。

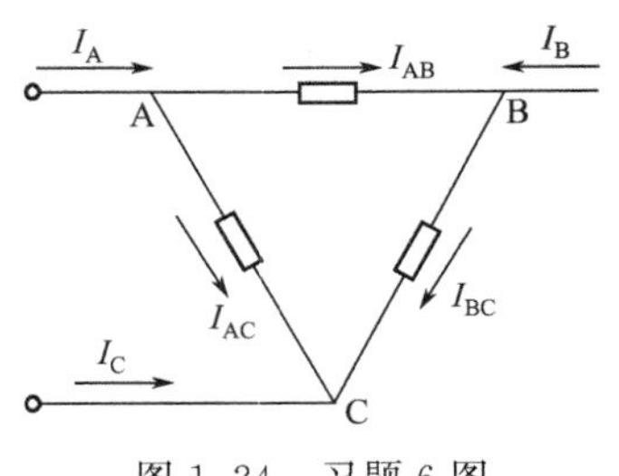

图 1.24　习题 6 图

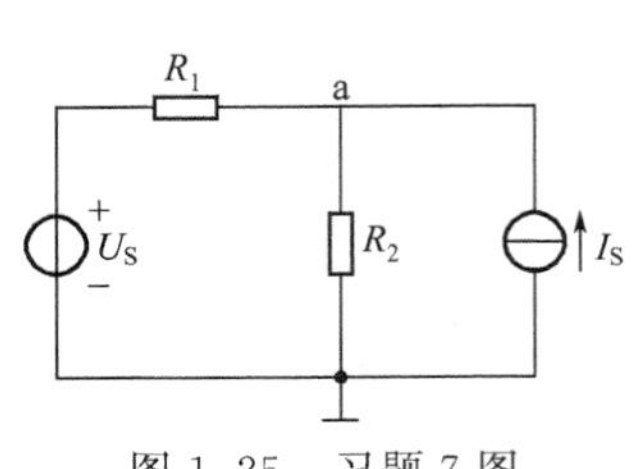

图 1.25　习题 7 图

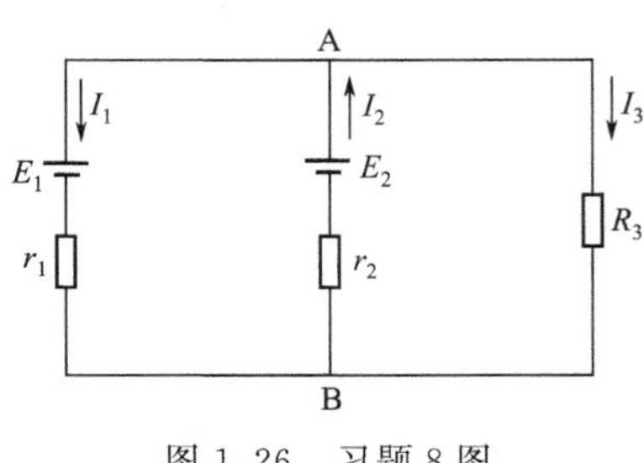

图 1.26　习题 8 图

单元自测题（一）

一、填空题（每空 2 分，共 20 分）

1. 直流电一般用英文缩写________表示，其大小和方向随时间变化________，交流电一般用英文缩写________表示，其大小和方向随时间变化________。

2. 电路的三种工作状态，________状态会造成严重后果，应当尽量避免。

3. 额定值为 1W、400Ω 的电阻，在使用时电流不应大于________，电压不应大于________。

4. ________具有隔直通交的作用，________具有通直隔交的作用。

5. 当电路电流实际值小于零，则电流实际方向与参考方向________。

二、选择题（每题 2 分，共 10 分）

1. 哪种电路的外电路电压为零，电能均被内阻所消耗（　　）。

A. 断路状态　　B. 短路状态　　C. 通路状态　　D. 负载状态

2. 对于电感元件而言，在一定时间内，电流变化越快，其感应电压越（　　）。

A. 不变　　B. 小　　C. 大　　D. 不确定

3. 电源电动势是 5V，内电阻是 0.1Ω，当外电路短路时，电路中的电流和端电压分别是（　　）。

A. 50A，5V　　B. 50A，0V　　C. 0A，5V　　D. 0A，0V

4. 已知电路中 A 点的对地电位是 65V，B 点的对地电位是 35V，则 $U_{BA}=$（　　）。

A. 100V　　B. −30V　　C. 30V　　D. −100V

5. 若电路中 a、b 点为等电位，用导线连接这两点后，测得导线上的电流为（　　）。

A. 电流大于零　　B. 电流小于零

C. 电流等于零　　D. 不能确定

三、判断题（每题 2 分，共 20 分）

1. 在分析和计算复杂直流电路时，参考方向一定是正电荷移动的方向。（　　）

2. 当电流值小于零时，其参考方向与实际电流方向同向。（　　）

3. 当参考点选择不同时，即使是电路中同一点，其电位值也不同。（　　）

4. 电压、电流的实际方向随参考方向的不同而不同。（　　）

5. 在通路状态下，若负载电阻变大，端电压将随之增大。（　　）

6. 负载的大小是以吸收功率的大小来衡量的。（　　）

7. 对于理想电流源，其端电压的大小取决于电流源本身的特性。（　　）

8. 当负载被断开时，负载上电流、电压、功率都是零。 ( )

9. 当欧姆定律表示为 $U=-RI$ 时，电阻的大小为负值。 ( )

10. 电压与电位属于同一概念。 ( )

四、计算题（共 5 题，共 50 分）

1. 已知如图 1.27 所示，$E_1=6\text{V}$，$E_2=16\text{V}$，$E_3=14\text{V}$，求 a、b 两点间的电压。（本题 5 分）

2. 求题图 1.28(a)、(b) 所示电路中的未知电流。（本题 20 分）

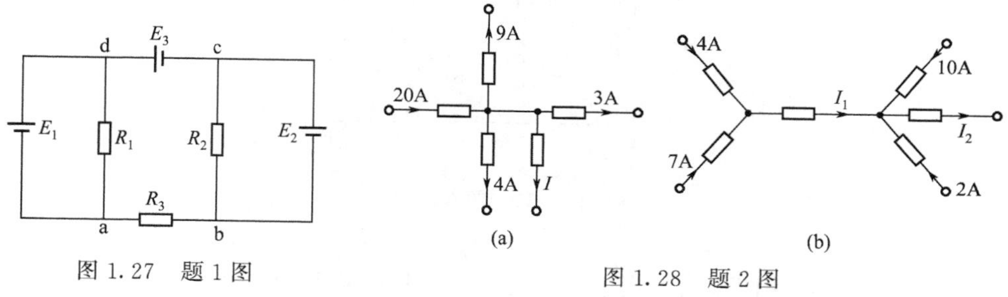

图 1.27 题 1 图

图 1.28 题 2 图

3. 已知图 1.29 所示，电路中电压 $U=4.5\text{V}$，试应用已经学过的电路求解法求电阻 R。（本题 10 分）

4. 如图 1.30 所示电桥电路，已知 $I_1=25\text{mA}$，$I_3=16\text{mA}$，$I_4=12\text{mA}$，试求其余电阻中的电流 I_2、I_5、I_6。（本题 10 分）

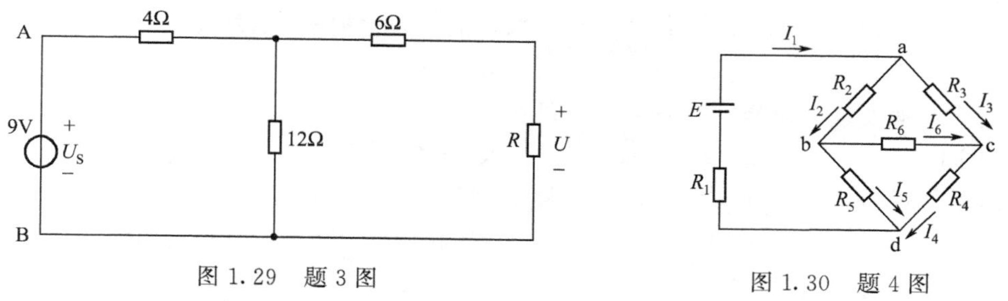

图 1.29 题 3 图

图 1.30 题 4 图

5. 已知电池的开路电压为 1.5V，接上 9Ω 的负载电阻时，其端电压为 1.35V，求电池的内电阻 r。（本题 5 分）

单元自测题（二）

一、填空题（每空 1 分，共 20 分）

1. 有两个电阻，$R_1=4\Omega$，$R_2=6\Omega$，如果把它们串联在电路中，通过它们的电流分别为 I_1、I_2，它们两端的电压分别为 U_1、U_2，则 $U_1:U_2$________，$P_1:P_2=$________。

2. 一个"220V、100W"的灯泡，它的灯丝电阻为________。

3. 电源短路时输出的电流________，此时外电路输出电压________。

4. 电路中各支路电流任意时刻均遵循________定律，它的数学表达是________；回路上各电压之间的关系则受________定律的约束，它的数学表达是________。

5. 电路中任意两点之间电位的差值等于这两点间________。电路中某点到参考点间的________称为该点的电位，电位具有________性，参考点的电位为________。

6. 如图 1.31 所示，图中有________节点，________条支路，________条回路，________个网孔。

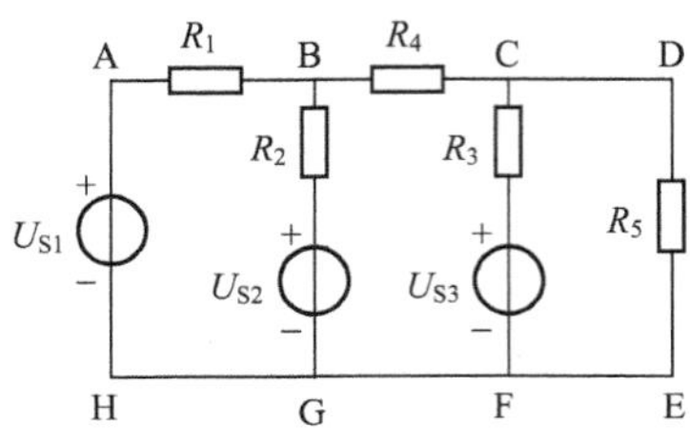

图 1.31　题 6 图

7. 电阻上的电流与它两端的电压之比为常数，这种电阻称为________电阻。

8. 内阻为零的电压源称为________________________，内阻为无穷大的电流源称为________________________。

二、选择题（每题 2 分，共 20 分）

1. 哪种电路会产生大电流，应当尽量避免（　　）。

A. 断路状态　　B. 短路状态

C. 通路状态　　D. 负载状态

2. 一个用电器，上面标明“10V、0.5A”，那么它的额定功率是（　　）。

A. 10V　　B. 0.5A　　C. 5W　　D. 不能确定

3. 具有“通交流，阻直流”特性的元件是（　　）。

A. 电阻　　B. 电感　　C. 电容　　D. 电源

4. 具有“通直流，阻交流”特性的元件是（　　）。

A. 电阻　　B. 电感　　C. 电容　　D. 电源

5. 实际电压源等效于（　　）。

A. 理想电压源与内阻并联　　B. 理想电压源与内阻串联

C. 理想电流源与内阻并联　　D. 理想电流源与内阻串联

6. 下列图示中 u、i 为非关联方向的是（　　）。

A. 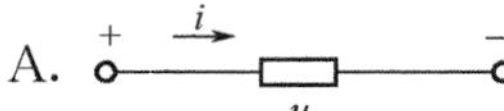

B. 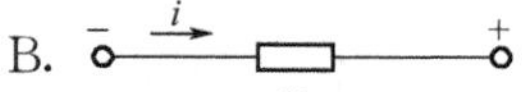

C. i u

D. i u

7. 某电阻元件的额定数据为“1kΩ，2.5W”，正常使用时允许流过的最大电流为（　　）。

A. 50mA　　B. 2.5mA　　C. 250mA　　D. 25mA

8. 如图 1.32 所示电路中，电源电压和灯泡电阻都保持不变，当滑动变阻器 R 的滑片 P 由中点向右移动时，下列判断中正确的是（　　）。

A. 电流表、电压表的示数都增大

B. 电流表、电压表的示数都减小

C. 电流表的示数减小，电压表的示数增大

D. 电流表的示数减小，电压表的示数不变

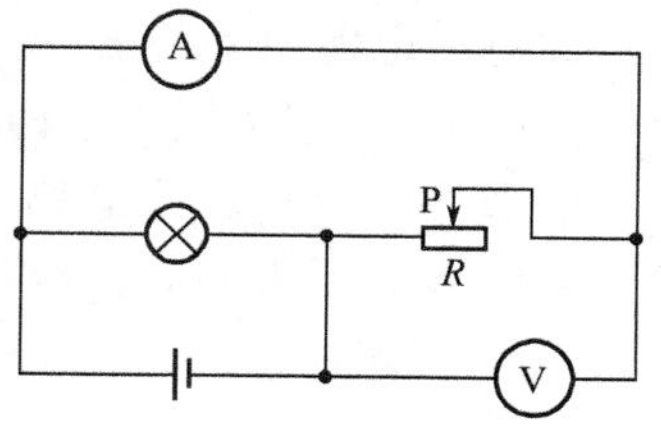

图 1.32 题 8 图

9. 为了使电炉上消耗的功率减小到原来的一半，应使（　　）。

A. 电压加倍　　B. 电压减半

C. 电阻减半　　D. 电阻加倍

10. 我们常说的“负载大”是指用电设备的（　　）大。

A. 电流　　B. 电压　　C. 电阻　　D. 电感

三、判断题（每题 2 分，共 20 分）

1. 电容元件中电流为零时，其储存的能量一定为零。（　　）
2. 几个不等值的电阻串联，每个电阻通过的电流也不相等。（　　）
3. 电路中任意两点间的电压与参考点的选择无关。（　　）
4. 对于开路状态，电源电动势大于开路电压。（　　）
5. 当电压一定时，负载的电流越大，负载越小。（　　）
6. 把 220V、40W 的灯泡接在 110V 电压上时，功率还是 40W。（　　）
7. 流过电压源的电流大小与电压源外部电路有关，由外接负载电阻决定。（　　）
8. 电流与电压的参考方向可以任意选择，彼此无关。（　　）
9. 两点间的电压只与两点间的路径有关，与距离无关。（　　）
10. 同一支路中电流大小均相等。（　　）

四、计算题（共 5 题，共 50 分）

1. 求图 1.33 所示电路中的 V_a。（本题 10 分）

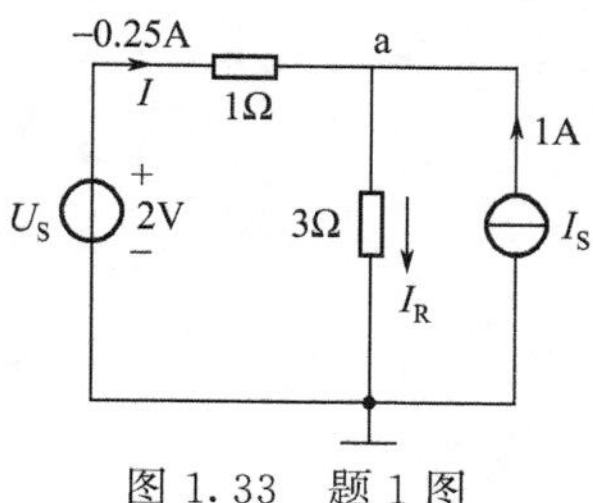

图 1.33 题 1 图

2. 如图 1.34 所示，求各网络功率大小，并说明该网络是发出功率还是吸收功率？（本题 10 分）

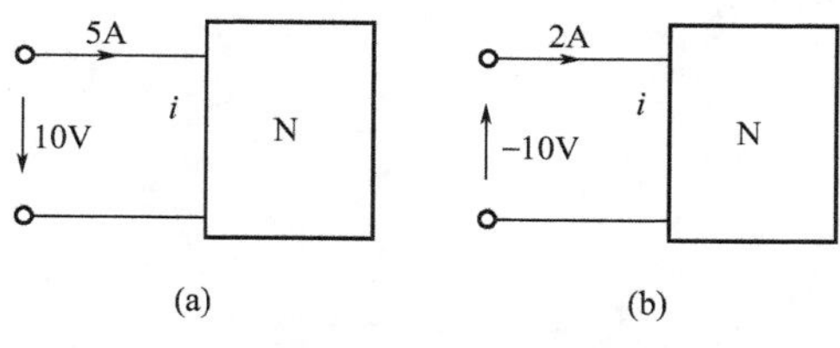

图 1.34 题 2 图

3. 有一电源电动势 $E=3\text{V}$，内阻 $r=0.4\ \Omega$，外接负载电阻 $R=9.6\ \Omega$，求电源端电压和内阻上的电压。(本题 10 分)

4. 如图 1.35 所示电路中，各支路的元件是任意的，已知 $U_{AB}=5\text{V}$，$U_{BC}=-4\text{V}$，$U_{DA}=-3\text{V}$，试求 U_{CD}。(本题 10 分)

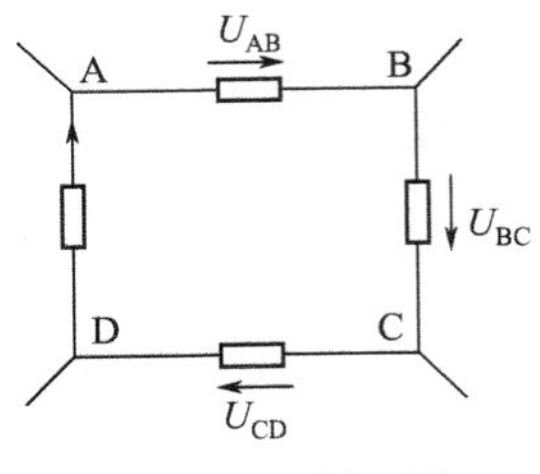

图 1.35　题 4 图

5. 一个 100Ω 的电阻流过 50mA 的电流时，求电阻上的电压降和电阻消耗的功率，当电流通过时间为 1min 时，电阻消耗的电能为多少？(本题 10 分)

第2单元 UNIT 2 电路的等效变换

模块7　电阻串并联电路的等效变换

知识回顾

一、等效电路

（1）意义：分析电路结构的等效电路及各种等效变换关系，给电路的分析带来很大的方便。

（2）等效电路对外电路的影响是相同的，此处的等效是指对外电路等效。

二、电阻串联电路的等效变换

（1）对于串联电路，通过各电阻的电流相等，总电压等于各电阻上电压之和，等效总电阻等于各电阻之和。如图2.1所示。

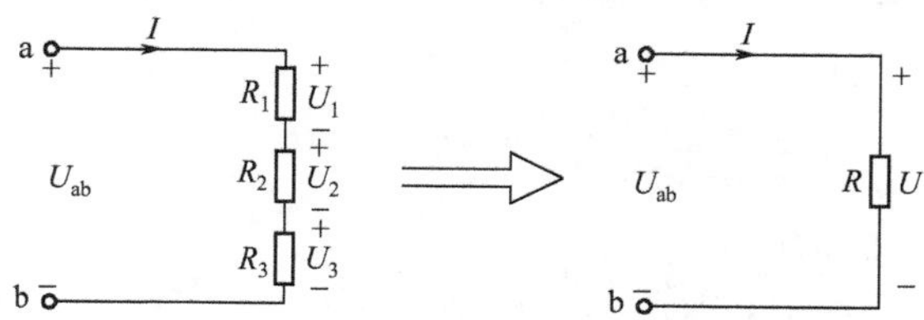

图2.1　电阻串联电路的等效变换

如有 n 个电阻串联，则总电压和等效阻抗为：

$$U=U_1+U_2+U_3+\cdots+U_n$$

$$R=R_1+R_2+R_3+\cdots+R_n$$

（2）在直流电路中，常用电阻的串联来实现分压。如利用串联电路分压规律，可制成多量程电压表。

三、电阻并联电路的等效变换

（1）对于并联电路，各并联电阻两端的电压相等，总电流等于各电阻支路的电流之和，等效电阻的倒数等于各并联电阻倒数之和。如图2.2所示。

如有 n 个电阻并联，则总电流和等效阻抗为：

$$I=I_1+I_2+I_3+\cdots+I_n$$

$$\frac{1}{R}=\frac{1}{R_1}+\frac{1}{R_2}+\frac{1}{R_3}+\cdots+\frac{1}{R_n}$$

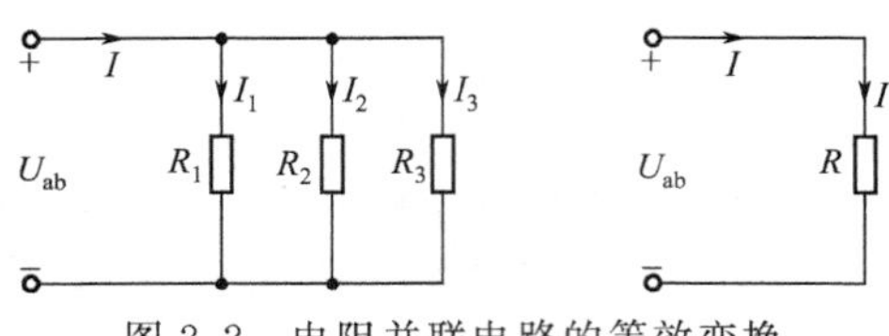

图 2.2　电阻并联电路的等效变换

（2）在直流电路中，常用电阻的并联来实现分流。如利用并联电路分流的规律，可制成多量程电流表。

四、电阻混联电路的等效变换

（1）定义：既有电阻串联又有电阻并联的电路称为电阻的混联。

（2）复杂电路解题方法：由局部到整体的顺序，采用观察法、根据电流流向分析法及等电位法等。

典型例题

【例 1】 利用电阻的________，可以用来实现分压作用，利用电阻的________，可以用来实现分流作用。

解： 当电阻串联时，通过各电阻的电流相等，各电阻两端的电压与电阻的大小成正比，因此串联电阻可以实现分压作用；

当电阻并联时，各并联电阻两端的电压相等，各电阻支路的电流与电阻的倒数成正比，因此并联电阻可以实现分流作用。

【例 2】 有一个 500Ω 的电阻，分别与 600Ω、500Ω、20Ω 的电阻并联，并联后的等效电阻各是多少？

解： 与 600Ω 并联，$R_1=\dfrac{500\times600}{500+600}\Omega=273\Omega$

与 500Ω 并联，$R_2=\dfrac{500\times500}{500+500}\Omega=250\Omega$

与 20Ω 并联，$R_3=\dfrac{500\times20}{500+20}\Omega=19\Omega$

通过以上计算可以看出：当两个电阻并联时，其等效电阻小于任意一个电阻；当两个电阻值相等的电阻并联时，其等效电阻等于原电阻的一半。

【例 3】 求图 2.3(a) 所示电路 AB 间的等效电阻 R_{AB}，其中 $R_1=R_2=R_3=2\Omega$，$R_4=R_5=4\Omega$。

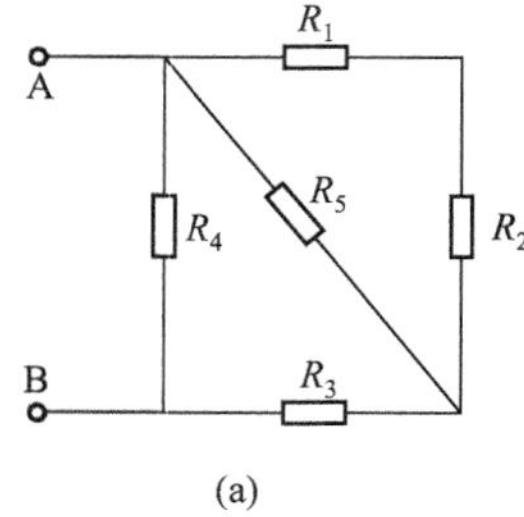

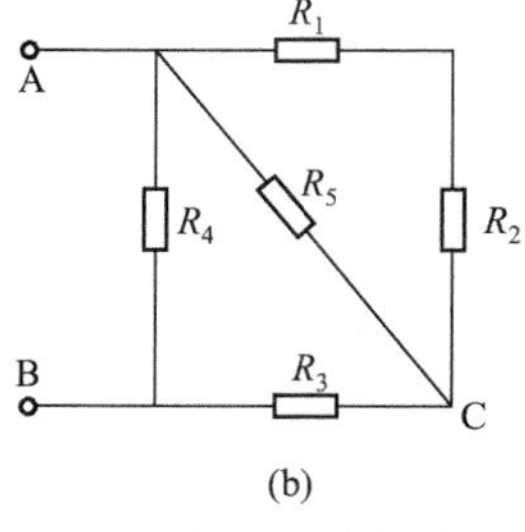

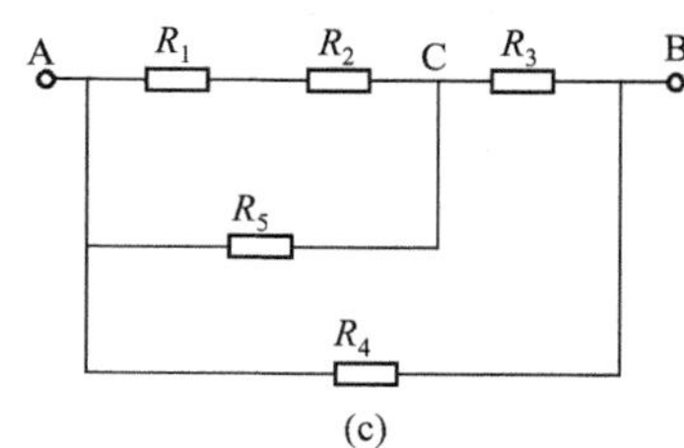

图 2.3　例 3 图

解：(1) 按要求在原电路中标出字母 C，如图 2.3(b) 所示。

(2) 将 A、C、B 各点沿水平方向排列。

(3) 将 $R_1 \sim R_5$ 依次填入相应的字母间，如图 2.3(c) 所示。

(4) 由等效电路图求出 AB 间的等效电阻，即

$$R_{12}=R_1+R_2=2+2=4\Omega$$

$$R_{125}=\frac{R_{12}\times R_5}{R_{12}+R_5}=2\Omega$$

$$R_{1253}=R_{125}+R_3=4\Omega$$

$$R_{AB}=R_{1253}//R_4=2\Omega$$

即 A、B 两点之间的等效电阻为 2Ω。

模块习题

1. 求解图 2.4 所示电路中的等效电阻。

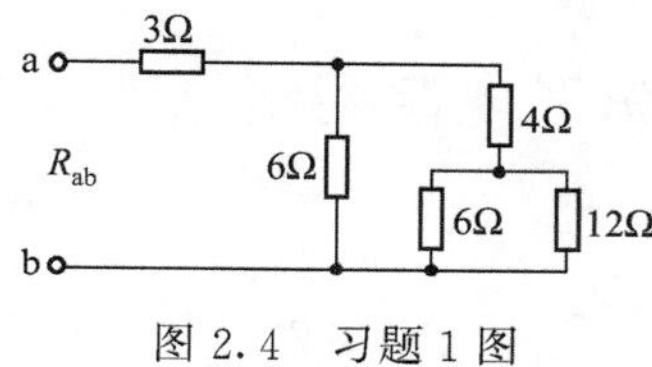

图 2.4 习题 1 图

2. 如图 2.5 所示电路，试求其等效电阻。

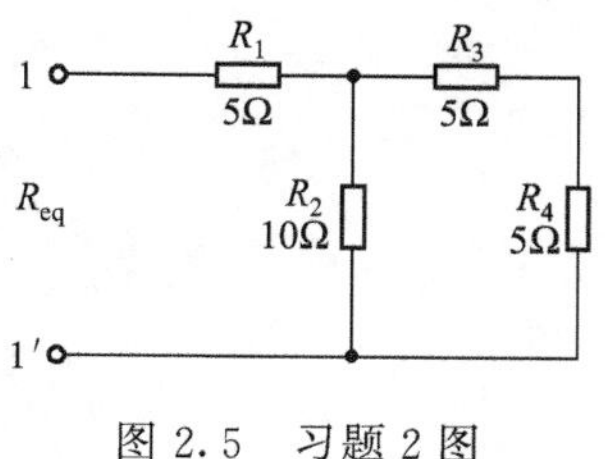

图 2.5 习题 2 图

3. 求解图 2.6 所示电路中的等效电阻。

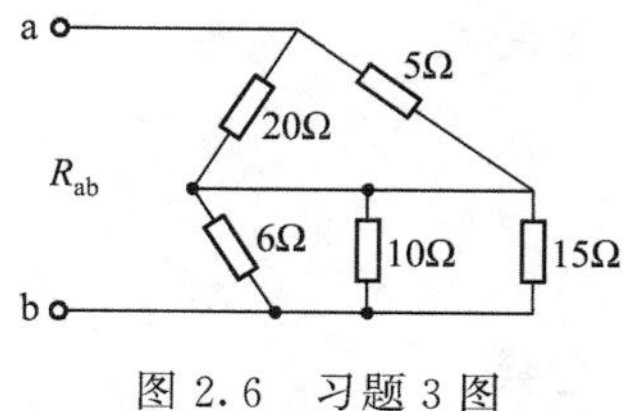

图 2.6 习题 3 图

4. 求图 2.7 所示电路中的等效电阻 R_{ab}。

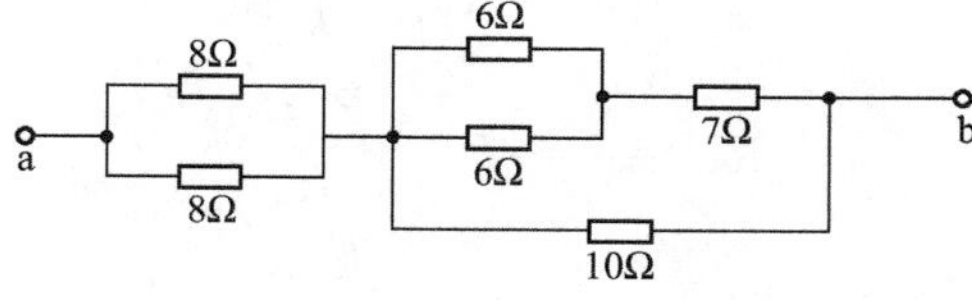

图 2.7 习题 4 图

5. 电路如图 2.8 所示，其中 $R_1=20\Omega$，$R_2=5\Omega$，$R_3=5\Omega$，$R_4=10\Omega$，电源电压 $U=100\text{V}$，试求 I。

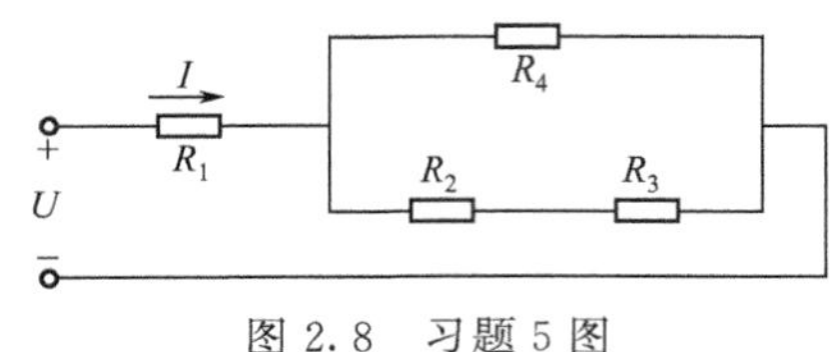

图 2.8 习题 5 图

※模块 8 电阻星形连接与三角形连接的等效变换

知识回顾

一、星形电阻网络与三角形电阻网络

(1) Y 形网络：如图 2.9 所示。

(2) △形网络：如图 2.10 所示。

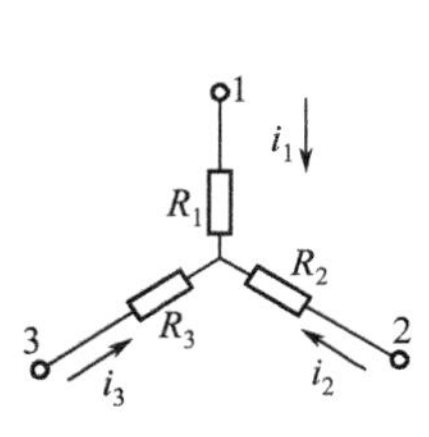

图 2.9 Y 形网络

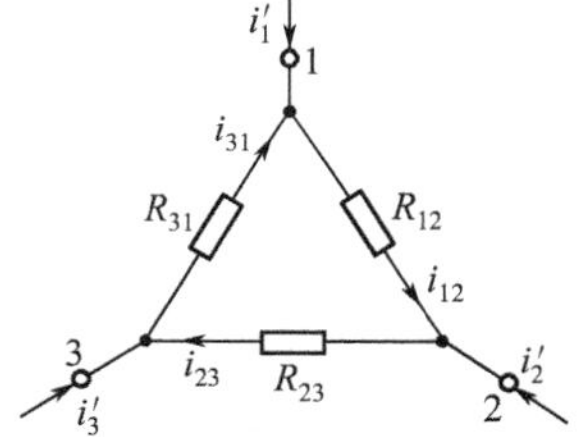

图 2.10 △形网络

二、星形电阻网络与三角形电阻网络的等效变换

1. 对称 Y 形和对称△形等效变换

等效变换条件：

$$R_Y=\frac{1}{3}R_\triangle$$

$$R_\triangle=3R_Y$$

2. 不对称 Y 形和△形等效变换

从 Y 形→△形时：

$$R_{12}=R_1+R_2+\frac{R_1R_2}{R_3}$$

$$R_{23}=R_2+R_3+\frac{R_2R_3}{R_1}$$

$$R_{31}=R_3+R_1+\frac{R_3R_1}{R_2}$$

从△形→Y 形时：

$$R_1=\frac{R_{12}R_{31}}{R_{12}+R_{23}+R_{31}}$$

$$R_2=\frac{R_{23}R_{12}}{R_{12}+R_{23}+R_{31}}$$

$$R_3=\frac{R_{31}R_{23}}{R_{12}+R_{23}+R_{31}}$$

典型例题

【例 1】 如图 2.11(a) 所示电路，求总电阻 R_{12}。

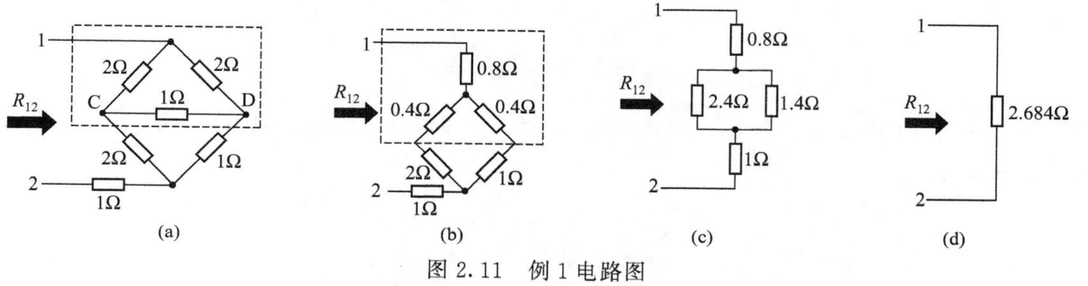

图 2.11　例 1 电路图

解： 依据△形到 Y 形的等效变换，可以等效为图 2.11(b)，利用复杂电路的等效变换可以求出 $R_{12}=2.684\Omega$。

【例 2】 计算下列图 2.12(a) 中电流 I 的大小。

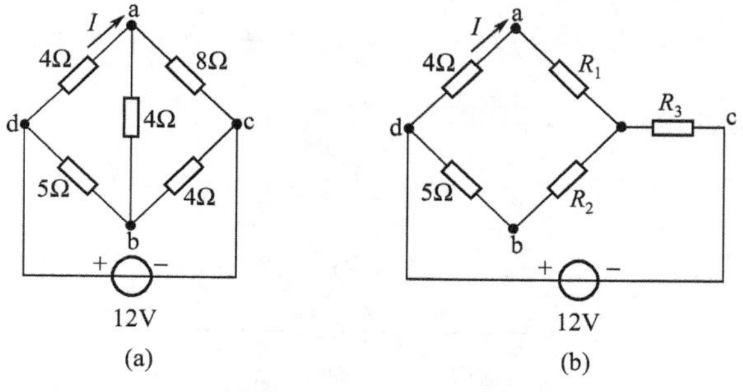

图 2.12　例 2 电路图

解： 将联成△形的 4Ω、4Ω、8Ω 的三个电阻变换成 Y 形连接的等效电路，如图 2.12(b) 所示。

此时：
$$R_1=\frac{R_{12}R_{31}}{R_{12}+R_{23}+R_{31}}=\frac{4\times 8}{4+4+8}\Omega=2\Omega$$

$$R_2=\frac{R_{23}R_{12}}{R_{12}+R_{23}+R_{31}}=\frac{4\times 4}{4+4+8}\Omega=1\Omega$$

$$R_3=\frac{R_{31}R_{23}}{R_{12}+R_{23}+R_{31}}=\frac{8\times 4}{4+4+8}\Omega=2\Omega$$

则电路中的等效电阻为：

$$R=\frac{(4+2)\times(5+1)}{(4+2)+(5+1)}\Omega+2\Omega=5\Omega$$

$$I=\frac{5+1}{4+2+5+1}\times\frac{12}{5}\text{A}=1.2\text{A}$$

模块习题

1. 如图 2.13 所示，求等效电阻 R_{AB} 的表示式。

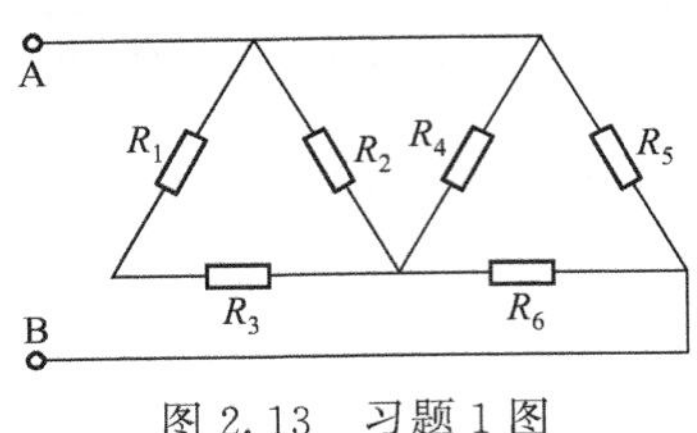

图 2.13 习题 1 图

2. 如图 2.14 所示，已知 $R_1=1\Omega$，$R_2=3\Omega$，$R_3=6\Omega$，$R_4=2\Omega$，$R_5=5\Omega$，$R_6=20\Omega$，求等效电阻 R_{AB}。

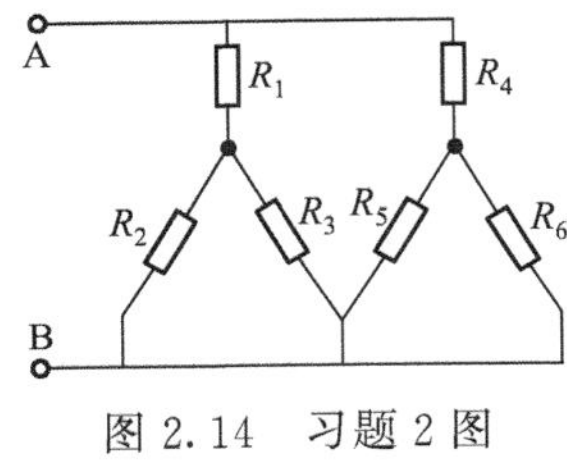

图 2.14 习题 2 图

3. 如图 2.15 所示，已知 $R_1=R_2=R_3=3\Omega$，$R_4=R_5=R_6=1\Omega$，求等效电阻 R_{AB}。

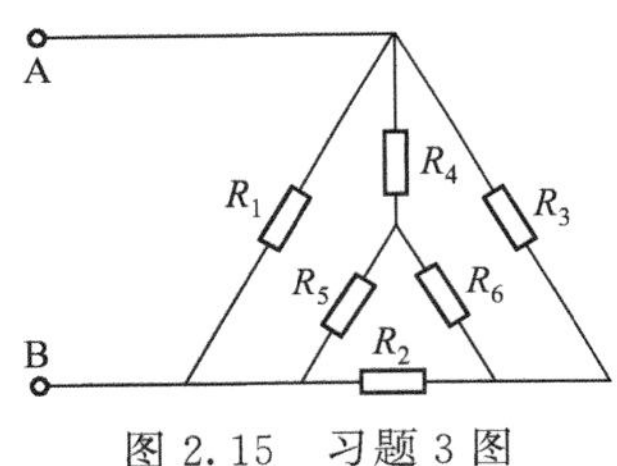

图 2.15 习题 3 图

模块 9 电压源和电流源的等效变换

知识回顾

一、理想电压源串并联电路的等效变换

（1）多个理想电压源串联，其等效电压源电压值为各电压源电压之和（见图 2.16），即：

$$U_S=U_{S1}+U_{S2}$$

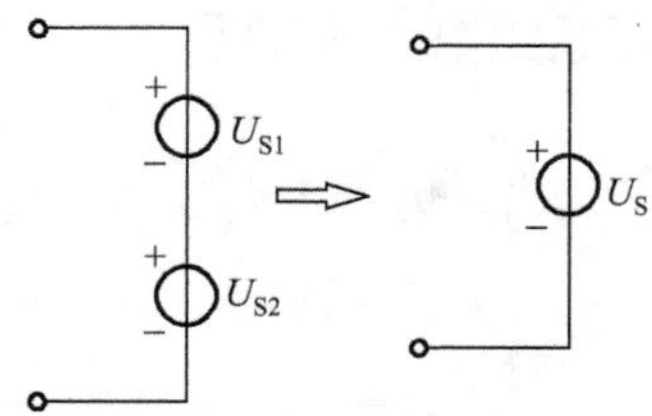

图 2.16 两个电压源串联电路

（2）多个理想电压源并联，其电压值必须相同，其等效电压源电压值为每一个理想电压源电压（图 2.17），即：

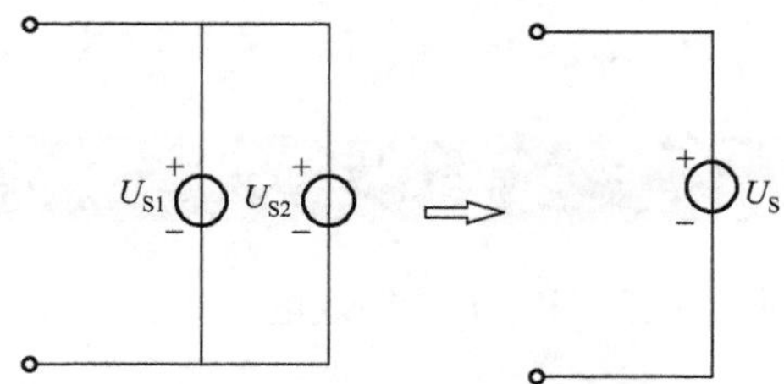

图 2.17 两个电压源并联电路

$$U_S = U_{S1} = U_{S2}$$

（3）与理想电压源并联的电阻或其他元件在化简时可略去。

二、理想电流源串并联电路的等效变换

（1）多个理想电流源并联，其等效电流源电流值为各电流源电流之和（图 2.18），即：

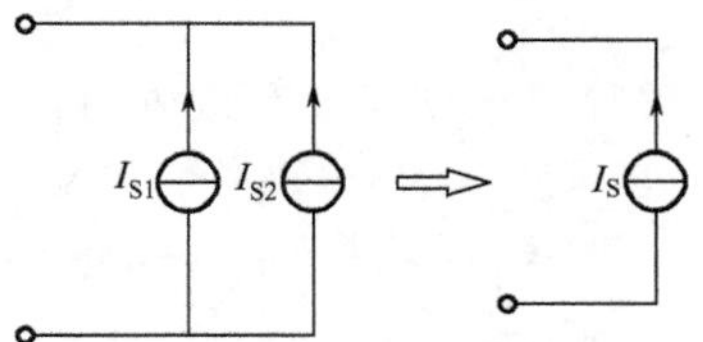

图 2.18 两个电流源并联电路

$$I_S = I_{S1} + I_{S2}$$

（2）多个理想电流源串联，其电流值必须相同，其等效电流源电流值为每一个理想电流源电流（图 2.19）。

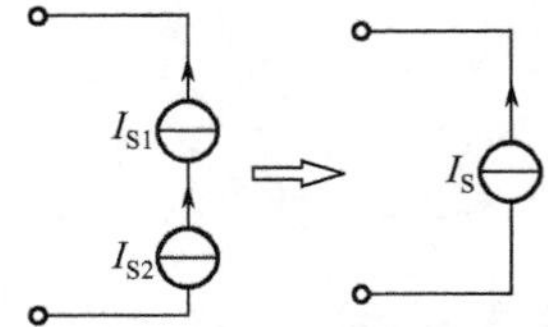

图 2.19 两个电流源串联电路

$$I_S = I_{S1} = I_{S2}$$

（3）与理想电流源串联的电阻或其他元件在化简时可略去。

三、实际电压源与实际电流源的等效变换

等效条件：$I_S=\dfrac{U_S}{R_0}$或者$U_S=I_SR_0$，内阻不变（相同）。如图 2.20 所示。

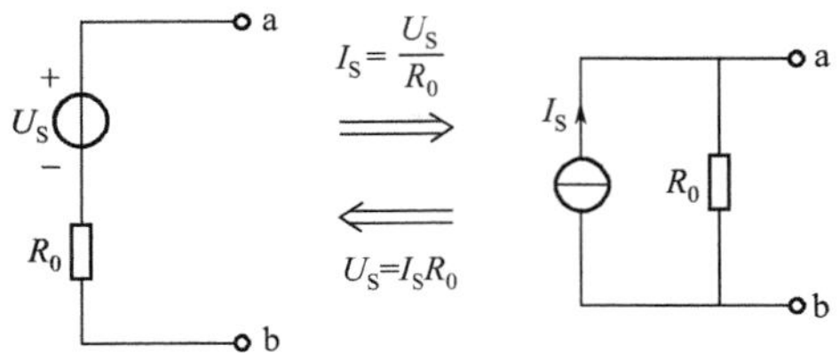

图 2.20　实际电压源和实际电流源的等效变换

典型例题

【例 1】 如图 2.21(a) 所示电路图，求其等效电压源。

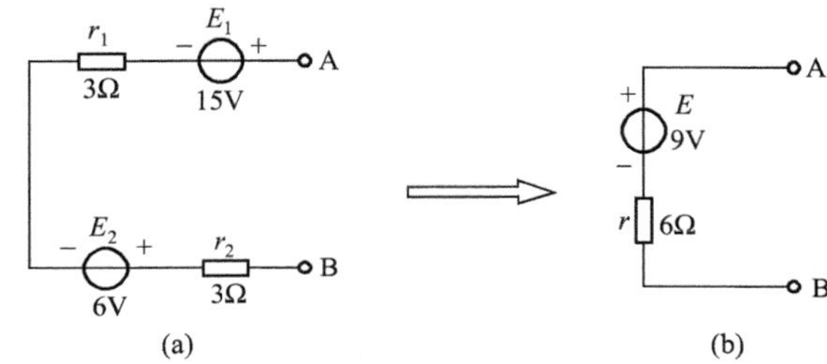

图 2.21　例 1 电路图

解：求等效电压源，只需求解等效电动势及等效内阻：

等效电动势：　　$E=E_1-E_2=15-6=9\text{V}$

等效内阻：　　$r=r_1+r_2=3+3=6\Omega$

画出等效电压源如图 2.22(b) 所示。

【例 2】 如图 2.22(a) 所示电路图，求其等效电流源。

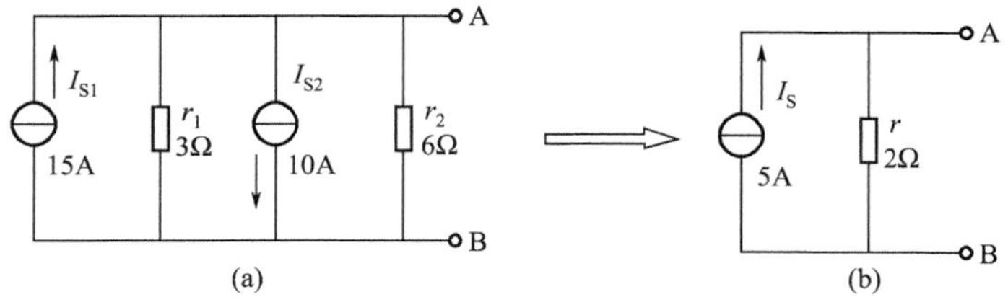

图 2.22　例 2 电路图

解：求等效电流源，只需求解等效电流及等效内阻：

等效电流源电流：　　$I_S=I_{S1}-I_{S2}=15-10=5\text{A}$

等效内阻：　　$r=\dfrac{r_1r_2}{r_1+r_2}=\dfrac{3\times6}{3+6}=2\Omega$

画出等效电压源如图 2.22(b) 所示。

【例 3】 试将图 2.23(a) 所示电路化简成最简单形式。

解：与理想电压源并联的电阻或其他元件在化简时可略去，如图 2.23(b)、(c) 所示。

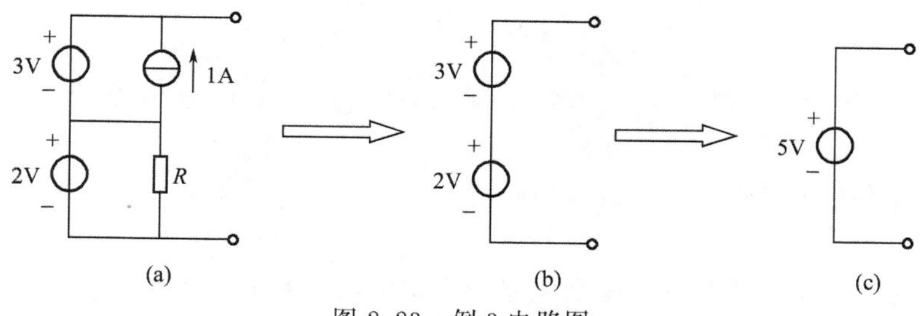

图 2.23　例 3 电路图

模块习题

1. 两个理想电压源________时，可叠加为一个理想电压源。
2. 两个理想电流源________时，可叠加为一个理想电流源。
3. 在进行电流源与电压源的等效化简时，U_S 与 I_S 的方向________。
4. 将图 2.24 所示电路进行等效化简。

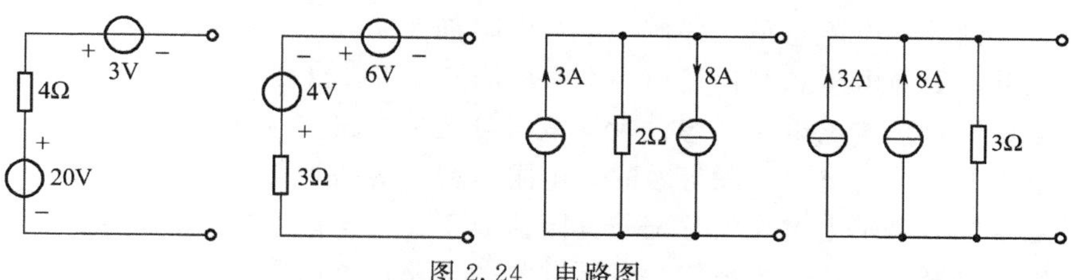

图 2.24　电路图

5. 试求图 2.25 所示电路中 I 的大小。

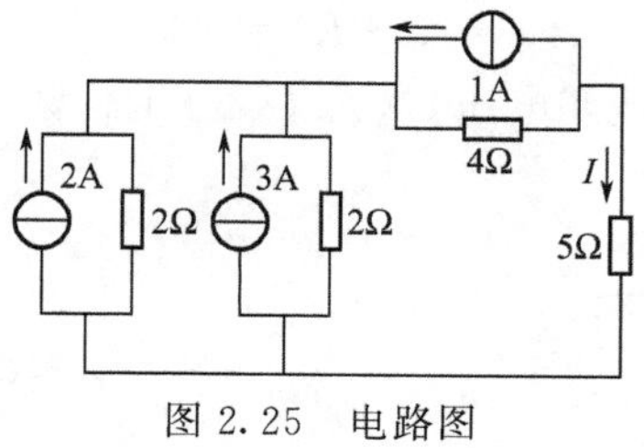

图 2.25　电路图

6. 如图 2.26 所示，试用电压源与电流源等效变换的方法计算 2Ω 电阻上通过的电流。

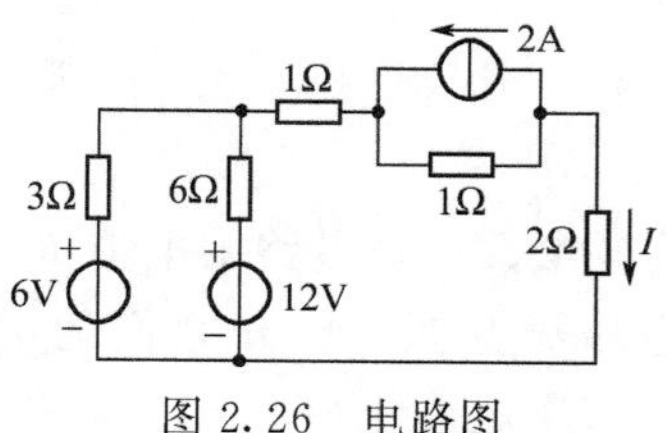

图 2.26　电路图

单元自测题（一）

一、填空题（每空1分，共10分）

1. 已知电压源 $E=6V$，$r=0.2\Omega$，则其等效的电流源电流为________，内阻为________。

2. 在进行电路等效变换时，等效是指对于____________等效，对于____________而言不等效。

3. 在电路电压不变的情况下，串联电路中电阻的功率与其阻值成________。

4. 电压源等效变换为电流源时，$I_S=$________，内阻 r 数值________，电路由串联改为________。

5. 理想电压源与理想电流源之间________等效变换，实际电压源与实际电流源之间________等效变换。

二、判断题（每题2分，共20分）

1. 理想电压源与理想电流源之间不能进行等效变换。（　）
2. 等效变换仅仅是对内电路而言，对于电源外电路并不等效。（　）
3. 两个不等值的理想电压源可以并联。（　）
4. 并联电路的等效电阻总是比任何一个分电阻都大。（　）
5. 串联电路的等效电阻总是比任何一个分电阻都大。（　）
6. 理想电压源直接与电阻并联等效时，电阻可视为开路。（　）
7. 理想电流源直接与电阻串联等效时，电阻可视为短路。（　）
8. 并联电路中，电阻上电流的分配与其阻值成正比。（　）
9. 在分析外电路时，任何与理想电流源并联的支路都可以去掉。（　）
10. 电压源与电流源等效变换的条件是，两个电源模型的内阻相同。（　）

三、计算题（共5题，共70分）

1. 电路如图2.27所示，其中 $R_1=4\Omega$，$R_2=6\Omega$，$R_3=3.6\Omega$，$R_4=4\Omega$，$R_5=0.6\Omega$，$R_6=1\Omega$，$E=4V$。求各支路电流和电压 U_{AB}、U_{CB}。（本题10分）

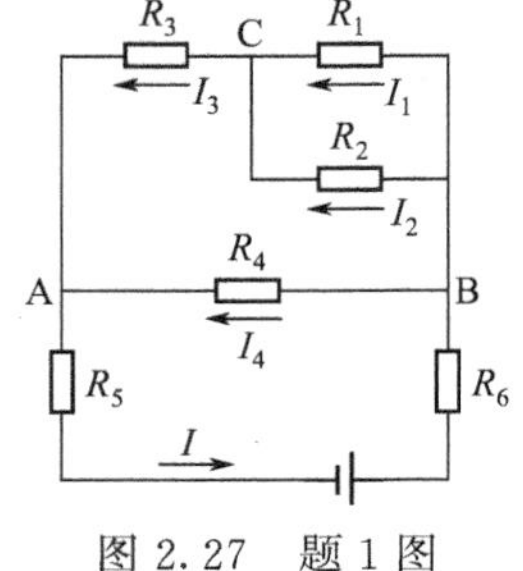

图2.27　题1图

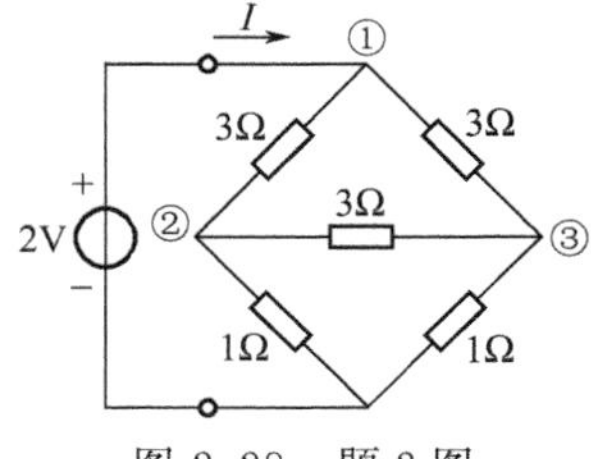

图2.28　题2图

2. 如图2.28所示，已知电路各参数，求电路中电流 I 的大小。（本题15分）

3. 如图2.29所示，有两个电压源并联，已知它们的电动势 $E_1=6V$，$E_2=8V$，内阻 $r_1=r_2=1\Omega$，求其等效的电压源。（本题15分）

4. 如图2.30所示，试求电流 I 的大小。（本题15分）

5. 如图 2.31 所示，已知 $R_1=R_2=R_3=3\Omega$，$R_4=R_5=6\Omega$，试求图中的等效电阻 R_{AB}。（本题 15 分）

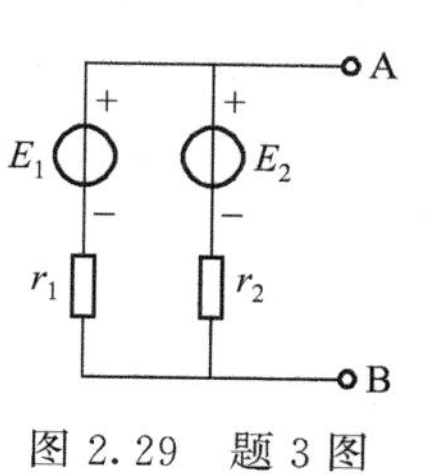

图 2.29 题 3 图

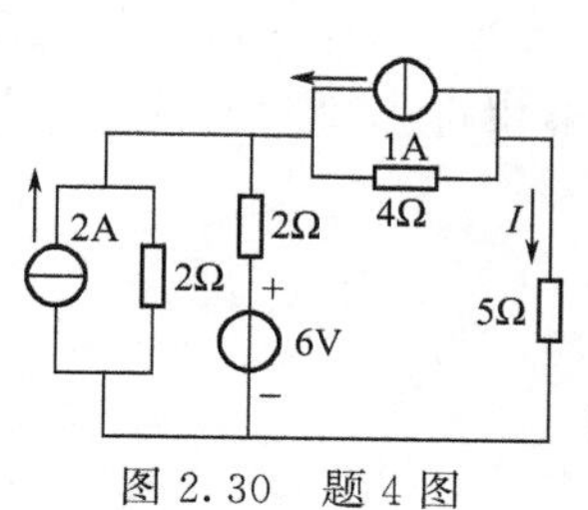

图 2.30 题 4 图

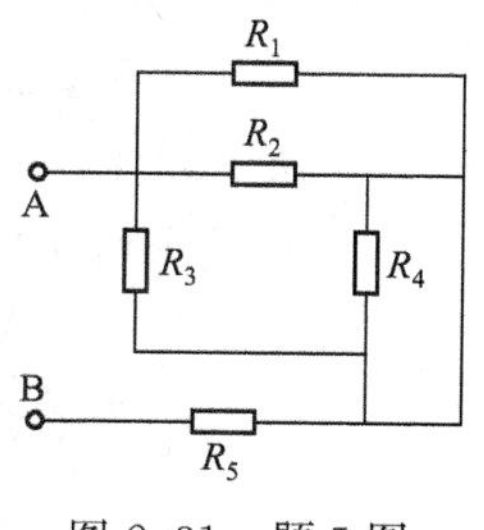

图 2.31 题 5 图

单元自测题（二）

一、填空题（每空 1 分，共 10 分）

1. 如图 2.32 所示电路中，其简化后等效电压源的参数为：$U_S=$________，$R_S=$________。

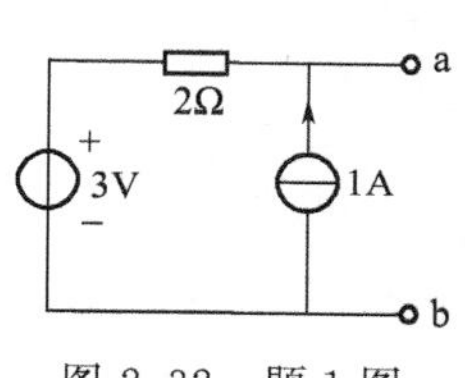

图 2.32 题 1 图

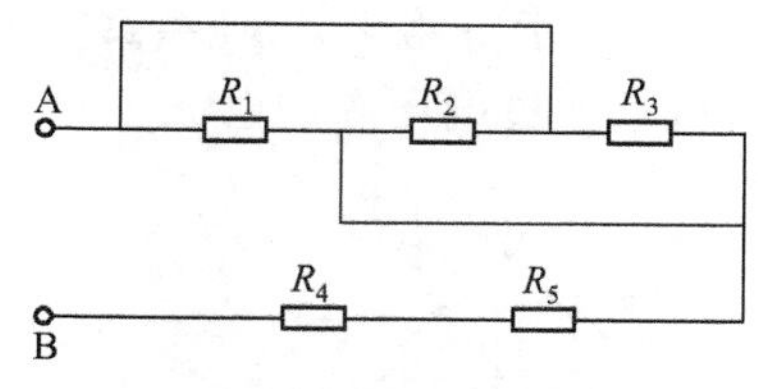

图 2.33 题 3 图

2. 通常电灯开得越多，总负载电阻________，总负载________。

3. 如图 2.33 所示，已知 $R_1=R_2=R_3=R_4=R_5=9\Omega$，求 AB 之间的等效电阻为________。

4. 若△形连接的三个电阻相等，则等效变换为 Y 形连接的三个电阻________。

5. 当完全对称的△形连接等效变换为 Y 形连接后，$R_\triangle:R_Y$ 等于________。

6. 电压源与电流源进行等效变换前后其正负极方向________。

7. 与电压源________的任意电路元件和与电流源________的任意电路元件，对外等效时可省去。

二、判断题（每题 2 分，共 20 分）

1. 两个不等值的理想电流源禁止串联。（ ）
2. 不同电压的理想电压源不允许串联。（ ）
3. 若两个电阻相等，并联后等效电阻等于一个电阻的一半。（ ）
4. 若两个阻值相差很大的电阻并联，可以认为等效电阻近似等于大电阻的阻值。（ ）
5. 理想电流源与理想电压源可以等效互换。（ ）
6. 理想电压源与非理想电压源支路并联，其等效电路就是原来的理想电压源。（ ）
7. 串联电阻可以实现分流的功能。（ ）
8. 电压源与电流源的等效变换对内、外电路都等效。（ ）

9. 与电压源串联的元件可以忽略不计。 （ ）

10. 与电流源并联的元件可以忽略不计。 （ ）

三、计算题（共 4 题，共 70 分）

1. 如图 2.34 所示，灯泡 A 的额定电压 $U_1=6\text{V}$，额定电流 $I_1=0.5\text{A}$；灯泡 B 的额定电压 $U_2=5\text{V}$，额定电流 $I_2=1\text{A}$。现有电源电压 $U=12\text{V}$，R_3、R_4 分别为多大时，两个灯泡都能正常工作。（本题 10 分）

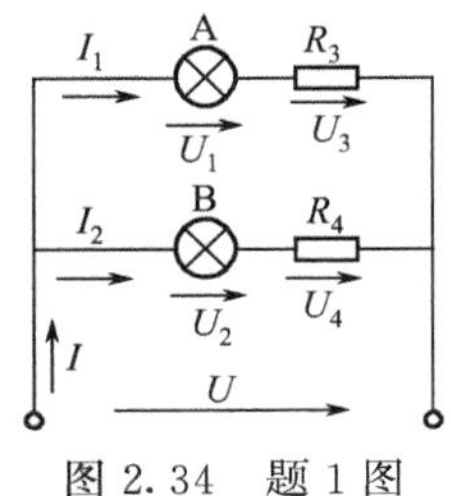

图 2.34 题 1 图

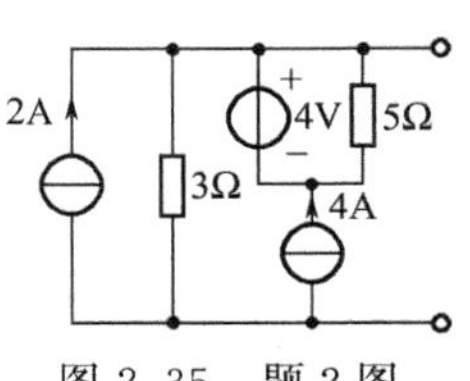

图 2.35 题 2 图

2. 如图 2.35 所示，试将图示电路等效化简为一个电压源模型。（本题 15 分）

3. 有一个表头，它的满刻度电流 $I_g=50\mu\text{A}$（即允许通过的最大电流），内阻 r_g 是 $3\text{k}\Omega$。若改装成量程（即测量范围）为 $550\mu\text{A}$ 的电流表，应并联多大电阻？（本题 15 分）

※4. 在图 2.36 所示电路中，$R_1=1\Omega$，$R_2=2\Omega$，$R_3=3\Omega$，$R_4=4\Omega$，$R_5=5\Omega$，$R_6=6\Omega$，$U_S=1\text{V}$。试求通过电压源的电流 I。（本题 15 分）

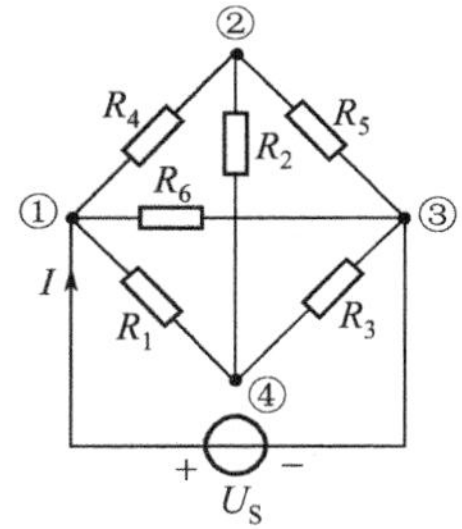

图 2.36 题 4 图

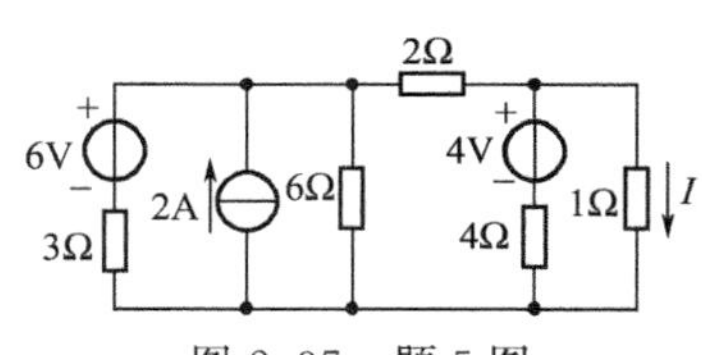

图 2.37 题 5 图

5. 试用电压源与电流源等效变换的方法计算图 2.37 所示电路中 1Ω 电阻中的电流 I。（本题 15 分）

第3单元 电路的基本分析方法

UNIT 3

模块10 叠加定理

知识回顾

一、叠加定理的内容

在线性电路中，任一支路电流（或支路电压）都是电路中各个独立电源单独作用时在该支路产生的电流（或电压）之叠加。如图3.1所示。

单独作用：不作用的电压源短路处理，内阻保持不变；不作用的电流源断路处理，内阻保持不变。

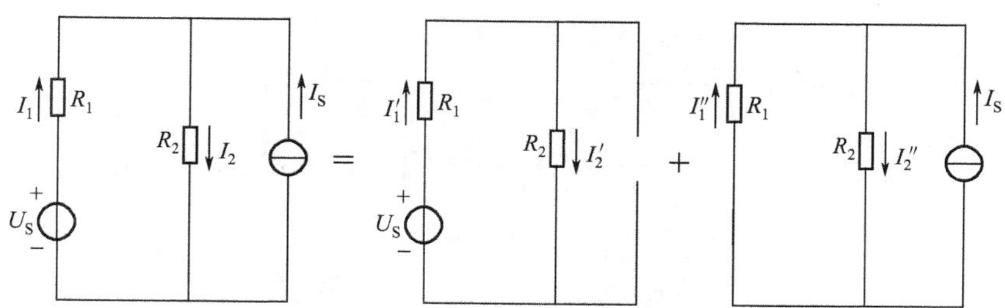

图3.1 叠加定理示意图

$$I_1=I_1'-I_1''$$
$$I_2=I_2'+I_2''$$

二、叠加定理的使用注意事项

(1) 叠加定理适用于线性电路，不适用于非线性电路。

(2) 叠加时，电路的连接以及电路所有电阻都不予改动。

(3) 叠加时要注意电流和电压的参考方向。

(4) 不能用叠加定理来计算功率，因为功率不是电流或电压的一次函数。

如：
$$P=i^2R=(i_1+i_2)^2R\neq i_1^2R+i_2^2R$$

三、叠加定理解题步骤

(1) 作出复杂电路中每一个电源单独作用时的电路图，去掉不作用的独立电源，保留其内阻，标出电流或电压的参考方向。

(2) 对每一个电源单独作用的电路，求出各支路电流或电压的大小和方向。

（3）将各电源作用时产生的电压或电流进行叠加（即求出各电源在各个支路中所产生的电流或电压的代数和）。

典型例题

【例 1】 在具有几个独立电源的________电路中，各支路电流等于各电源单独作用时所产生的电流________，这一定理称为叠加定理。

解： 根据叠加定理的内容“在线性电路中，任一支路电流（或支路电压）都是电路中各个独立电源单独作用时在该支路产生的电流（或电压）之叠加”可知，应该在空白处填入线性，之和（或叠加）。

【例 2】 已知电路如图 3.2 所示，利用叠加定理，求 4Ω 电阻上的电流 I_X，并画出中间过程等效电路图。

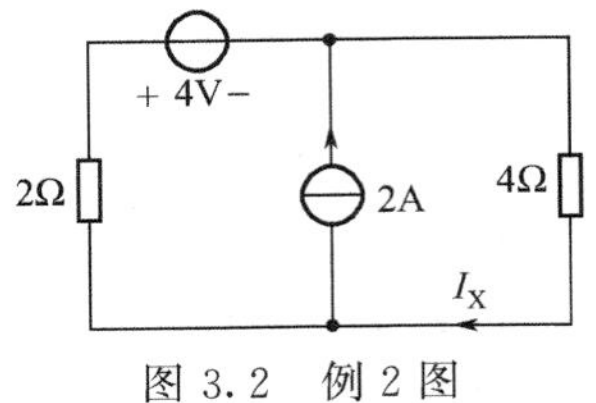

图 3.2 例 2 图

解： 根据叠加定理作出电路中每一个电源单独作用时的电路图

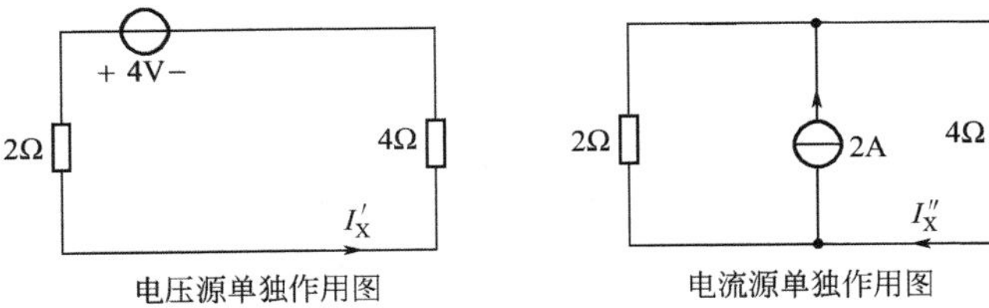

电压源单独作用： $(2+4)I'_X=4\Rightarrow I'_X=\frac{2}{3}\text{A}$

电流源单独作用： $I''_X=\frac{2}{2+4}\times2=\frac{2}{3}\ \text{A}$

观察电源单独作用时，电流分量与原电路电流方向的关系，相同取“+”，相反取“−”

故原图中的 $I_X=-I'_X+I''_X=-\frac{2}{3}+\frac{2}{3}=0\text{A}$

【例 3】 如图 3.3 所示的电路中，$R_L=2\Omega$，图 3.3(a) 电路中，R_L 消耗的功率为 2W，图 3.3(b) 电路中，R_L 消耗的功率为 8W，计算图 3.3(c) 电路中，R_L 消耗的功率。

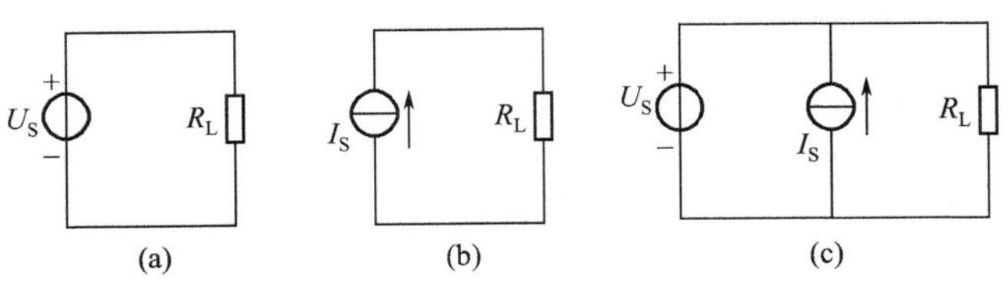

图 3.3 例 3 图

解：根据叠加定理的使用注意事项得知，电路的功率不能直接叠加。因此，解决此类题型，只能先利用图3.3(a)、(b)两图求出电源参数，再针对图3.3(c)电路使用叠加定理

图3.3(a)中，利用$P_a=\frac{U_S^2}{R_L}$功率求解公式，代入数据

$$2=\frac{U_S^2}{2}\Rightarrow U_S=2V$$

图3.3(b)中，利用$P_b=I_S^2R_L$功率求解公式，代入数据

$$8=I_S^2\times 2\Rightarrow I_S=2A$$

图3.3(c)电路利用叠加定理，求出流过R_L的电流，即可求出功率

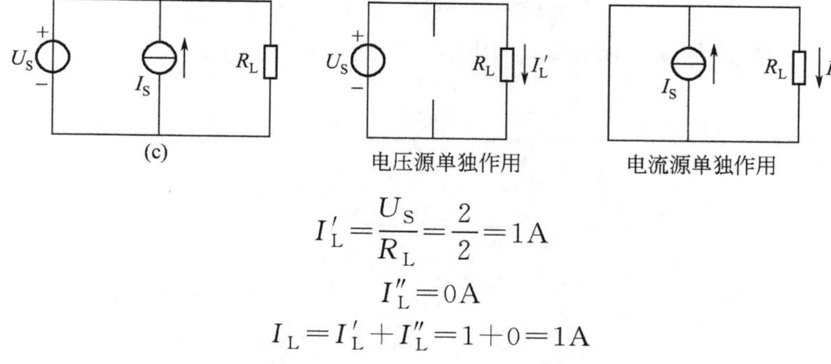

$$I_L'=\frac{U_S}{R_L}=\frac{2}{2}=1A$$

$$I_L''=0A$$

所以

$$I_L=I_L'+I_L''=1+0=1A$$

$$P_c=I_L^2R_L=1^2\times 2=2W$$

功率也可以这样求，由图3.3(c)可知R_L两端电压为电压源U_S的电压

$$P_c=\frac{U_S^2}{R}=\frac{4}{2}=2W$$

【例4】 用叠加定理求解图3.4所示电路中电流I。

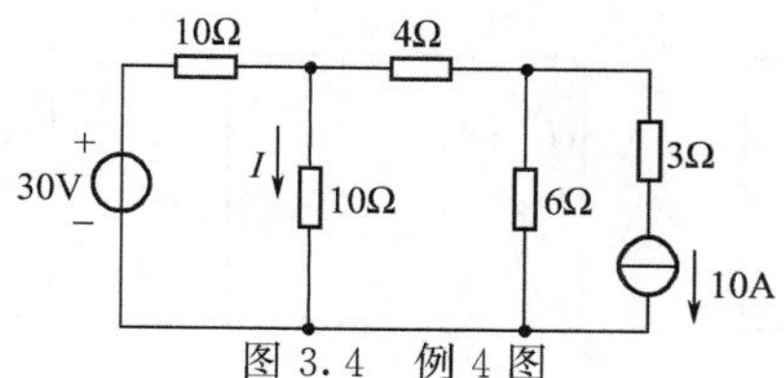

图3.4 例4图

解：根据叠加定理将原图分解为每个电源单独作用的等效电路图(a)、(b)

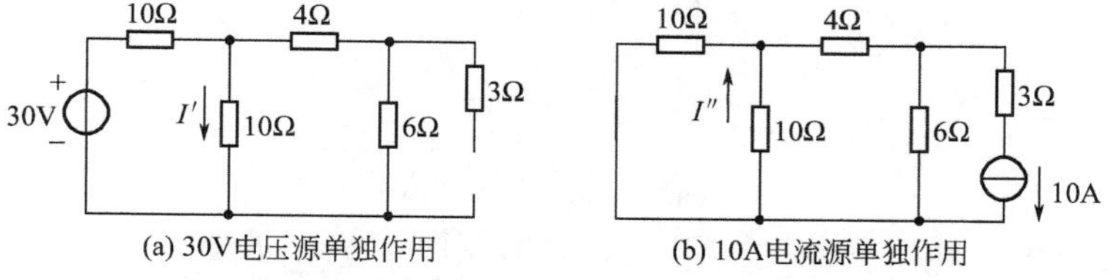

(a) 30V电压源单独作用　　(b) 10A电流源单独作用

图(a)变为简单电路，将断开的支路去掉后变为简单电路，即图(c)

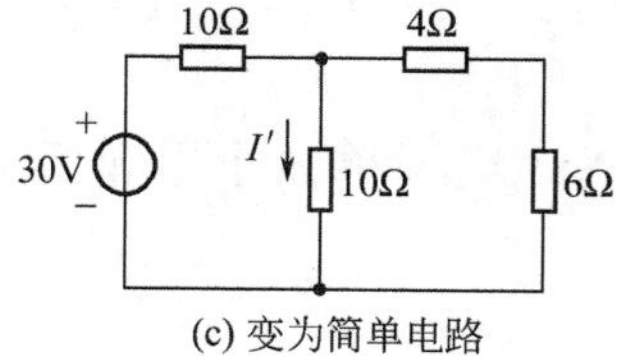

(c) 变为简单电路

$$I'=\frac{30}{10+\frac{1}{\frac{1}{10}+\frac{1}{4+6}}}\times\frac{1}{2}=1\text{A}$$

图(b) 10A 电流源单独作用电路中

$$I''=10\times\frac{6}{\left(\frac{1}{\frac{1}{10}+\frac{1}{10}}+4\right)+6}\times\frac{1}{2}=2\text{A}$$

观察图(a)、(b) 与图 3.4 中 I 的方向，可以得出

$$I=I'-I''=1-2=-1\text{A}$$

【例 5】 已知电路如图 3.5 所示，利用叠加定理求 I_1、I_2。

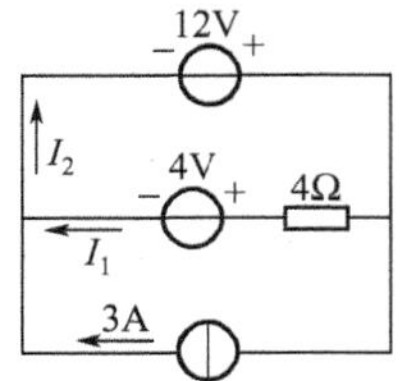

图 3.5 例 5 图

解：当线性电路中存在三个独立电源时，同样可以使用叠加定理，可采用“1+1+1”分配叠加来求解某支路电流；也可以采用“1+2”分配叠加来求解。

方法一：“1+1+1”

根据叠加定理将原图分解为每个电源单独作用的等效电路，见图(a)、(b)、(c)

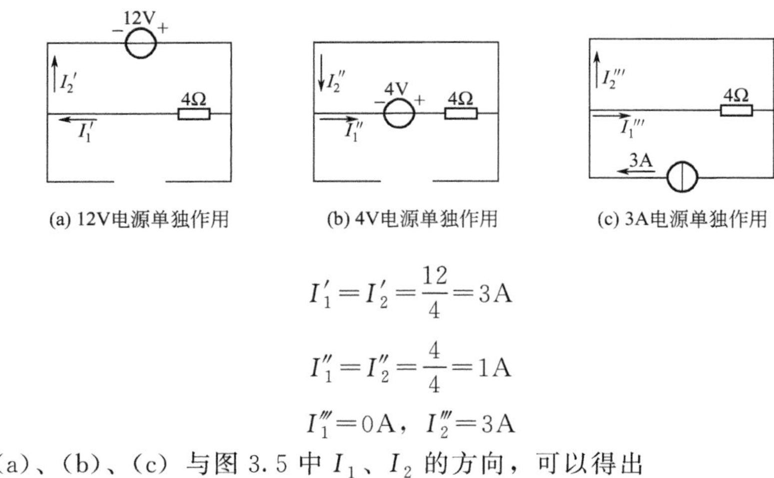

(a) 12V电源单独作用　(b) 4V电源单独作用　(c) 3A电源单独作用

图(a) $$I_1'=I_2'=\frac{12}{4}=3\text{A}$$

图(b) $$I_1''=I_2''=\frac{4}{4}=1\text{A}$$

图(c) $$I_1'''=0\text{A},\ I_2'''=3\text{A}$$

观察图(a)、(b)、(c) 与图 3.5 中 I_1、I_2 的方向，可以得出

$$I_1=I_1'-I_1''-I_1'''=3-1-0=2\text{A}$$

$$I_2=I_2'-I_2''+I_2'''=3-1+3=5\text{A}$$

方法二：“1+2”

利用叠加定理将原图分解为一个电源单独作用和两个电源共同作用的等效电路，见图(d)、(e)

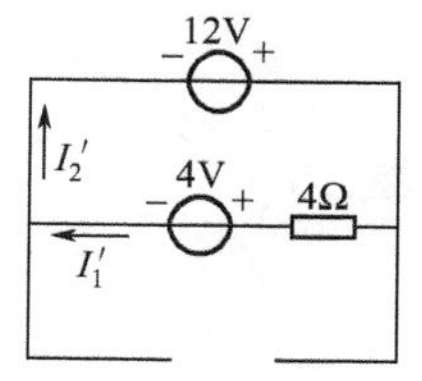

(d) 两个电压源共同作用

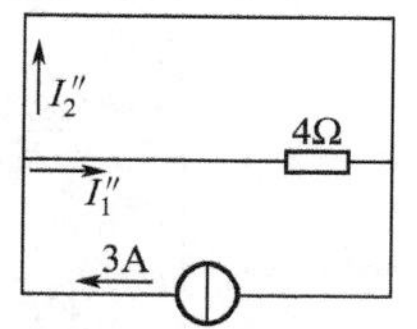

(e) 一个电流源单独作用

图(d) $$I_1'=I_2=\frac{12-4}{4}=2\text{A}$$

图(e) $$I_1''=0\text{A},\ I_2''=3\text{A}$$

观察图(d)、(e) 与图 3.5 中 I_1、I_2 的方向，可以得出

$$I_1=I_1'-I_1''=2-0=2\text{A}$$

$$I_2=I_2'+I_2''=2+3=5\text{A}$$

当然，其他的“1+2”的分解方法也可以用图(f)。

(f) 分解方法

【例 6】 试用叠加定理求解图 3.6 所示电路中电压 U。

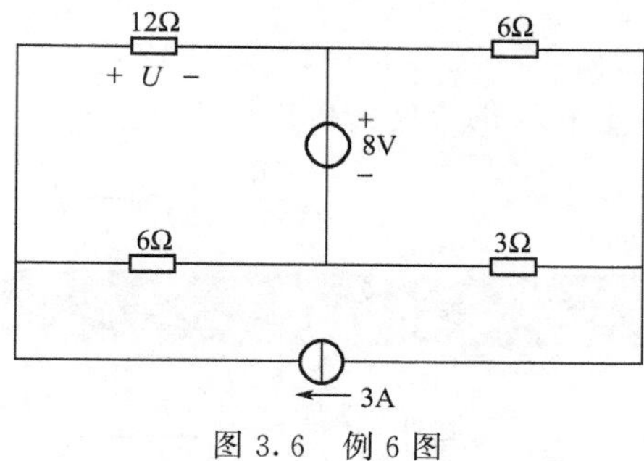

图 3.6 例 6 图

解： 根据叠加定理将原图分解为每个电源单独作用的等效电路图(a)、(b)

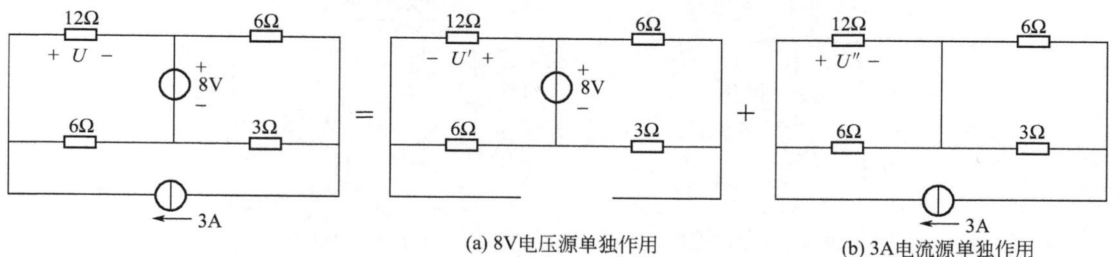

(a) 8V电压源单独作用 (b) 3A电流源单独作用

图(a) 去掉断开支路后，变为简单电路

利用电阻串并联可以分析得出

$$R_{总}=\frac{1}{\frac{1}{6+12}+\frac{1}{6+3}}=6\Omega$$

$$I_{总(a)}=\frac{8}{6}=\frac{4}{3}\text{A}$$

$$I'=\frac{6+3}{12+6+6+3}\times\frac{4}{3}=\frac{4}{9}\text{A}$$

$$U'=I'\times 12=\frac{4}{9}\times 12=\frac{16}{3}\text{V}$$

图(b)

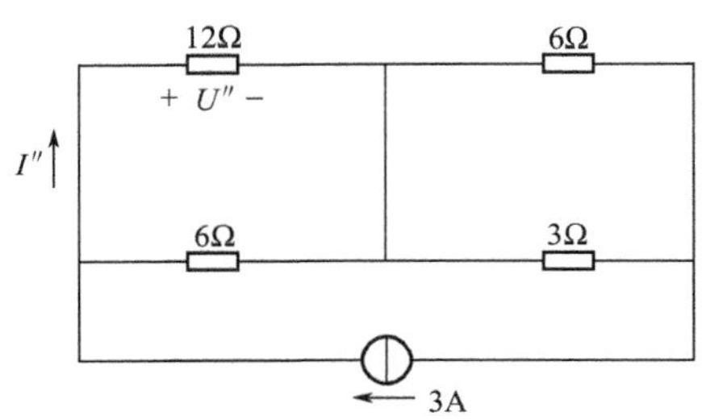

$$I''=\frac{6}{12+6}\times 3=1\text{A}$$

$$U''=I''\times 12=1\times 12=12\text{V}$$

观察图(a)、(b) 与图 3.6 中 U 的方向，可以得出

$$U=-U'+U''=-\frac{16}{3}+12=\frac{20}{3}\text{V}$$

模块习题

1. 叠加定理是对________和________的叠加，对________不能进行叠加。

2. 在图 3.7 所示电路中，2A 恒流源单独作用时，$I=$________。

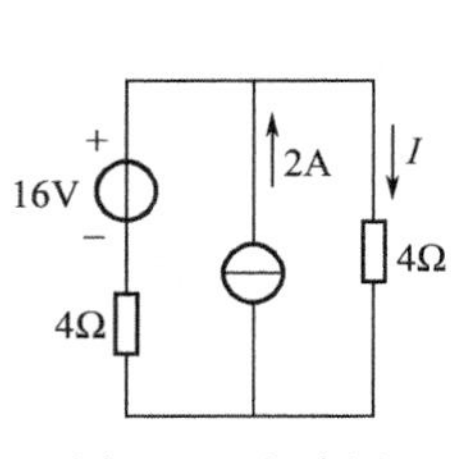

图 3.7　电路图

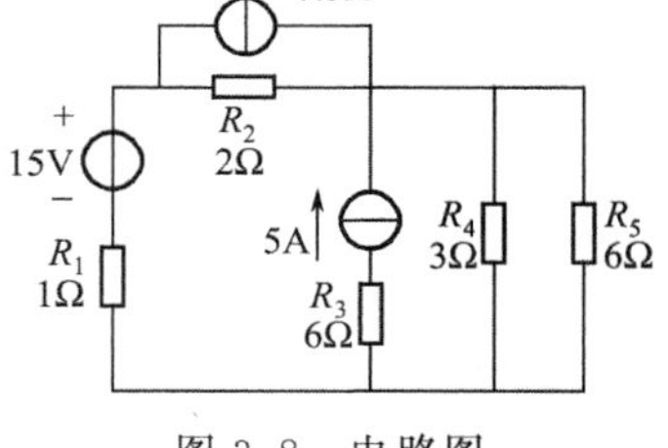

图 3.8　电路图

3. 如图 3.8 所示，回答下列问题：

（1）当 15V 电压源单独工作时，R_4 两端的功率为________；

（2）当 7.5A 电流源单独工作时，R_4 两端的功率为________；

（3）当 5A 电流源单独工作时，R_4 两端的功率为________；

（4）当共同作用时，R_4 两端的功率为________。

4. 叠加定理所说的“电源不作用”是指（　　）。

A. 电压源电动势为零，即作断路处理，内电阻为零

B. 电压源电动势为零，即作短路处理，内电阻保持不变

C. 电流源为零，即作断路处理，内电阻为零

D. 电流源电流为零，即作短路处理，内电阻保持不变

5. 如图 3.9 所示，通过电阻 2Ω 中的电流是（　　）。

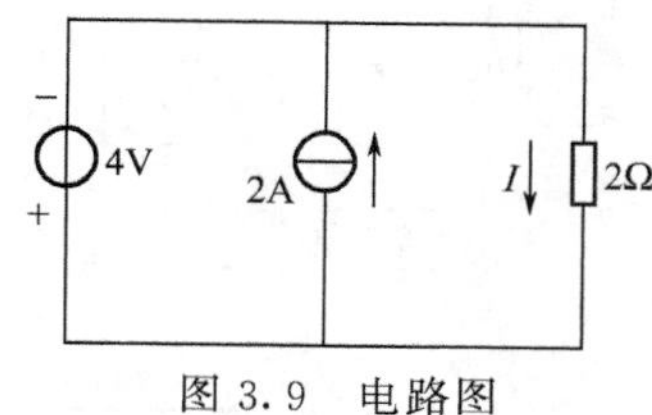

图 3.9　电路图

A. 2A　　B. −2A　　C. 4A　　D. 0

6. 叠加定理适用于（　　）。

A. 直流线性电路　　B. 交流线性电路

C. 非线性电路　　D. 任何线性电路

7. 如图 3.10 所示电路，已知 $U_S=3V$，$I_S=2A$，求 U_{AB} 和 I。

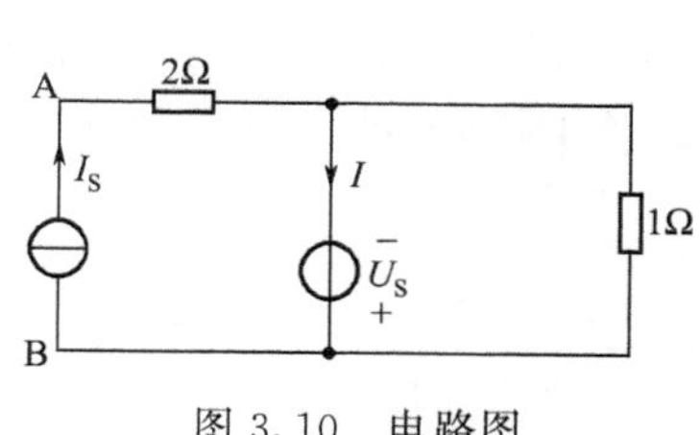

图 3.10　电路图

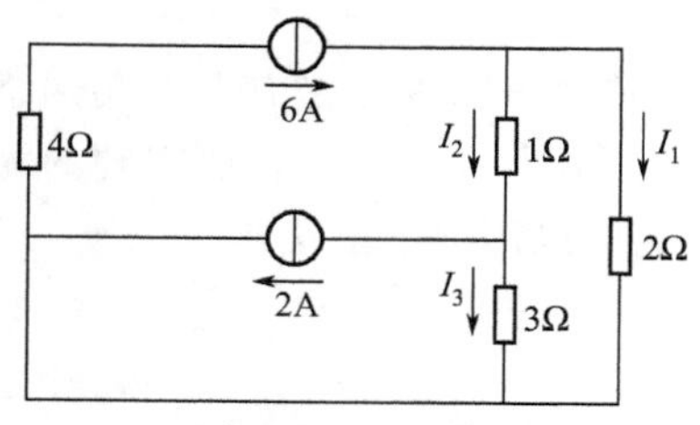

图 3.11　电路图

8. 如图 3.11 所示电路，试利用叠加定理求 I_1、I_2、I_3。

9. 如图 3.12 所示电路，试用叠加定理求电压 U。

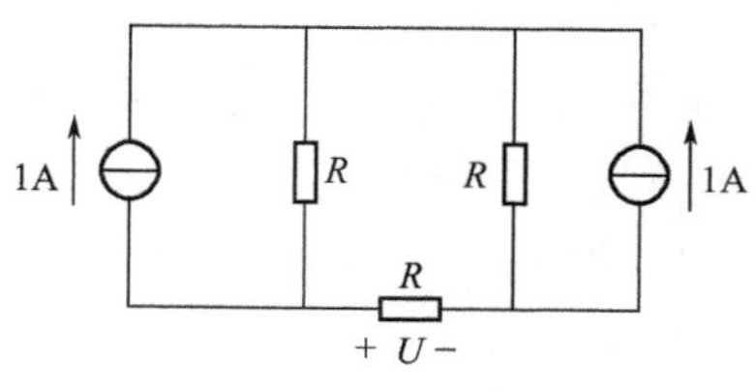

图 3.12　电路图

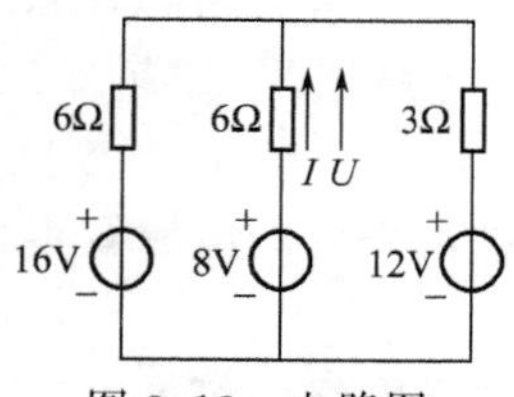

图 3.13　电路图

10. 如图 3.13 所示电路，试用叠加定理求 6Ω 电阻上的电压 U、电流 I。

模块 11 戴维南定理

知识回顾

一、戴维南定理的内容

任何一个线性有源二端网络，对外电路来说，都可以用一个电压为 U_{oc} 的理想电压源和一个电阻 R_{eq} 串联的等效电路来代替（图 3.14）。

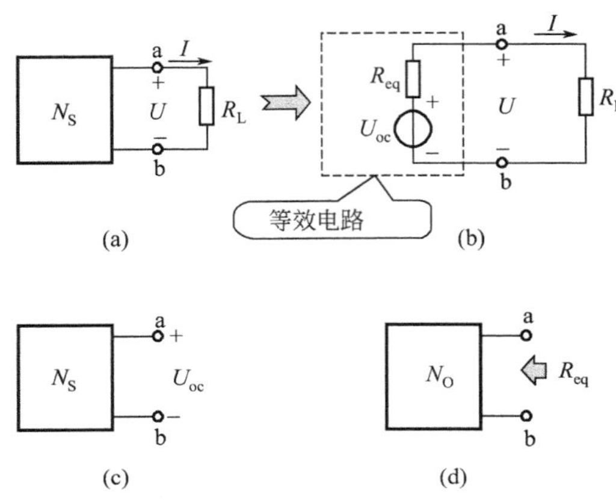

图 3.14 戴维南定理

等效电路的电压 U_{oc} 是有源二端网络的开路电压，即将负载 R_L 断开后 a、b 两端之间的电压。

等效电路的电阻 R_{eq} 是有源二端网络中所有独立电源均置零（理想电压源用短路代替，理想电流源用开路代替）后，所得到的无源二端网络 a、b 两端之间的等效电阻，也可称为 R_{ab}。R_{eq} 也可以用以下方法求得

$$R_{eq}=\frac{U_{oc}}{I_{sc}}$$

式中 U_{oc}——二端网络的开路电压；

I_{sc}——将二端网络的引出端用导线短接后，流过该导线的电流，也叫短路电流。

二、戴维南定理的解题步骤

（1）把电路划分为待求支路和有源二端网络两部分。

（2）断开待求支路，形成有源二端网络（要画图），求有源二端网络的开路电压 U_{oc}。

（3）将有源二端网络内的电源置零，保留其内阻（要画图），求二端网络的入端等效电阻 R_{ab}。

（4）画出有源二端网络的等效电压源，其电压源电压 $U_S=U_{oc}$（注意电源的极性），内阻 $R_{eq}=R_{ab}$。

（5）将待求支路接到等效电压源上，利用欧姆定律求电压电流。

典型例题

【例 1】 一有源二端网络，测得其开路电压为 6V，短路电流为 3A，则等效电压源为 $U_s=$________V，$R_{eq}=$________Ω。

解：根据戴维南定理的内容，可知 $U_s=U_{oc}=6V$，$R_{eq}=\dfrac{U_{oc}}{I_{sc}}=\dfrac{6}{3}=2\Omega$。

【例 2】 求图 3.15 所示的戴维南等效电路。

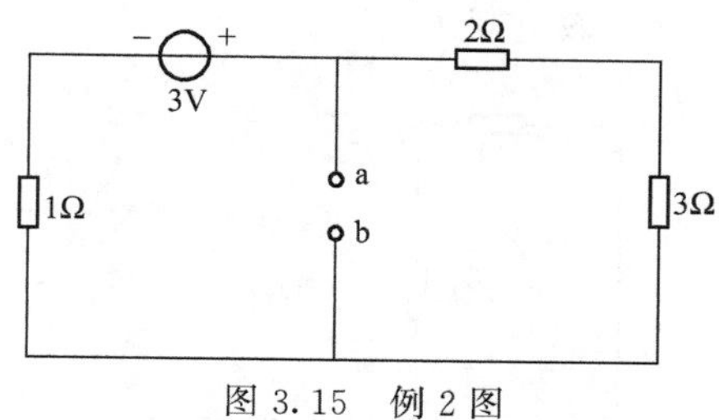

图 3.15　例 2 图

解：(1) 分析电路，求 U_{ab}

$$U_{ab}=\frac{3}{1+3+2}\times(2+3)=\frac{1}{2}\times 5=2.5V$$

(2) 内部所有电源置零，求等效电阻 R_{ab}

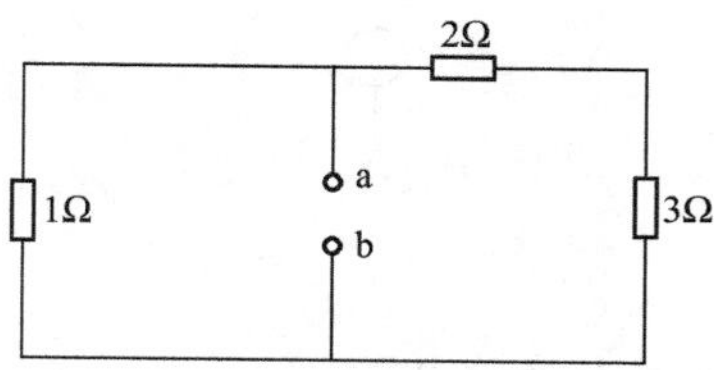

$$R_{ab}=1/\!/(2+3)=\frac{5}{6}\Omega$$

(3) 画出戴维南等效电路

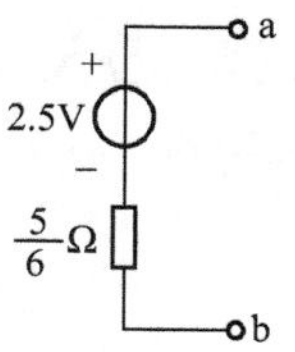

【例 3】 求图 3.16 所示的戴维南等效电路。

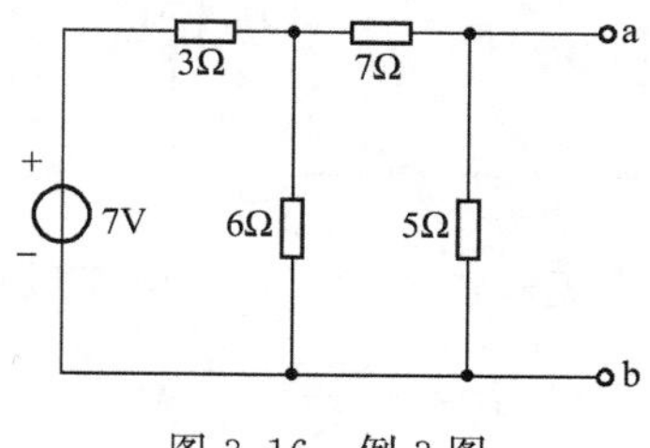

图 3.16　例 3 图

解：（1）分析电路，求 U_{ab}

U_{ab} 等于 5Ω 电阻两端电压

根据串联分压，先求出 6Ω 两端电压

$$U_{6\Omega}=\frac{7}{3+6/\!/(7+5)}\times 6/\!/(7+5)=4\text{V}$$

7Ω 电阻与 5Ω 电阻串联后和 6Ω 电阻并联，再次根据串联分压求出 U_{ab}

$$U_{ab}=4\times\frac{5}{7+5}=\frac{5}{3}\text{V}$$

（2）内部所有电源置零，求等效电阻 R_{ab}

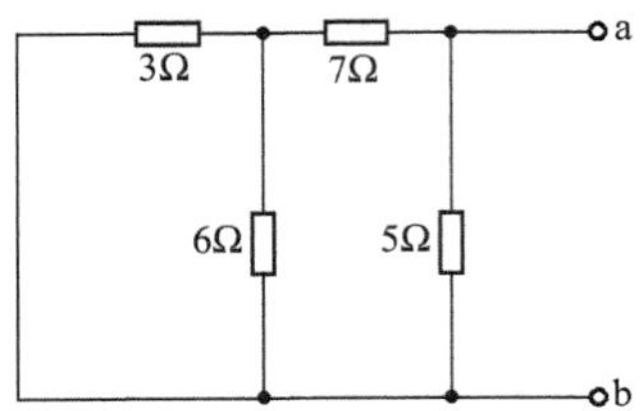

$$R_{ab}=(3/\!/6+7)/\!/5=\frac{45}{14}\Omega$$

（3）画出戴维南等效电路

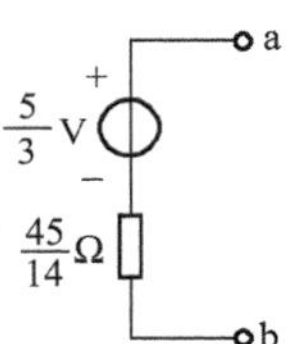

【例 4】 求图 3.17 所示的戴维南等效电路。

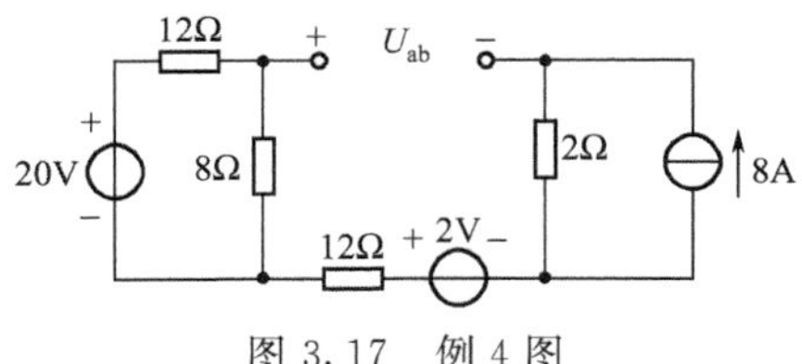

图 3.17　例 4 图

解：（1）分析电路，求 U_{ab}

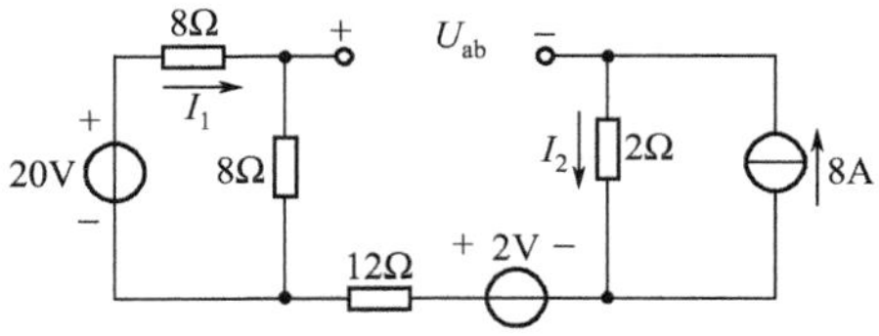

由图中可以看出，12Ω 电阻上无电流流过，左边电压源形成单独回路，

$$I_1=\frac{20}{8+8}=\frac{5}{4}\text{A}$$

右边电流源形成单独回路

$$I_2=8\text{A}$$

针对中间的虚拟回路，使用 KVL，可得

$$U_{ab}=8I_1+2-2I_2=8\times\frac{5}{4}+2-2\times8=-4\text{V}$$

（2）内部所有电源置零，求等效电阻 R_{ab}

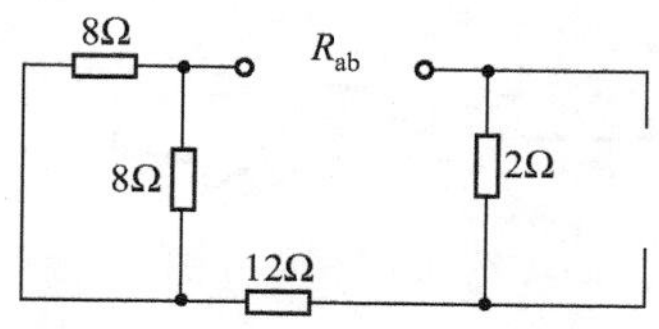

$$R_{ab}=8/\!/8+12+2=18\Omega$$

（3）画出戴维南等效电路（注意电源极性，a 应为负极）

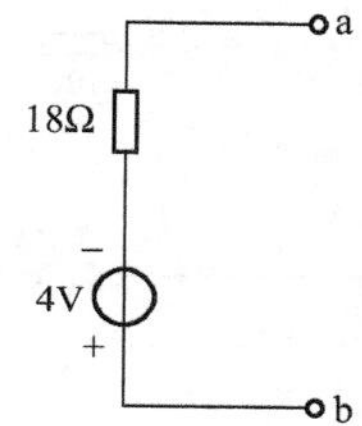

【例 5】 运用戴维南定理，求解图 3.18 中的电流 I。

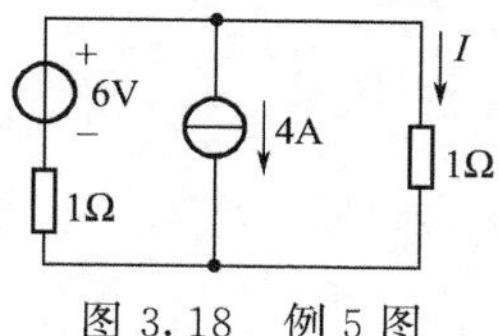

图 3.18 例 5 图

解：（1）断开待求支路，形成有源二端网络，求 U_{ab}

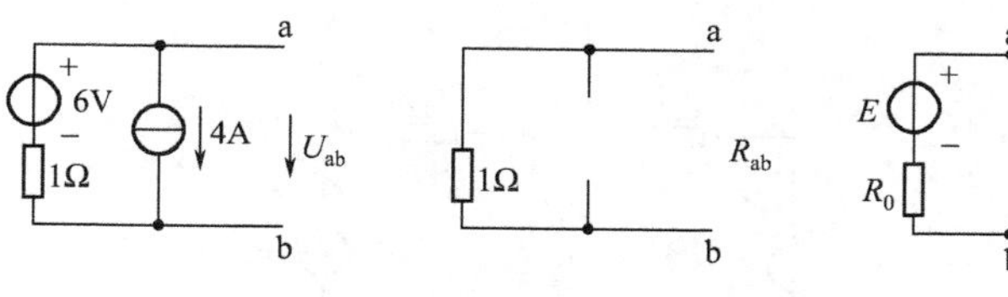

$$U_{ab}=6-1\times4=2\text{V}$$

（2）求等效电阻 R_{ab}

$$R_{ab}=1\Omega$$

（3）画出戴维南等效电路

$$E=U_{ab}=2\text{V}$$
$$R_0=R_{ab}=1\Omega$$

（4）接入待求支路，求解 I

$$I=\frac{E}{R_0+1}=\frac{2}{1+1}=1\text{A}$$

【例 6】 图 3.19 所示电路，N 为线性含源二端网络，已知开关 S_1、S_2 均断开时，电流表读数为 1.2A；当 S_1 闭合，S_2 断开时，电流表读数为 2A。求 S_1 断开、S_2 闭合时电流表读数。

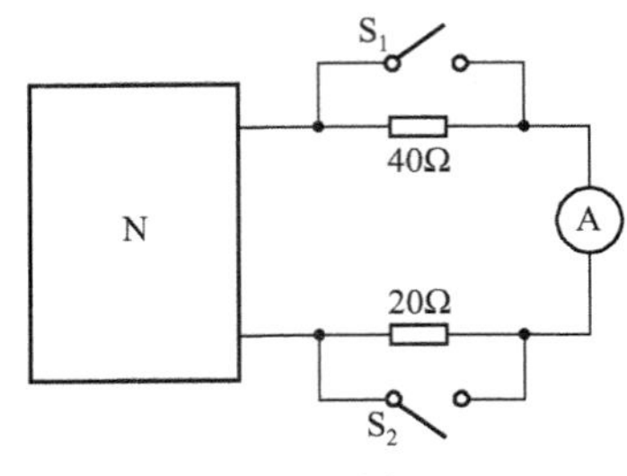

图 3.19 例 6 图

解： 将线性含源二端网络 N 用戴维南等效电路代替

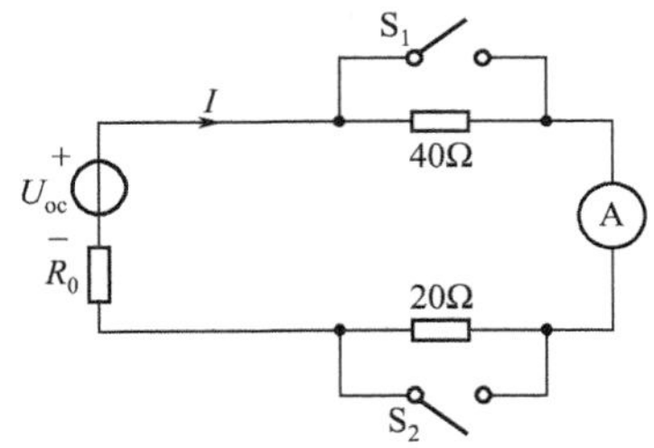

当 S_1、S_2 均断开时 $$I_1=\frac{U_{oc}}{R_0+40+20}=1.2\text{A} \tag{1}$$

当 S_1 闭合，S_2 断开时 $$I_2=\frac{U_{oc}}{R_0+20}=2\text{A} \tag{2}$$

由式(1)、式(2) 可得 $$U_{oc}=120\text{V}，R_0=40\Omega$$

当 S_1 断开，S_2 闭合时 $$I=\frac{U_{oc}}{R_0+40}=1.5\text{A}$$

【例 7】 图 3.20 电路，求当可变电阻 R 为何值时，R 可以获得最大功率，并求最大功率值。

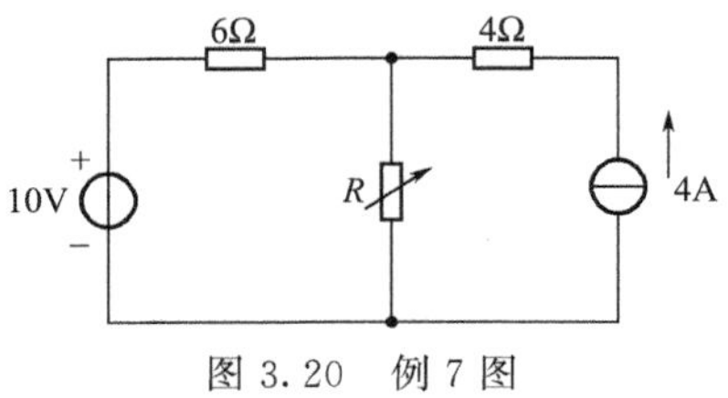

图 3.20 例 7 图

解： (1) 断开可变电阻 R 支路，求开路电压 U_{oc}

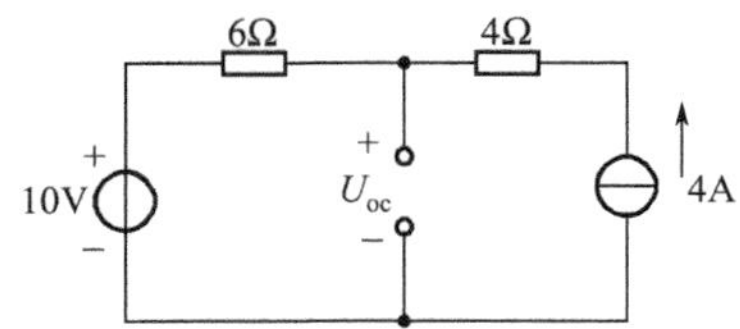

$$U_{oc}=4\times6+10=34\text{V}$$

（2）求等效电阻 R_{ab}

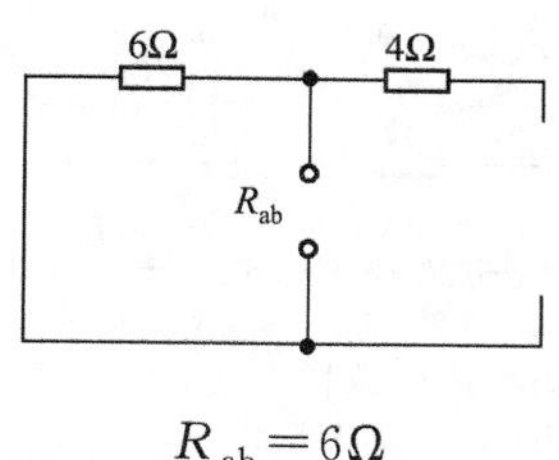

$$R_{ab}=6\Omega$$

（3）原电路戴维南等效为

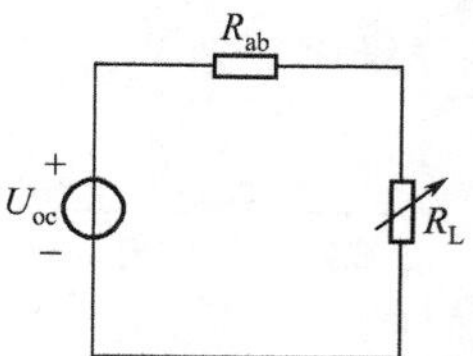

根据最大功率传递定理，当 $R_L=R_{ab}=6\Omega$ 时，可获得最大功率

$$P_{Lmax}=I^2R_L=\left(\frac{34}{6+6}\right)^2\times6=48.17\text{W}$$

【例 8】 图 3.21 所示电路，负载 R_L 为何值时能获得最大功率，最大功率是多少？

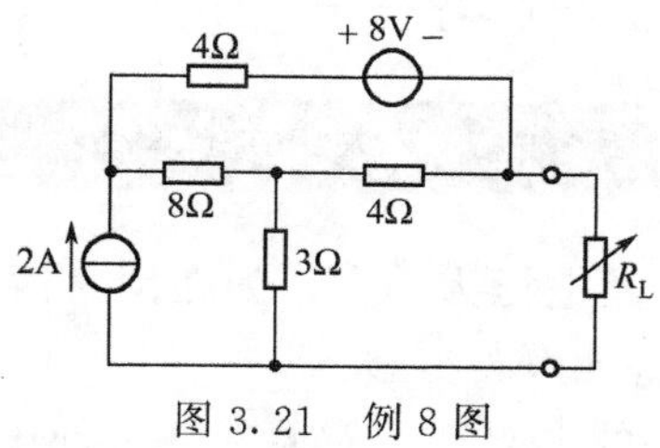

图 3.21　例 8 图

解：（1）断开 R_L 支路，求开路电压 U_{oc}

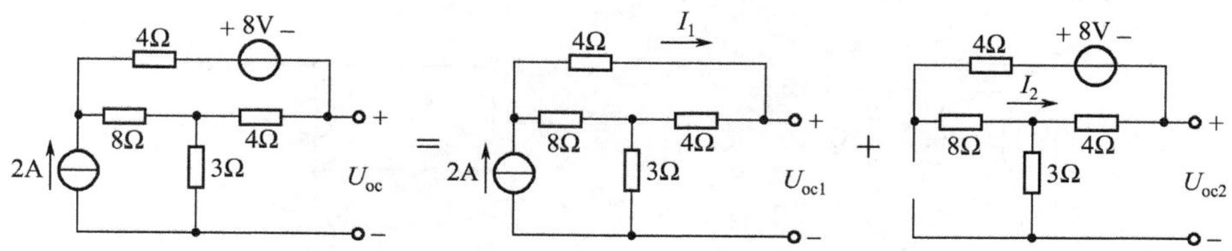

2A 电流源单独作用时：

4Ω 电阻与 4Ω 电阻串联，等效电阻与 8Ω 电阻并联，平分 2A 的电流，因此

$$I_1=1\text{A}$$

$$U_{oc1}=4I_1+2\times3=10\text{V}$$

8V 电压源单独作用时：

4Ω 电阻与 4Ω 电阻以及 8Ω 串联，因此

$$I_2=\frac{8}{4+8+4}=0.5\text{A}$$

$$U_{oc2}=-4I_2=-2V$$

$$U_{oc}=U_{oc1}+U_{oc2}=10V-2V=8V$$

（2）求等效电阻 R_{ab}

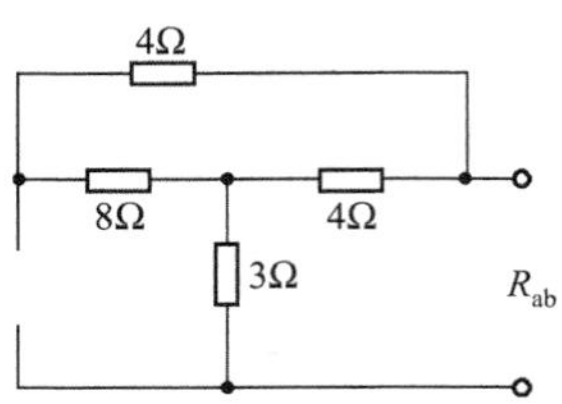

$$R_{ab}=(8+4)/\!/4+3=6\Omega$$

（3）接入断开支路后，原电路经戴维南等效变为

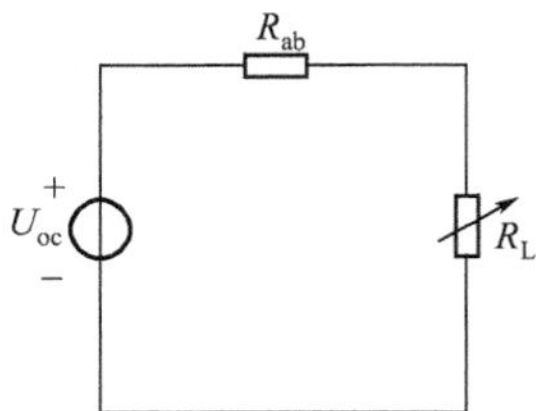

根据最大功率传递定理，当 $R_L=R_{ab}=6\Omega$ 时，可获得最大功率

$$P_{Lmax}=I^2R_L=\left(\frac{8}{6+6}\right)^2\times6=\frac{8}{3}W$$

模块习题

1. 某线性含源二端网络的开路电压为 10V，如在网络两端接以 10Ω 的电阻，二端网络端电压为 8V，此网络的戴维南等效电路为 $U_S=$________ V，$R_{eq}=$________ Ω。

2. 用戴维南定理求等效电路的电阻时，对原网络内部电压源作________处理，电流源作________处理。

3. 图 3.22 所示电路，ab 之间的开路电压为（　　）。

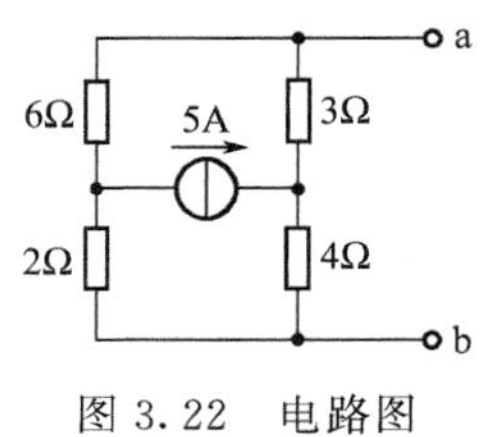

图 3.22　电路图

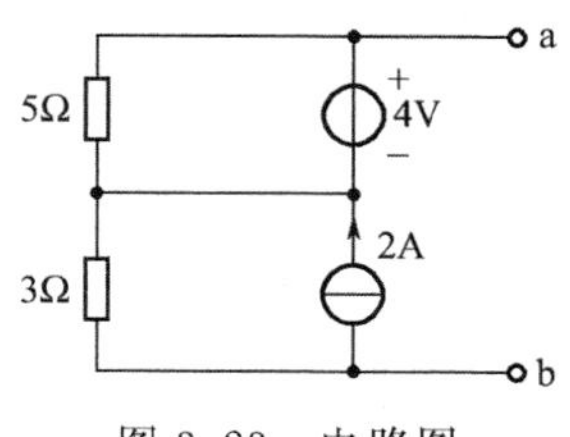

图 3.23　电路图

A. −6V　　B. 6V　　C. −9V　　D. 9V

4. 图 3.23 所示电路，该有源二端网络的等效电阻等于（　　）。

A. 8Ω　　B. 5Ω　　C. 3Ω　　D. 2Ω

5. 图 3.24 所示电路，戴维南等效电路的参数为（　　）。

A. 2V　2Ω　　B. 2V　1Ω　　C. 1V　1Ω　　D. 1V　2Ω

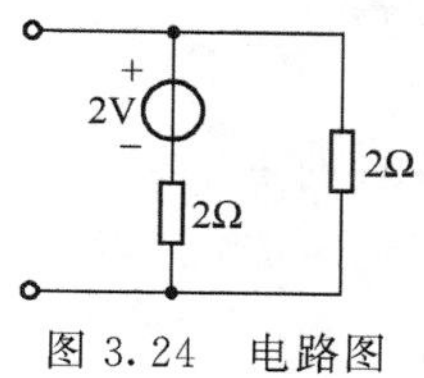

图 3.24 电路图

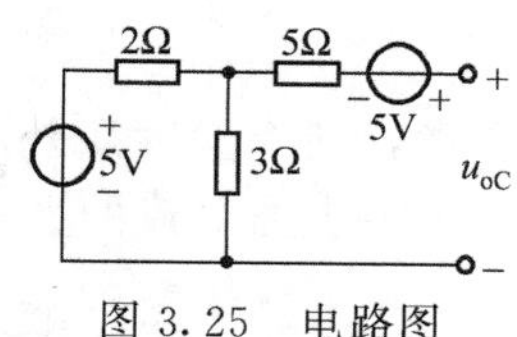

图 3.25 电路图

6. 图 3.25 所示电路，其开路电压为（　　）。

A. 5V　　B. 9V　　C. 6V　　D. 8V

7. 电路如图 3.26 所示，如果 $I_3=1A$，试应用戴维南定理，求图中的电阻 R_3。

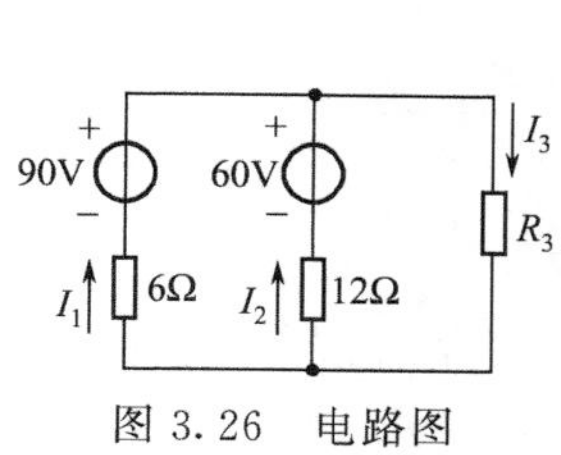

图 3.26 电路图

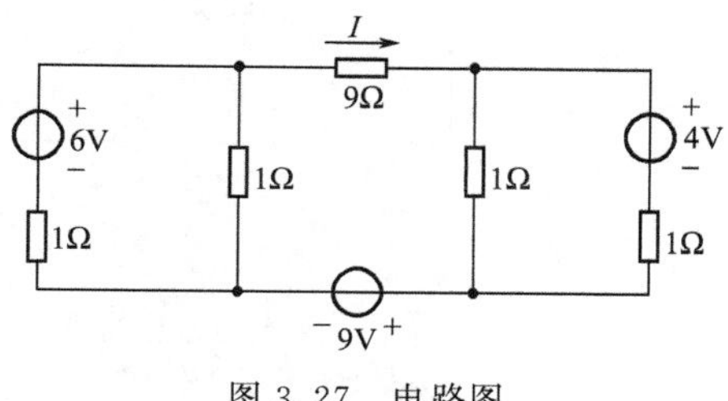

图 3.27 电路图

8. 试用戴维南定理求图 3.27 所示电路中 9Ω 上的电流 I。

9. 计算图 3.28 电路中的电流 I。

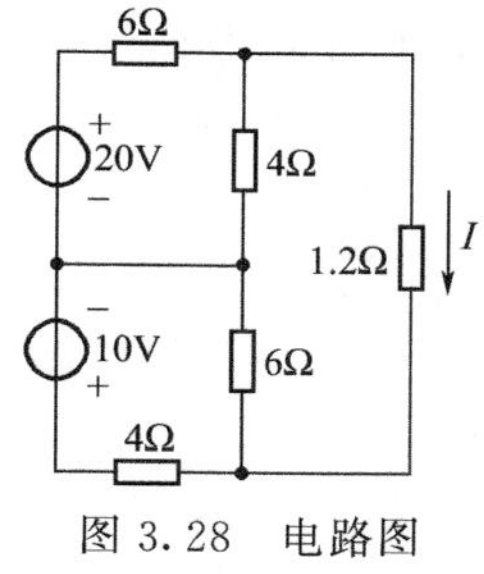

图 3.28 电路图

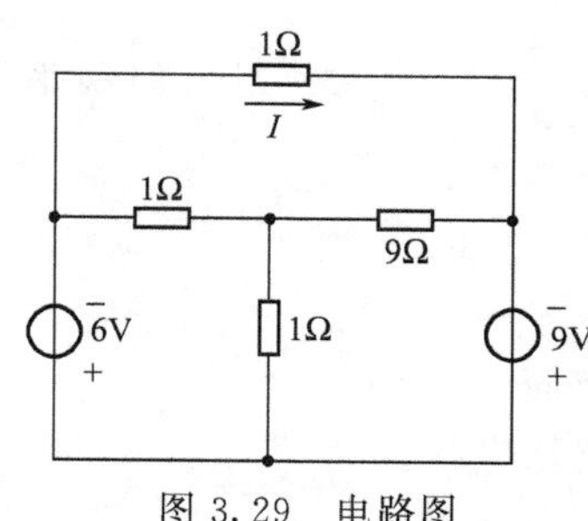

图 3.29 电路图

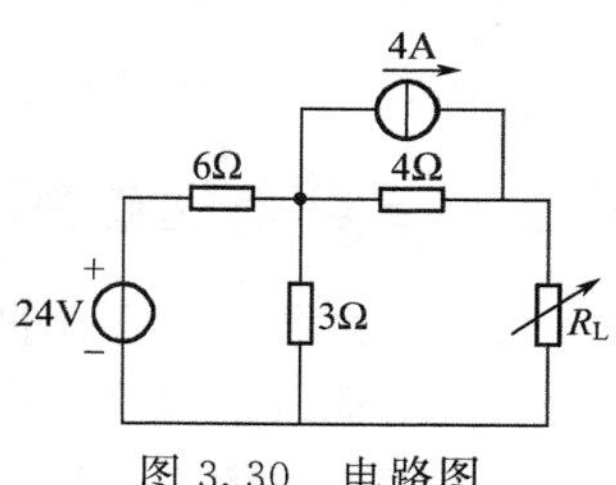

图 3.30 电路图

10. 试用戴维南定理计算图 3.29 电路图中的电流 I。

11. 图 3.30 电路中，R_L 取何值时能够获得最大功率，并求该最大功率 P_{Lmax}。

※模块 12　节点电压法

知识回顾

一、节点电压

任意选择电路中某一节点作为参考节点，其余节点与此参考节点间的电压分别称为对应的节点电压。

二、节点电压法

以节点电压为未知量，列除参考点外的 $n-1$ 个节点的 KCL 方程，联立求解该方程组求出节点电压，进而求出各支路电流的方法，称为节点电压法。如图 3.31 所示。

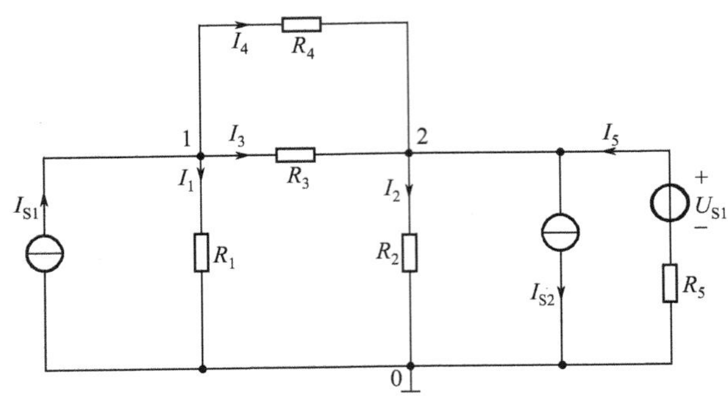

图 3.31　节点电压法

$$\left(\frac{1}{R_1}+\frac{1}{R_3}+\frac{1}{R_4}\right)U_{n1}-\left(\frac{1}{R_3}+\frac{1}{R_4}\right)U_{n2}=I_{S1} \tag{3-1}$$

$$-\left(\frac{1}{R_3}+\frac{1}{R_4}\right)U_{n1}+\left(\frac{1}{R_2}+\frac{1}{R_3}+\frac{1}{R_4}+\frac{1}{R_5}\right)U_{n2}=-I_{S2}+\frac{U_{S1}}{R_5} \tag{3-2}$$

式(3-1) 中$\frac{1}{R_1}+\frac{1}{R_3}+\frac{1}{R_4}$为节点 1 的自导，式(3-2) 中$\frac{1}{R_2}+\frac{1}{R_3}+\frac{1}{R_4}+\frac{1}{R_4}$为节点 2 的自导，因 R_3、R_4 接在节点 1、2 之间，所以$\frac{1}{R_3}+\frac{1}{R_4}$为互导，而自导总是正的，互导总是负的。

等式右边电源电流流入为正，流出为负。

三、节点电压法解题步骤

(1) 选择参考节点，设定参考方向；

(2) 根据以上规则，列出节点电压方程；

(3) 联立求解方程组，解得各节点电压；

(4) 选各支路电流参考方向，求出各支路电流。

典型例题

【例 1】 以________为解变量的分析方法称为节点电压法。

解： 根据节点电压法的内容得知，以节点电压为未知量，列除参考点外的 $n-1$ 个节点的 KCL 方程，联立求解该方程组求出节点电压，进而求出各支路电流的方法，称为节点电压法。填入节点电压。

【例 2】 与某个结点相连接的各支路电导之和，称为该结点的________。

解： 由式(3-1) 和式(3-2) 得知，此处应填入自导。

【例 3】 两个结点间各支路电导之和，称为这两个结点间的________。

解： 由式(3-1) 和式(3-2) 得知，此处应填入互导。

【例 4】 节点电压法是根据________写出独立的方程，其自导的符号取________，互导的符号取________。

解： 根据节点电压法的内容，此处应填入 KCL，正，负。

【例 5】 电路图如图 3.32 所示，运用节点电压法求解各支路电流。

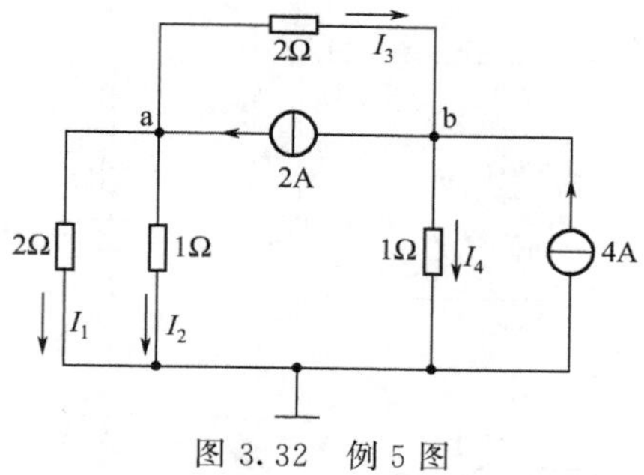

图 3.32　例 5 图

解： 根据节点电压法的解题步骤可知

(1) 选择图示参考节点、参考方向：

图 3.32 电路有 6 条支路，3 个节点，在选择参考节点时，尽量选择较多支路汇聚的节点作为参考节点。图中选用的参考节点为 4 条支路的汇聚点。

(2) 列方程

节点 a：
$$\left(\frac{1}{2}+\frac{1}{1}+\frac{1}{2}\right)U_a-\frac{1}{2}U_b=2$$

节点 b：
$$-\frac{1}{2}U_a+\left(\frac{1}{1}+\frac{1}{2}\right)U_b=4-2$$

(3) 联立求解

$$U_a=\frac{16}{11}\text{V}$$

$$U_b=\frac{20}{11}\text{V}$$

(4) 求出各支路电流

$$I_1=\frac{U_a-0}{2}=\frac{8}{11}\text{A}$$

$$I_2=\frac{U_a-0}{1}=\frac{16}{11}\text{A}$$

$$I_3=\frac{U_a-U_b}{2}=-\frac{2}{11}\text{A}$$

$$I_4=\frac{U_b-0}{1}=\frac{20}{11}\text{A}$$

【例 6】 电路图如图 3.33 所示，其中 $R_1=6\Omega$，$R_2=3\Omega$，$R_3=2\Omega$，$U_{S1}=12\text{V}$，$U_{S2}=3\text{V}$，运用节点电压法求各支路电流及 R_3 两端电压 U。

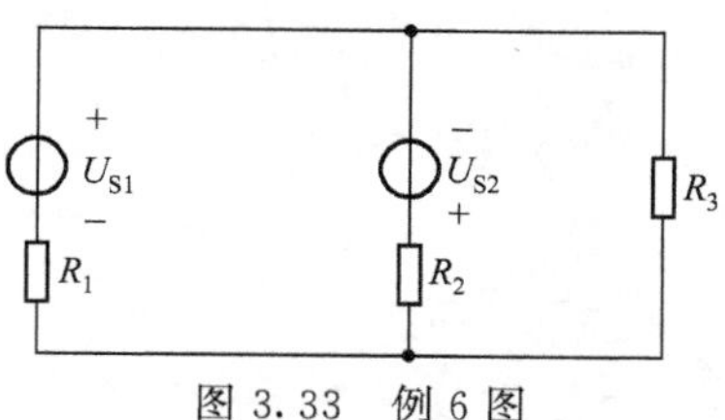

图 3.33　例 6 图

解： 根据节点电压法的解题步骤可知

（1）选择如下图所示参考节点、参考方向

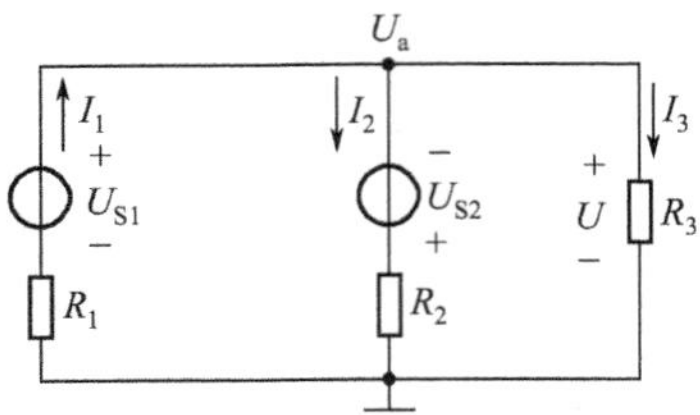

（2）列方程

节点 a：
$$\left(\frac{1}{R_1}+\frac{1}{R_2}+\frac{1}{R_3}\right)U_a=\frac{U_{S1}}{R_1}-\frac{U_{S2}}{R_2}$$

（3）求解

$$\left(\frac{1}{6}+\frac{1}{3}+\frac{1}{2}\right)U_a=\frac{12}{6}-\frac{3}{3}$$
$$U_a=1\text{V}$$

（4）求出各支路电流、待求电压

$$I_1=\frac{U_{S1}-U_a}{R_1}=\frac{12-1}{6}=\frac{11}{6}\text{A}$$
$$I_2=\frac{U_{S2}+U_a}{R_2}=\frac{3+1}{3}=\frac{4}{3}\text{A}$$
$$I_3=\frac{U_a-0}{R_3}=\frac{1}{2}\text{A}$$
$$U=U_a-0=1\text{V}$$

【例 7】 如图 3.34 所示，$I_S=3\text{A}$，$U_1=12\text{V}$，$R_1=6\Omega$，$R_2=3\Omega$，用节点电压法求图中的电压 U。

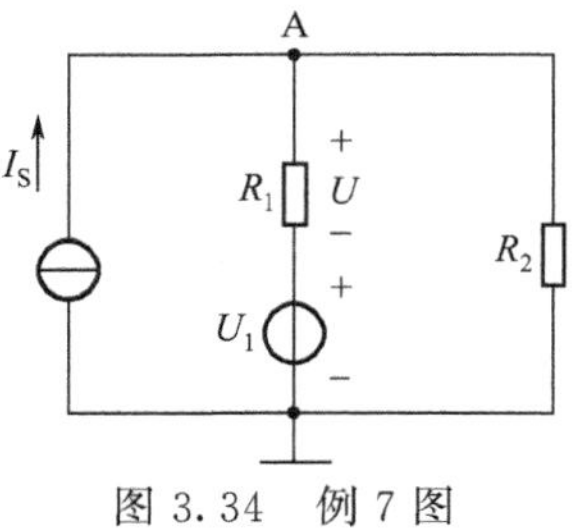

图 3.34 例 7 图

解： 根据节点电压法的解题步骤可知

（1）选择图示参考节点。

（2）列方程

节点 A：
$$\left(\frac{1}{R_1}+\frac{1}{R_2}\right)U_a=\frac{U_{S1}}{R_1}+I_S$$

（3）求解：

$$\left(\frac{1}{6}+\frac{1}{3}\right)U_a=\frac{12}{6}+3$$
$$U_a=10\text{V}$$

（4）求出待求电压

$$U=U_a-U_1=10-12=-2\text{V}$$

【例 8】 如图 3.35 所示，$I_S=1\text{A}$，$U_S=12\text{V}$，$R_1=R_2=R_3=6\Omega$，用节点电压法求图中的电压 U_b。

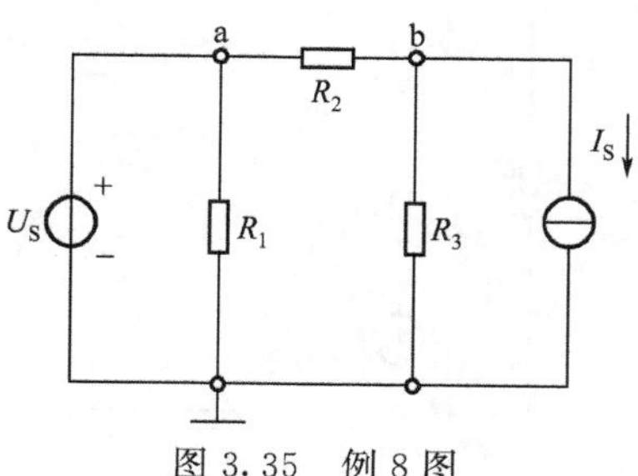

图 3.35 例 8 图

解： 根据节点电压法的解题步骤可知

（1）选择图示参考节点。

（2）列方程

节点 a：

$$U_a=U_S=12\text{V}$$

节点 b：

$$-\frac{1}{R_2}U_a+\left(\frac{1}{R_2}+\frac{1}{R_3}\right)U_b=-I_S$$

（3）求解

$$-\frac{1}{6}\times12+\left(\frac{1}{6}+\frac{1}{6}\right)U_b=-1$$

$$U_b=3\text{V}$$

【例 9】 如图 3.36 所示，用节点电压法求图中的电压 U_0。

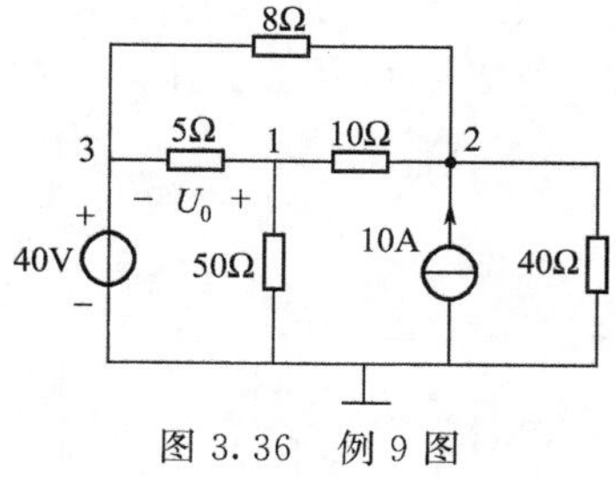

图 3.36 例 9 图

解： 根据节点电压法的解题步骤

（1）选择图示参考节点、参考方向。

（2）列方程

节点 1：

$$-\frac{1}{5}\times U_3+\left(\frac{1}{5}+\frac{1}{50}+\frac{1}{10}\right)U_1-\frac{1}{10}U_2=0$$

节点 2：

$$-\frac{1}{8}U_3-\frac{1}{10}U_1+\left(\frac{1}{8}+\frac{1}{10}+\frac{1}{40}\right)U_2=10$$

节点 3：

$$U_3=40\text{V}$$

（3）求解

$$U_1=50\text{V}，U_2=80\text{V}$$

（4）求出待求电压

$$U_0=U_1-U_3=50-40=10\text{V}$$

【例 10】 如图 3.37 所示，列出节点 1、2、3 的节点电压方程。

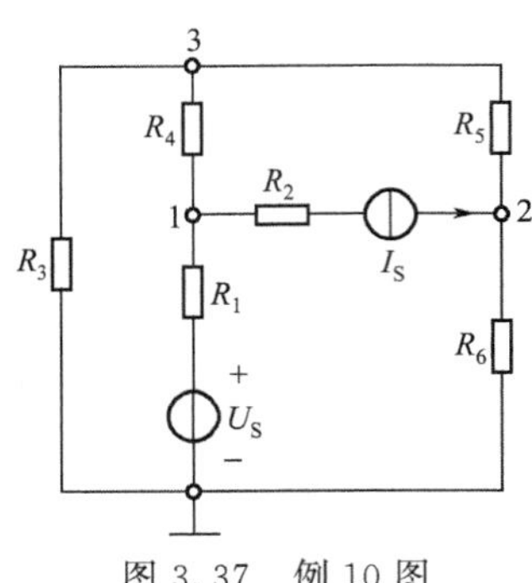

图 3.37 例 10 图

解： 根据节点电压法的解题步骤

（1）选择图示参考节点、参考方向。

（2）列方程：电路中含有与 I_S 串联的电阻 R_2，R_2 所在支路电流唯一由电流源 I_S 确定，对外电路而言，与电流源串联的电阻 R_2 无关，不起作用，应该去掉。所以其电导 $\frac{1}{R_2}$ 不应出现在节点方程中，则节点电压方程如下所示。

节点 1：
$$\left(\frac{1}{R_1}+\frac{1}{R_4}\right)U_1-\frac{1}{R_4}U_3=\frac{U_S}{R_1}-I_S$$

节点 2：
$$\left(\frac{1}{R_5}+\frac{1}{R_6}\right)U_2-\frac{1}{R_5}U_3=I_S$$

节点 3：
$$-\frac{1}{R_4}U_1-\frac{1}{R_5}U_2+\left(\frac{1}{R_3}+\frac{1}{R_4}+\frac{1}{R_5}\right)U_3=0$$

【例 11】 如图 3.38 所示，$R_1=R_2=R_3=2\Omega$，$U_1=6\text{V}$，$I_S=2\text{A}$，求图示电路中 A 点的电压 U_A 及电流 I_1、I_2。

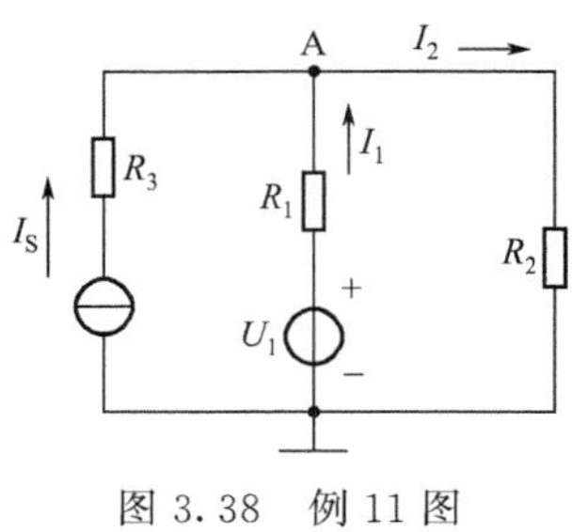

图 3.38 例 11 图

解： 根据节点电压法的解题步骤

（1）选择图示参考节点、参考方向。

（2）列出节点 A 的方程

节点 A：
$$\left(\frac{1}{R_1}+\frac{1}{R_2}\right)U_A=I_S+\frac{U_1}{R_1}$$

电路中含有与 I_S 串联的电阻 R_3，R_3 所在支路电流唯一由电流源 I_S 确定。所以，对外电路而言，与电流源串联的电阻 R_3 无关，不起作用，应该去掉，节点方程中不出现$\frac{1}{R_3}$。

（3）求解

$$\left(\frac{1}{2}+\frac{1}{2}\right)U_A=2+\frac{6}{2}$$

$$U_A=5\text{V}$$

（4）求出支路电流 I_1、I_2

$$I_1=\frac{U_1-U_A}{R_1}=\frac{6-5}{2}=\frac{1}{2}\text{A}$$

$$I_2=\frac{U_A}{R_2}=\frac{5}{2}\text{A}$$

【例 12】 如图 3.39 所示，图示电路中 1Ω 和 2Ω 两端电压 U_1、U_2。

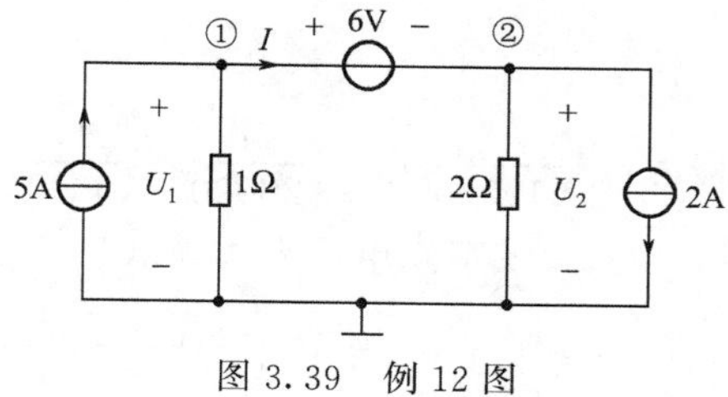

图 3.39 例 12 图

解： 根据节点电压法的解题步骤

（1）选择图示参考节点、参考方向。

（2）列出节点方程

节点①：
$$\frac{1}{1}U_1=5-I$$

节点②：
$$\frac{1}{2}U_2=I-2$$

三个未知数，两个独立方程，无法解出参数，需补充方程

$$U_1-U_2=6$$

（3）联立求解

$$U_1=4\text{V}，U_2=-2\text{V}，I=1\text{A}$$

模块习题

1. 列节点方程时，要把元件和电源变为（　　）才列方程。

A. 电导元件和电压源　　B. 电阻元件和电压源

C. 电导元件和电流源　　D. 电阻元件和电流源

2. 图 3.40 所示电路中，节点 a 的节点电压方程为（　　）。

A. $8U_a-2U_b=2$　　B. $1.7U_a-0.5U_b=2$

C. $1.7U_a+0.5U_b=2$　　D. $1.7U_a-0.5U_b=-2$

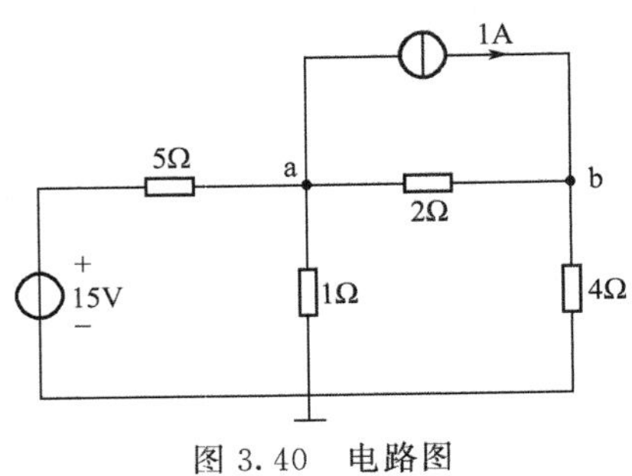

图 3.40 电路图

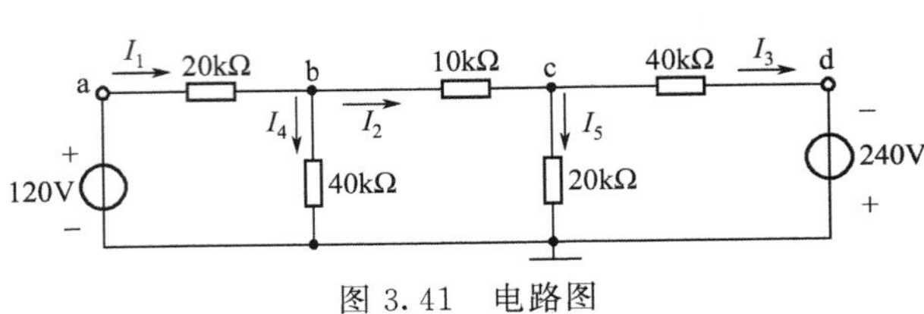

图 3.41 电路图

3. 关于图 3.41 所示电路，下列说法正确的是（　　）。

A. $U_a=120\text{V}$，$U_d=240\text{V}$

B. 节点 b 的节点电压方程为：$\left(\frac{1}{20000}+\frac{1}{10000}+\frac{1}{40000}\right)U_b-\frac{1}{10000}U_c+\frac{1}{20000}U_a=0$，且满足 $I_1=I_4+I_2$

C. 该电路有 7 条支路，5 个节点

D. 节点 c 的节点电压方程为：$-\frac{1}{10000}U_b+\left(\frac{1}{20000}+\frac{1}{10000}+\frac{1}{40000}\right)U_c+\frac{240}{40000}=0$

4. 关于图 3.42 所示电路，节点 a 的节点电压方程为（　　）。

A. $\left(\frac{1}{2}+\frac{1}{3}+\frac{1}{1}\right)U_a=\frac{18}{2}+6$　　B. $\left(\frac{1}{2}+\frac{1}{3}+\frac{1}{1}\right)U_a=\frac{18}{2}-6$

C. $\left(\frac{1}{2}+\frac{1}{1}\right)U_a=\frac{18}{2}+6$　　D. $\left(\frac{1}{2}+\frac{1}{1}\right)U_a=\frac{18}{2}-6$

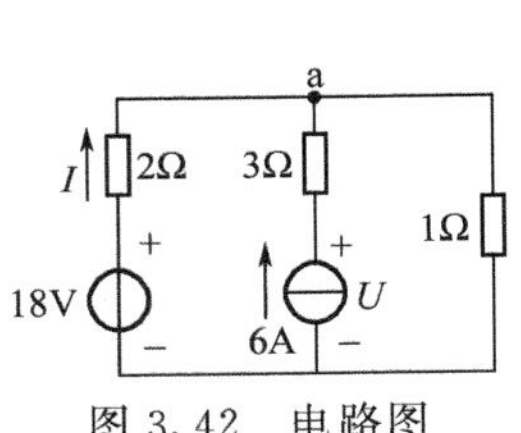

图 3.42 电路图

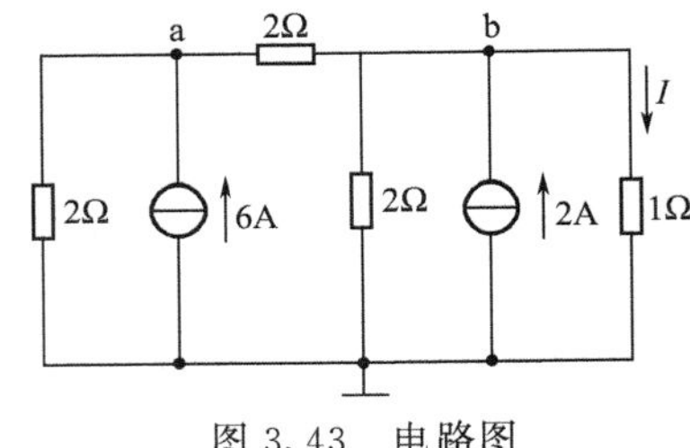

图 3.43 电路图

5. 关于图 3.43 所示电路，以下说法正确的是（　　）。

A. 节点 a 的节点电压方程为：$\left(\frac{1}{2}+\frac{1}{2}\right)U_a-\frac{1}{2}U_b=6$

B. 节点 b 的节点电压方程为：$\frac{1}{2}U_a+\left(\frac{1}{2}+\frac{1}{2}+1\right)U_b=2$

C. $U_a=\frac{52}{7}\text{V}$，$U_b=-\frac{20}{7}\text{V}$，$I=-\frac{20}{7}\text{A}$

D. $U_a=-\frac{52}{7}\text{V}$，$U_b=\frac{20}{7}\text{V}$，$I=\frac{20}{7}\text{A}$

6. 关于图 3.44 所示电路，求电压 U 的方程为（　　）。

A. $\left(\frac{1}{1}+\frac{1}{1}\right)U_a=5+5$　　B. $\left(\frac{1}{1}+\frac{1}{1}+\frac{1}{2}\right)U_a=0$

C. $\left(\frac{1}{1}+\frac{1}{2}\right)U_a=0$　　　　D. $\left(\frac{1}{1}+\frac{1}{1}+\frac{1}{2}\right)U_a=5+5$

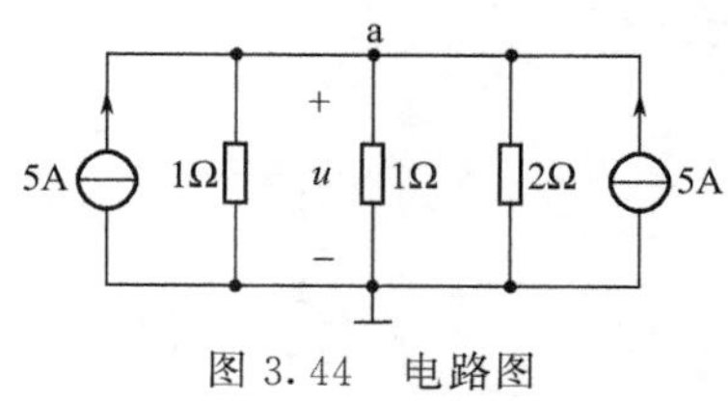

图 3.44　电路图

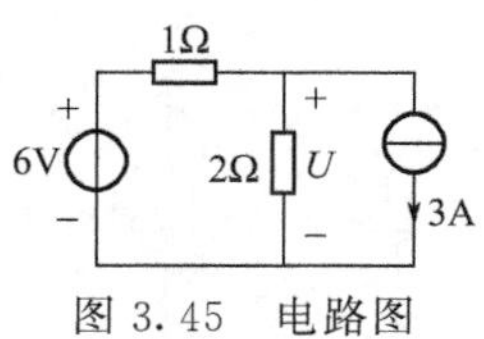

图 3.45　电路图

7. 图 3.45 所示电路，电压 U 等于（　　）。

A. 2V　　B. −2V　　C. 6V　　D. −6V

8. 运用节点电压法，求图 3.46 中的电压 U_{ab}。

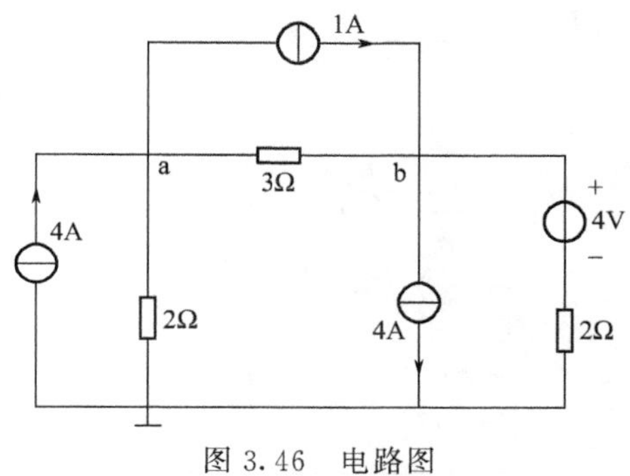

图 3.46　电路图

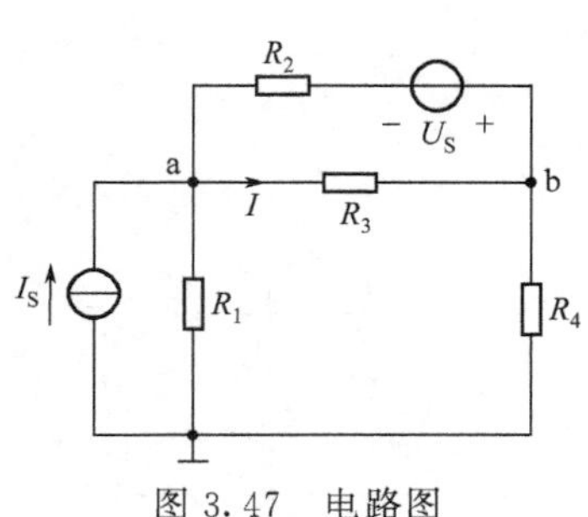

图 3.47　电路图

9. 列出图 3.47 中 a、b 两个节点的节点电压方程，并写出 I 与 U_a、U_b 的关系式。

10. 运用节点电压法，求图 3.48 中的 U、I。

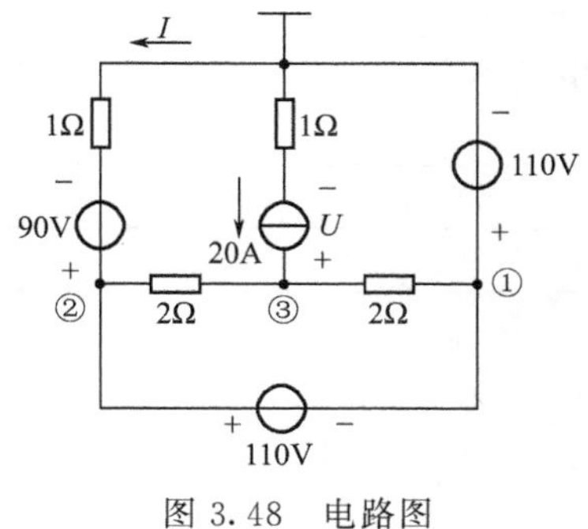

图 3.48　电路图

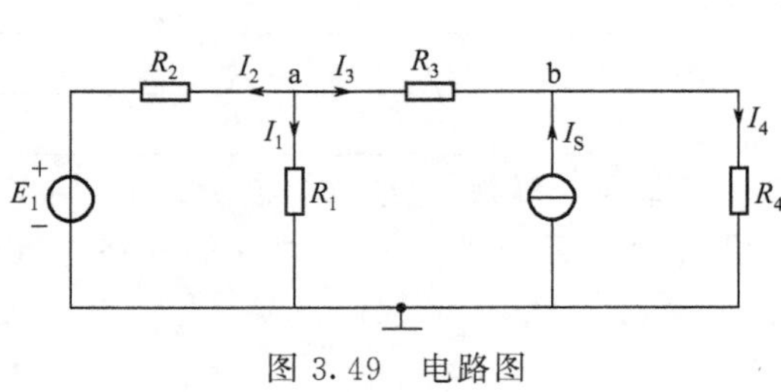

图 3.49　电路图

11. 图 3.49 中，已知 $E_1=12\text{V}$，$I_S=1\text{A}$，$R_1=1\Omega$，$R_3=6\Omega$，$R_2=R_4=3\Omega$，求各支路电流。

单元自测题（一）

一、填空题（每空 1 分，共 20 分）

1. 图 3.50 所示电路中，U_{S1} 单独作用时，$U^{①}=$________，$I_{ab}^{①}=$________，R_3 消耗的

电功率为 $P_3^{①}=$________；U_{S2} 单独作用时，$U^{②}=$________，$I_{ab}^{②}=$________，R_3 消耗的电功率 $P_3^{②}=$________；U_{S1}、U_{S2} 共同作用时，$U=$________，$I_{ab}=$________，$P_3=$________。（假设 $U^{①}$，$U^{②}$ 与 U 的参考方向一致）

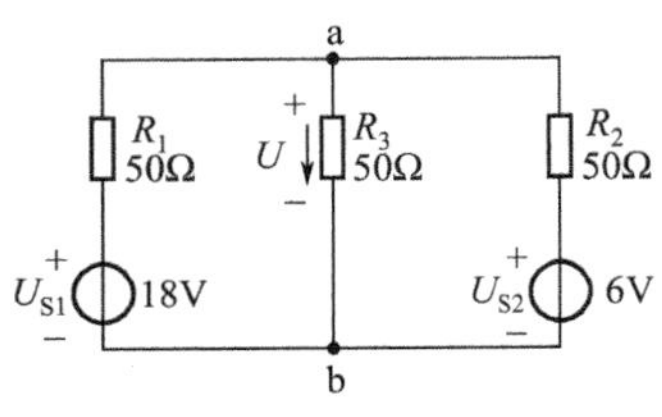

图 3.50 电路图

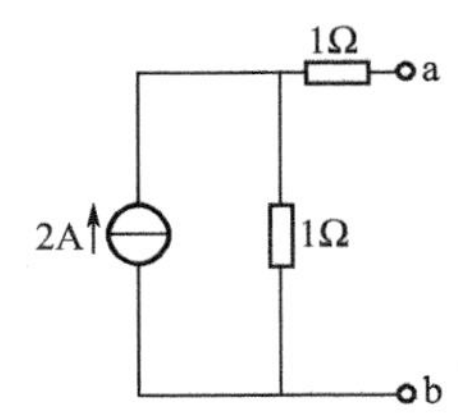

图 3.51 电路图

2. 图 3.51 所示电路，其戴维南等效参数为 $U_{ab}=$________，$R_{ab}=$________。

3. 图 3.52 所示电路，24V 电源单独作用时，$I_1'=$________，$I_3'=$________；5A 电源单独作用时，$I_1''=$________，$I_3''=$________。

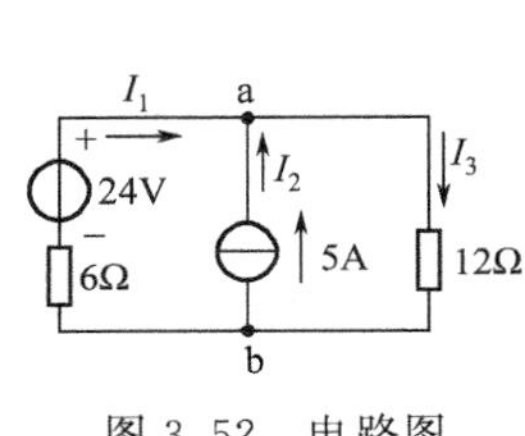

图 3.52 电路图

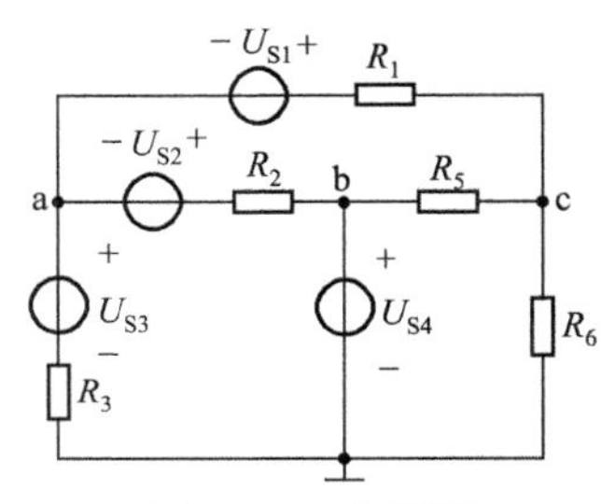

图 3.53 电路图

4. 某含源二端网络的开路电压为 10V，如在网络两端接以 10Ω 的电阻，二端网络端电压为 8V，此网络的戴维南等效电路为 $U_S=$________ V，$R_{eq}=$________ Ω。

5. 图 3.53 所示电路，写出 a、b、c 三个节点的节点电压方程

节点 a：____；

节点 b：____；

节点 c：____。

二、选择题（每题 2 分，共 20 分）

1. 图 3.54 所示电路，a、b 之间的开路电压 U_{ab} 为（　　）。

A. 25V　　B. 35V　　C. 50V　　D. 60V

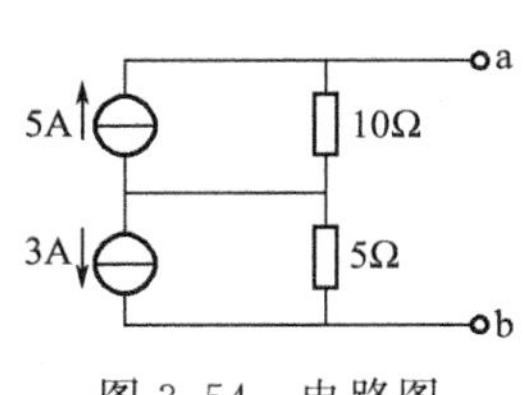

图 3.54 电路图

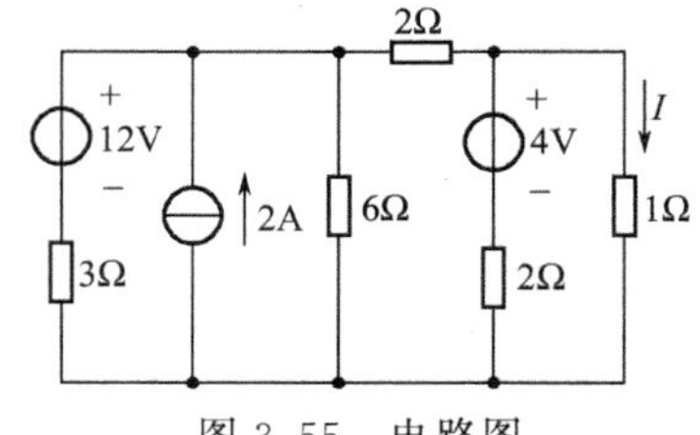

图 3.55 电路图

2. 图 3.55 所示电路，优选下列哪种电路分析方法求解各支路电流（　　）。

A. 叠加定理　　B. 支路电流法　　C. 戴维南定理　　D. 节点电压法

3. 图3.56所示N端口电压电流的关系为 $4U=40+8I$，则该网络的戴维南等效电路是（　　）。

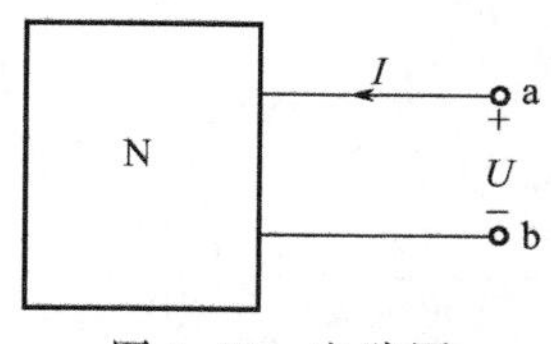

图3.56　电路图

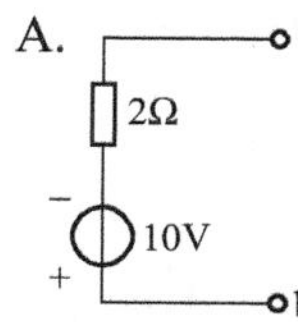

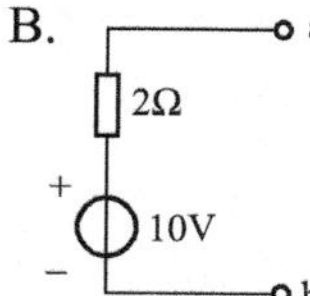

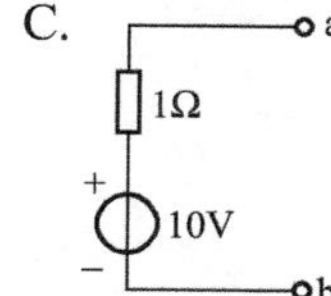

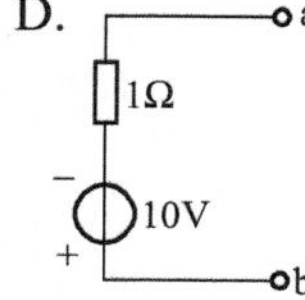

4. 图3.57所示有源二端网络的戴维南等效电阻为（　　）。

A. 4Ω　　B. 4.8Ω　　C. 12Ω　　D. 5Ω

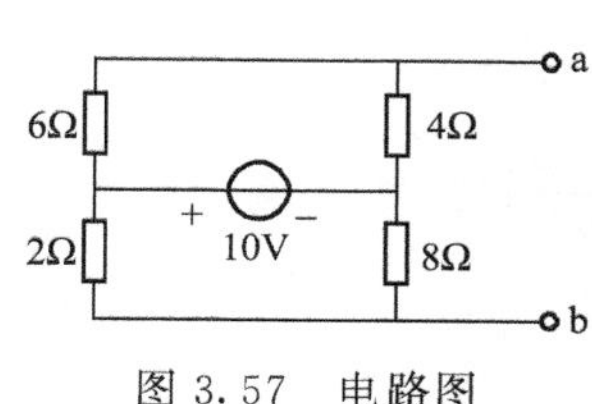

图3.57　电路图

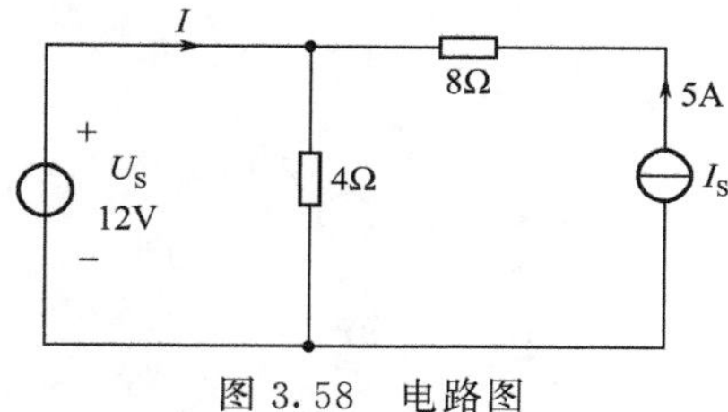

图3.58　电路图

5. 图3.58电路图，12V电源单独作用时，I'的值为（　　）。

A. 1A　　B. 2A　　C. 3A　　D. 4A

6. 节点电压法适用于（　　）。

A. 支路多，节点多的复杂电路　　B. 支路少，节点多的复杂电路

C. 支路多，节点少的复杂电路　　D. 简化线性有源二端网络

7. 一线性有源二端网络，它的开路电压 $U_{AB}=24\text{V}$。当有源二端网络AB间外接一个8Ω电阻时，通过此电阻的电流为2.4A，如改接成图3.59所示电路，其中 $R=2.5\Omega$，$I_S=6\text{A}$，通过电阻 R 的电流为（　　）。

A. 5A　　B. 6A　　C. 7A　　D. 8A

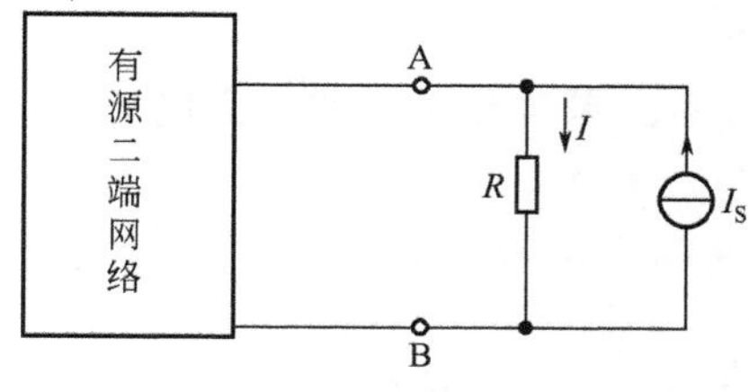

图3.59　电路图

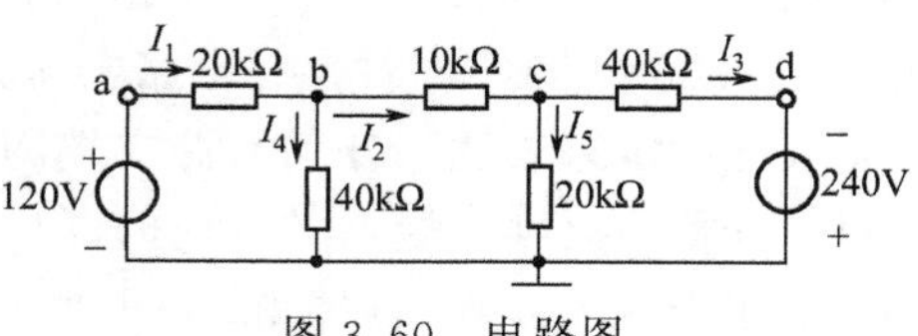

图3.60　电路图

8.关于图 3.60 所示电路，下列说法错误的是（　　）。

A. $U_a=120\text{V}$，$U_d=-240\text{V}$

B.节点 b 的节点电压方程为：$\left(\dfrac{1}{20000}+\dfrac{1}{10000}+\dfrac{1}{40000}\right)U_b-\dfrac{1}{10000}U_c+\dfrac{1}{20000}U_a=0$，且满足 $I_1=I_4+I_2$

C.该电路有 5 条支路，3 个节点

D.节点 c 的节点电压方程为：$-\dfrac{1}{10000}U_b+\left(\dfrac{1}{20000}+\dfrac{1}{10000}+\dfrac{1}{40000}\right)U_c+\dfrac{240}{40000}=0$

9.图 3.61 的戴维南等效电路为（　　）。

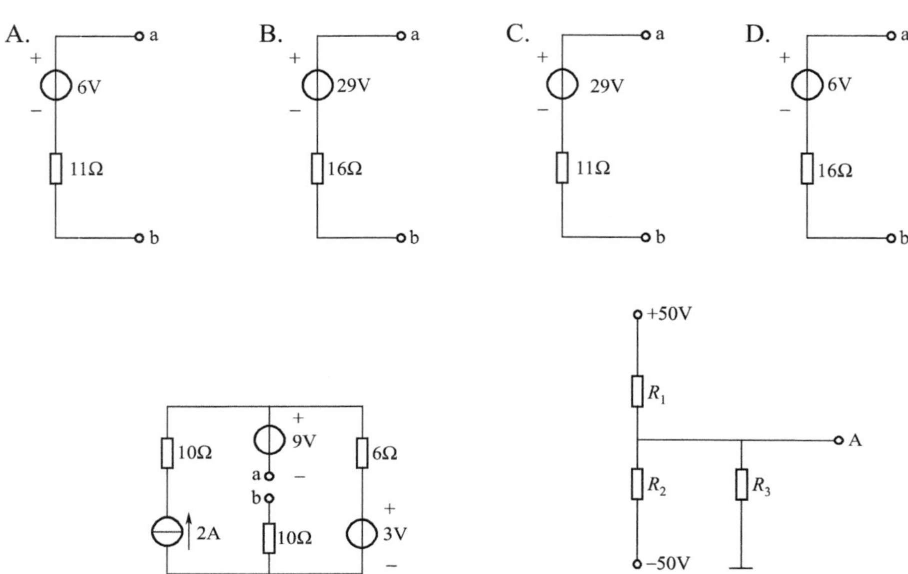

图 3.61　电路图　　　　图 3.62　电路图

10.图 3.62 中求解 A 点电位，根据节点电压法可列出方程（　　）。

A. $\left(\dfrac{1}{R_1}+\dfrac{1}{R_2}+\dfrac{1}{R_3}\right)U_A=\dfrac{50}{R_1}-\dfrac{50}{R_2}$　　B. $\dfrac{50-U_A}{R_1}+\dfrac{50+U_A}{R_2}=\dfrac{U_A}{R_3}$

C. $\dfrac{50-U_A}{R_1}+\dfrac{50+U_A}{R_2}+\dfrac{U_A}{R_3}=0$　　D. $\left(\dfrac{1}{R_1}+\dfrac{1}{R_2}+\dfrac{1}{R_3}\right)U_A=\dfrac{50}{R_1}+\dfrac{50}{R_2}$

三、判断题（每题 2 分，共 10 分）

1.叠加定理只适用于线性电路。（　　）

2.节点电压法中的自导有时取正，有时取负。（　　）

3.戴维南定理求等效电阻时，电压源作短路处理。（　　）

4.电压源 U_{S1} 单独作用，某支路电流为 2A；电压源 U_{S2} 单独作用，此支路电流为 1A；那么 U_{S1}、U_{S2} 共同作用时，此电路电流为 3A。（　　）

5.戴维南定理表明，任何有源二端网络都可以等效为一个实际电源。（　　）

四、计算题（共 4 题，共 50 分）

1.试用叠加原理计算图 3.63 电路中的电流 I_2。已知：$R_1=60\Omega$，$R_2=40\Omega$，$R_3=30\Omega$，$R_4=20\Omega$，$U_S=6\text{V}$，$I_S=0.3\text{A}$。（本题 12 分）

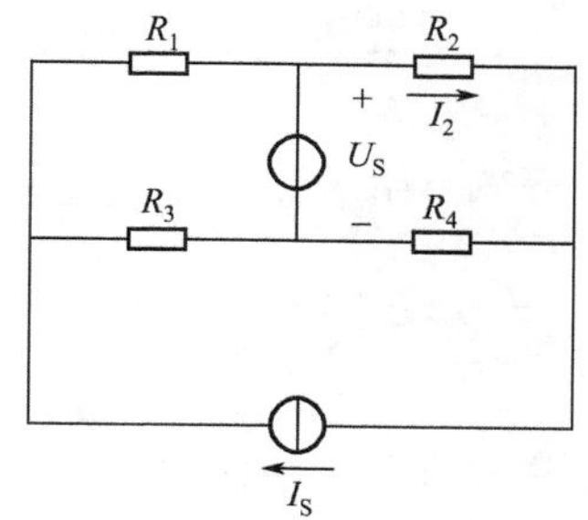

图 3.63 电路图

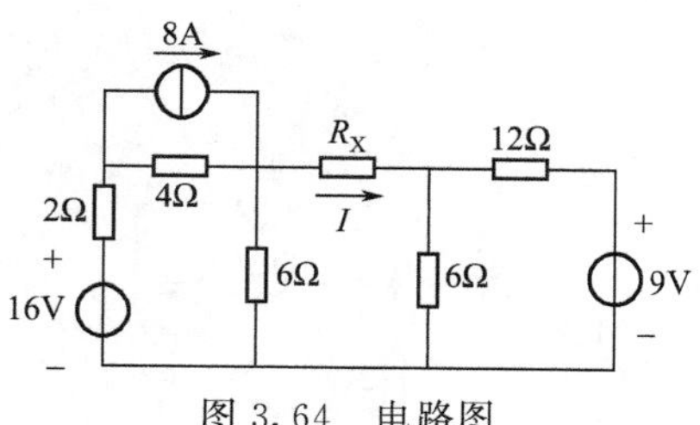

图 3.64 电路图

2. 如图 3.64 所示的电路，求：(本题 13 分)

(1) $R_X=3\Omega$ 时，I 为多大？

(2) R_X 为多大时，可使 R_X 获得最大的功率 P_{max}？并求 P_{max}。

3. 如图 3.65 所示的电路，$R_1=6\Omega$，$R_2=3\Omega$，$R_3=1\Omega$，$U_1=9V$，$I_S=1A$，使用节点电压法求解 U_A。(本题 12 分)

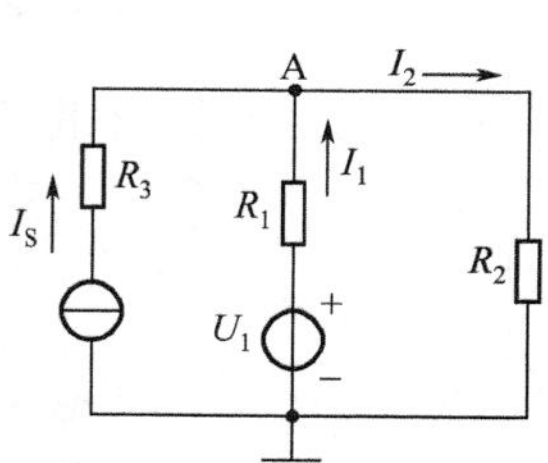

图 3.65 电路图

4. 如图 3.66 所示电路 N（指方框内部）仅由电阻组成。对图 3.66(a) 有 $I=0.5A$，求图 3.66(b) 中的 U。(本题 13 分)

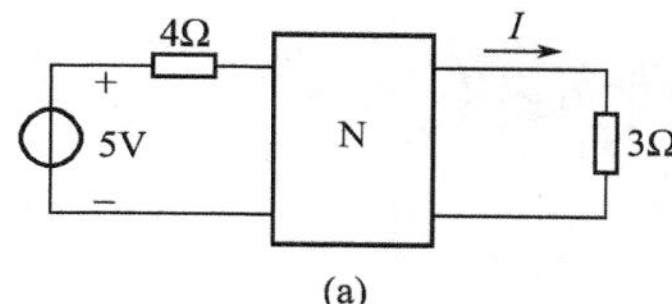

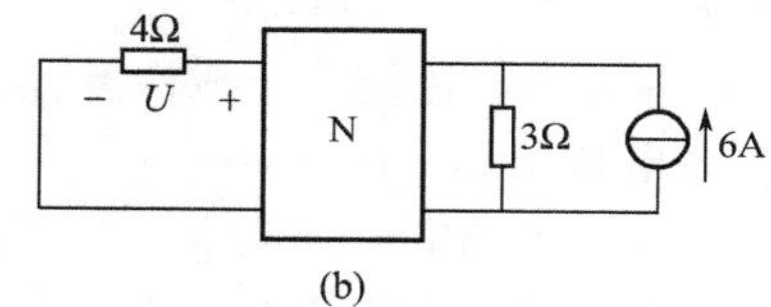

图 3.66 电路图

单元自测题（二）

一、填空题（每空 1 分，共 20 分）

1. 节点电压法是根据________写出独立的方程，其自导的符号取________，互导的符号取________。

2. 一有源二端网络，测得其开路电压为 12V，短路电流为 6A，则等效电压源为 $U_S=$________V，$R_{eq}=$________Ω。

3. 图 3.67 所示电路，9V 电压源单独作用时，$I'_X=$________A；3A 电源单独作用时，$I''_X=$________A；电路中 9V 电压源________功率________W。(假设 I'_X、I''_X 的方向与 I_X 一致)

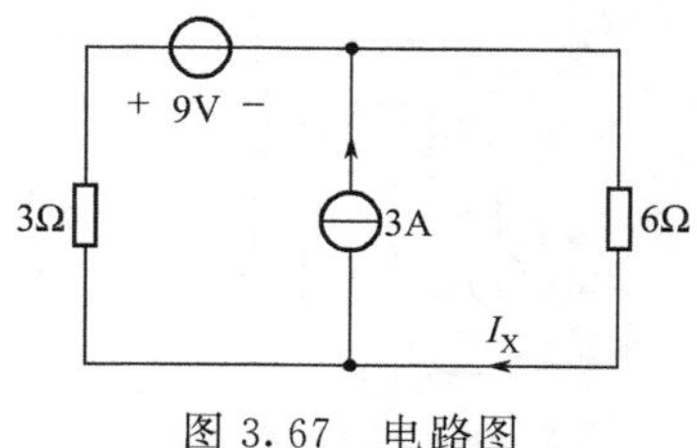

图 3.67 电路图

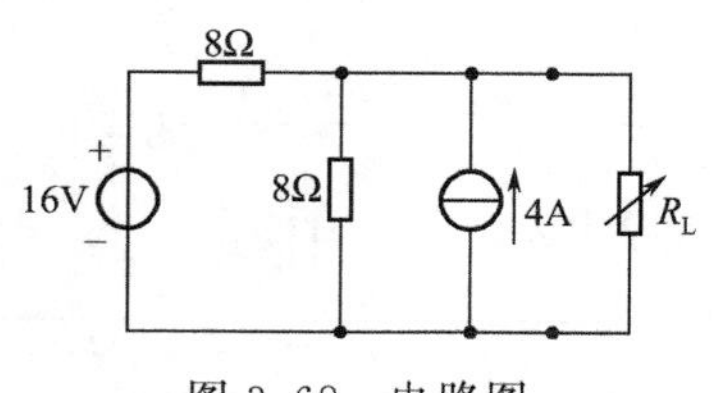

图 3.68 电路图

4. 图 3.68 所示电路，R_L 可任意改变，当 $R_L=$________ Ω 时，其可获得最大功率________ W。

5. 图 3.69 所示电路，开路电压 $U_{OC}=$________ V，等效电阻 $R_{eq}=$________ Ω。

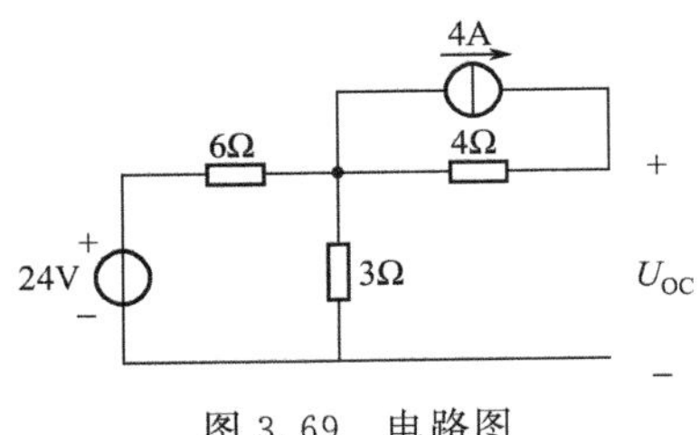

图 3.69 电路图

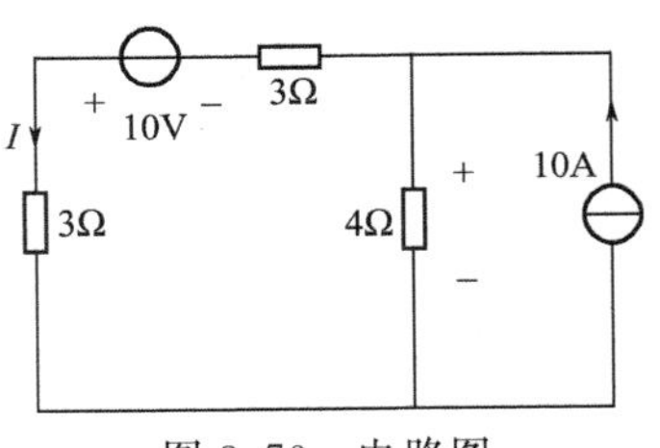

图 3.70 电路图

6. 图 3.70 所示电路，当 10A 电源单独作用时，$I'=$________ A，4Ω 两端电压为________ V；当 10V 电源单独作用时 $I''=$________ A，4Ω 两端电压为________ V；电流源电压源同时作用时 $I=$________ A，4Ω 两端电压为________ V。

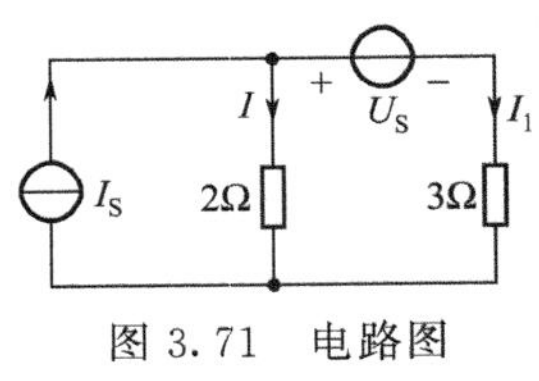

图 3.71 电路图

7. 图 3.71 所示电路，已知：$U_S=15$V，当 I_S 单独作用时，3Ω 电阻中电流 $I_1=2$A，那么当 I_S、U_S 共同作用时，2 Ω电阻中电流 I 是________ A。

二、选择题（每题 2 分，共 20 分）

1. 戴维南定理表明，任何一个线性有源二端网络都可以等效为（　　）。

A. 一个理想电压源和电阻串联

B. 一个理想电压源和电阻并联

C. 一个理想电流源和电阻串联

D. 一个理想电流源和电阻并联

2. 图 3.72 电路的戴维南等效参数为（　　）。

A. 10V，5Ω　　B. 20V，5Ω

C. 10V，10Ω　　D. 20V，10Ω

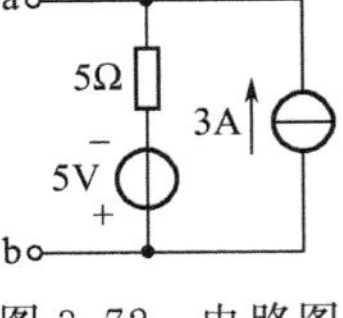

图 3.72 电路图

3. 叠加定理所说的"电源不作用"是指（　　）。

A. 电压源电动势为零，即作断路处理，内电阻为零

B. 电压源电动势为零，即作短路处理，内电阻保持不变

C. 电流源为零，即作断路处理，内电阻为零

D. 电流源电流为零，即作短路处理，内电阻保持不变

4. 图 3.73 所示电路中，节点 a 的节点电压方程为（　　）。

A. $8U_a-2U_b=1$　　B. $1.2U_a-0.5U_b=1$

C. $1.2U_a+0.5U_b=1$　　D. $1.2U_a-0.5U_b=-1$

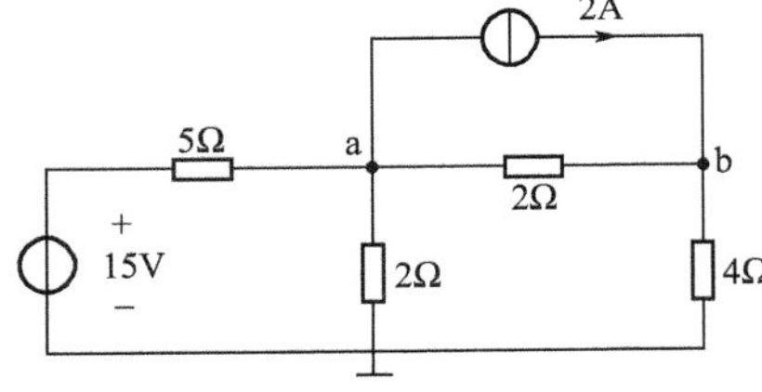

图 3.73 电路图

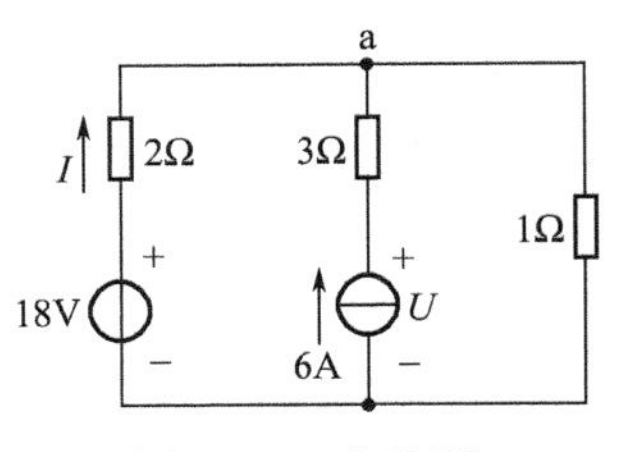

图 3.74 电路图

5. 关于图 3.74 所示电路，节点 a 的节点电压方程为（　　）。

A. $\left(\frac{1}{2}+\frac{1}{3}+\frac{1}{1}\right)U_a=\frac{18}{2}+6$　　B. $\left(\frac{1}{2}+\frac{1}{3}+\frac{1}{1}\right)U_a=\frac{18}{2}-6$

C. $\left(\frac{1}{2}+\frac{1}{1}\right)U_a=\frac{18}{2}+6$　　D. $\left(\frac{1}{2}+\frac{1}{1}\right)U_a=\frac{18}{2}-6$

6. 如图 3.75 所示，通过电阻 2Ω 中的电流是（　　）。

A. 2A　　B. 4A　　C. 3A　　D. 1A

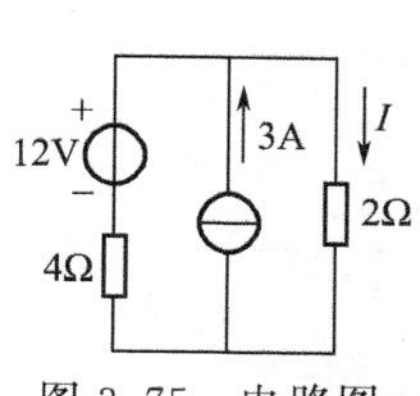

图 3.75　电路图

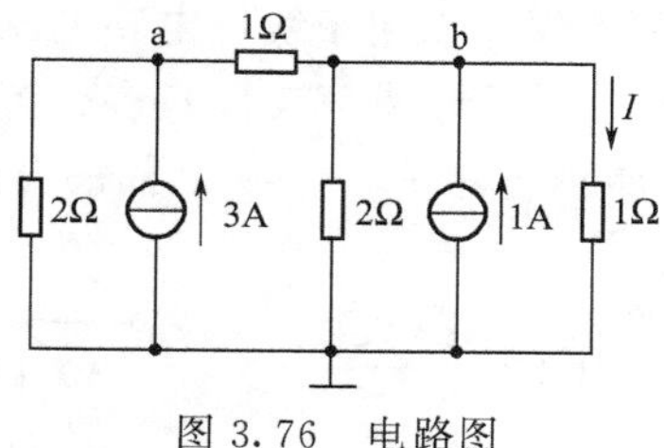

图 3.76　电路图

7. 关于图 3.76 所示电路，下列说法正确的是（　　）。

A. 节点 a 的节点电压方程为：$\left(\frac{1}{2}+1\right)U_a-U_b=3$

B. 节点 b 的节点电压方程为：$U_a+\left(\frac{1}{2}+1+1\right)U_b=1$

C. $U_a=\frac{34}{11}$V，$U_b=-\frac{18}{11}$V，$I=-\frac{18}{11}$A

D. $U_a=-\frac{34}{11}$V，$U_b=\frac{18}{11}$V，$I=\frac{18}{11}$A

8. 最大功率传输定理说明，当电源电压 U_S 和其串联的内阻 R_S 不变时，负载 R_L 可变，则 R_L ________ R_S 时，R_L 可获得最大功率为 $P_{max}=$________，称为________（　　）。

A. 不等于，$\frac{U_S^2}{4R_S}$，负载与电源匹配或最大功率匹配

B. 等于，$\frac{U_S^2}{2R_S}$，负载与电源匹配或最大功率匹配

C. 等于，$\frac{U_S^2}{4R_S}$，负载与电源匹配或最大功率匹配

D. 不等于，$\frac{U_S^2}{2R_S}$，负载与电源匹配或最大功率匹配

9. 图 3.77 戴维南等效电路的参数为（　　）。

A. 4V　2Ω　　B. 2V　2Ω　　C. 1V　1Ω　　D. 2V　0Ω

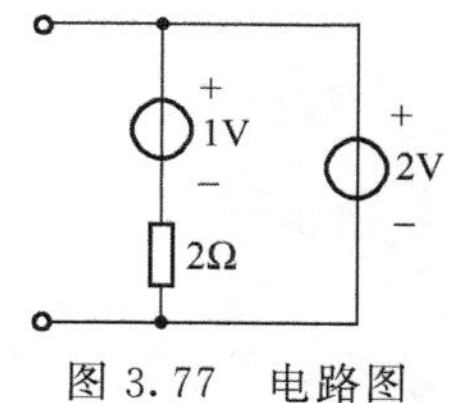

图 3.77　电路图

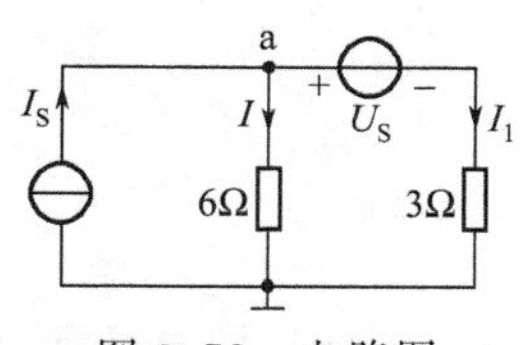

图 3.78　电路图

10. 关于图 3.78，下列说法正确的是（　　）。

A. 节点 a：$I_S = I - I_1$

B. 节点 a：$-I_S = I + I_1$

C. 节点 a：$\left(\frac{1}{3}+\frac{1}{6}\right)U_a = I_S + \frac{U_S}{3}$

D. 节点 a：$\left(\frac{1}{3}+\frac{1}{6}\right)U_a = I_S - \frac{U_S}{3}$

三、判断题（每题 2 分，共 10 分）

1. 戴维南等效电路图 3.79 是正确的。（　　）
2. 戴维南定理等效电路其实是“对外”等效。（　　）
3. 叠加定理不仅可以用于线性电路电压、电流的叠加，还可以叠加功率。（　　）
4. 节点电压法适用于求解支路较多、节点较少的电路。（　　）
5. 图 3.80 所示电路中，a、b 之间的开路电压 $U_{ab}=10V$。（　　）

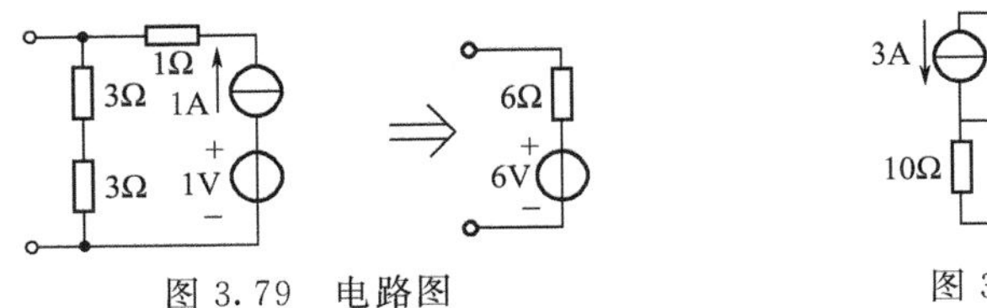

图 3.79　电路图　　图 3.80　电路图

四、计算题（共 4 题，共 50 分）

1. 如图 3.81 所示，已知 $R_1=4\Omega$，$R_2=2\Omega$，$R_3=3\Omega$，$R_4=2\Omega$。（本题 10 分）

（1）用戴维南定理求电流 I；

（2）求恒流源两端的电压 U。

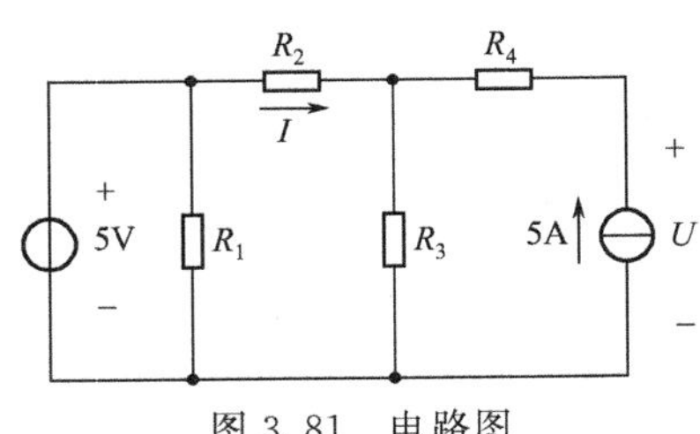

图 3.81　电路图

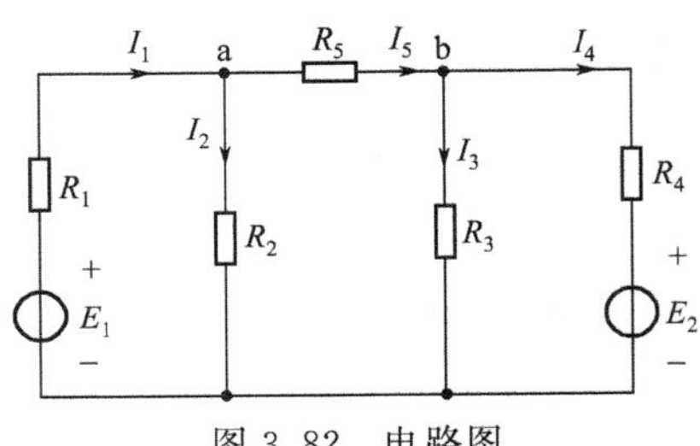

图 3.82　电路图

2. 如图 3.82 所示，已知 $E_1=45V$，$E_2=48V$，$R_1=5\Omega$，$R_2=20\Omega$，$R_3=42\Omega$，$R_4=3\Omega$，$R_5=2\Omega$。试用节点电压法求各支路电流。（本题 15 分）

3. 如图 3.83 所示，已知 $R=1\Omega$，运用叠加定理求电阻 R 上的电流 I。（本题 10 分）

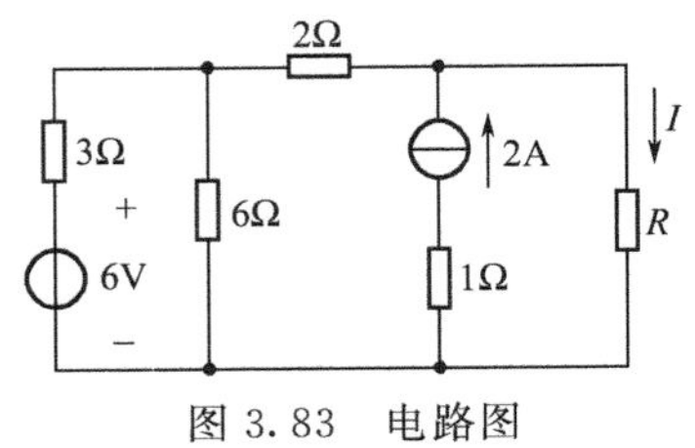

图 3.83　电路图

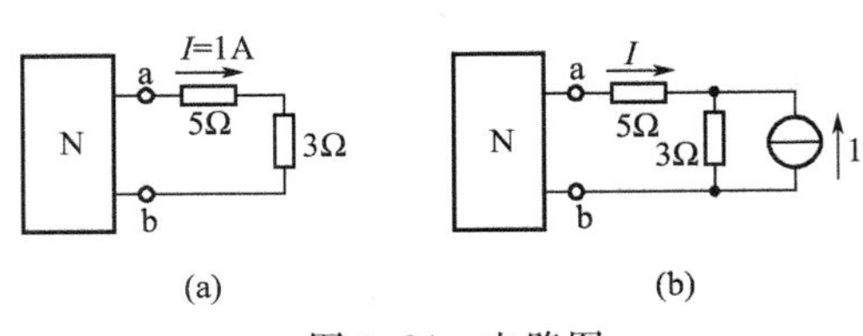

图 3.84　电路图

4. 如图 3.84 所示，有源线性二端网络 N 的开路电压 U_o 为 9V，若连接如图 3.84(a) 所示，则得电流为 1A，若连接成图 3.84(b) 所示，当电流源电流为 1A 时，求电路中电流 I。（本题 15 分）

第4单元 UNIT 4 相量法

模块13　正弦量的概念

知识回顾

一、正弦量的概念

按正弦规律变化的物理量统称为正弦量。

二、正弦量的三要素

（1）最大值、有效值

正弦量的最大值：在一个周期的变化过程中出现的最大瞬时值。

正弦量的有效值：周期电流 i 流过电阻 R 在一个周期所产生的能量与直流电流 I 流过电阻 R 在时间 T 内所产生的能量相等，则此直流电流的量值为此周期性电流的有效值。

正弦量的最大值是其有效值的 $\sqrt{2}$ 倍，即 $I_m=\sqrt{2}I$，$U_m=\sqrt{2}U$，$E_m=\sqrt{2}E$。

（2）频率、周期和角频率

频率：单位时间内正弦量变化的循环次数，用 f 表示，单位为赫兹（Hz）。我国电力系统用的正弦交流电的频率（工频）为50Hz。

周期：正弦电流每重复变化一次所经历的时间间隔，用 T 表示，单位为秒（s）。

角频率：正弦量在单位时间内变化的角度，用 ω 表示，角频率的单位为弧度/秒（rad/s）。

$$f=\frac{1}{T}，\omega=\frac{2\pi}{T}=2\pi f$$

（3）初相位　$t=0$ 时刻的相位（相位角），称为初相位（初相角），简称初相。

三、相位差

两个同频率正弦量之间的相位差等于它们初相位之差，是一个与时间无关的常量。若正弦量 i_1 的初相位为 ψ_1，正弦量 i_2 的初相位为 ψ_2，那么相位差

$$\varphi_{12}=\psi_1-\psi_2\begin{cases}>0 & i_1 \text{ 超前 } i_2\text{，超前角度 } \varphi_{12} \\ =0 & i_1 \text{ 与 } i_2 \text{ 同相} \\ <0 & i_1 \text{ 滞后 } i_2\text{，滞后角度 } \varphi_{12} \\ =\pm180^\circ & i_1 \text{ 与 } i_2 \text{ 反相} \\ =\pm90^\circ & i_1 \text{ 与 } i_2 \text{ 正交}\end{cases}$$

典型例题

【例 1】 正弦交流电的三要素是________，________，________。若已知电压的瞬时值为 $u=10\sin(314t+30°)$ V，则该电压有效值 $U=$________ V，频率 $f=$________ Hz，初相位为 $\psi=$________。

解： 所谓三要素就是要完整地描绘一个正弦量，必须要确切知道的三个物理量，就是<u>最大值（或有效值）</u>，<u>频率（或周期，或角频率）</u>，<u>初相位</u>。

从电压的瞬时值中我们可以得到电压的最大值 $U_m=10$V，角频率 $\omega=314$rad/s，初相位 $\psi=\underline{30°}$，因此其有效值 $U=\dfrac{10}{\sqrt{2}}=\underline{5\sqrt{2}\text{V}}$，频率 $f=\dfrac{\omega}{2\pi}=\underline{50}$Hz。

【例 2】 有两个正弦交流电流，其有效相量分别为 $\dot{I}_1=10$A，$\dot{I}_2=5j$ A，则对应的瞬时值表达式分别为：$i_1=$________ A；$i_2=$________ A。($f=50$Hz)

解： 写出正弦量的瞬时值表达式需要知道最大值、角频率和初相位。

$f=50$Hz，因此角频率 $\omega=2\pi f=2\times3.14\times50=314$rad/s。

相量 $\dot{I}_1=10=10\angle0°$（A），有效值为 10A，最大值为 $I_{1m}=10\sqrt{2}=14.14$A，初相位角为 0°。

$\dot{I}_2=5j=5\angle90°$（A），有效值为 5A，最大值为 $I_{2m}=5\sqrt{2}=7.07$A，初相位为 90°。因此其瞬时值表达式为 $i_1=\underline{14.14\sin314t}$A，$i_2=\underline{7.07\sin(314t+90°)}$A。

【例 3】 图 4.1 中电流和电压的瞬时值表达式是多少？

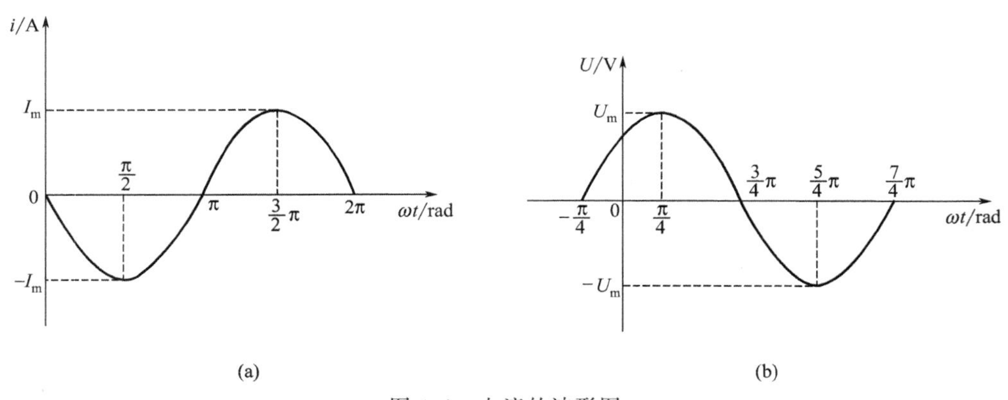

图 4.1 电流的波形图

解： 本题主要判断初相位为正值还是负值。思路是找到离纵轴最近的由负值变到正值的零点。该零点到原点的距离记为 $|\psi|$，它在纵轴左边取 $+|\psi|$，在纵轴右边取 $-|\psi|$，可以总结为“左正右负”，或“左加右减”。

图 4.1(a) 中电流由负值变到正值的零点在纵轴右边，与原点的距离为 π，其初相位为 −π，图 4.1(b) 中电压由负值变到正值的零点在纵轴左边，与原点的距离为 $\frac{\pi}{4}$，其初相位为 $\frac{\pi}{4}$，因此电流和电压的瞬时值表达式为：

$$i=I_m\sin(\omega t-\pi)\text{A}，\ u=U_m\sin\left(\omega t+\frac{\pi}{4}\right)\text{V}$$

【例 4】 写出图 4.2 中电流的瞬时值表达式。

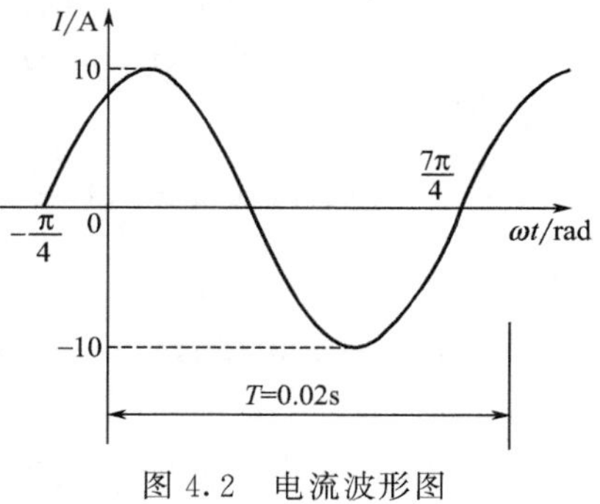

图 4.2 电流波形图

解： 写出正弦量的瞬时值表达式需要知道最大值、角频率和初相位。

从图 4.2 可以看出电流的最大值为 10A，运用例 3 中提到的“左正右负”方法判断出初相位为$\frac{\pi}{4}$，周期为 0.02s，因此角频率 $\omega=\frac{2\pi}{T}=314\text{rad/s}$。因此其瞬时值表达式为

$$i=10\sin\left(314t+\frac{\pi}{4}\right)\text{A}$$

【例 5】 设 $u_1=100\sin\left(\omega t-\frac{\pi}{4}\right)\text{V}$，试求在下列情况下，电流的瞬时值：

（1）$\omega t=90°$；（2）$t=\frac{7}{8}T$。

解：（1）$\omega t=90°=\frac{\pi}{2}$，代入表达式 $u_1=100\sin\left(\omega t-\frac{\pi}{4}\right)$，可得：$u_1=100\sin\left(\omega t-\frac{\pi}{4}\right)=100\sin\left(\frac{\pi}{2}-\frac{\pi}{4}\right)=100\sin\frac{\pi}{4}=100\times\frac{\sqrt{2}}{2}=50\sqrt{2}\text{V}$

（2）将 $t=\frac{7}{8}T$ 代入 $u_1=100\sin\left(\omega t-\frac{\pi}{4}\right)$

$$u_1=100\sin\left(\omega t-\frac{\pi}{4}\right)=100\sin\left(\omega\times\frac{7}{8}T-\frac{\pi}{4}\right)=100\sin\left(\frac{2\pi}{T}\times\frac{7}{8}T-\frac{\pi}{4}\right)$$
$$=100\sin\frac{3\pi}{2}=-100\text{V}$$

【例 6】 已知电流和电压的瞬时值表达式为 $u=317\sin(\omega t-160°)\text{V}$，$i_1=10\sin(\omega t-45°)\text{A}$，$i_2=4\sin(\omega t+70°)\text{A}$。试在保持相位差不变的条件下，将电压的初相角改为零度，重新写出它们的瞬时值表达式。

解： 由于题目提到要保持相位差不变。因此需先求出电压与两个电流之间的相位差。

由已知瞬时表达式可以知道电压 u、电流 i_1 和电流 i_2 的初相位分别为 $-160°$、$-45°$ 和 $70°$。

电压 u 与电流 i_1 之间的相位差 $\varphi_1=-160°-(-45°)=-115°$，电压 u 滞后电流 i_1 115°。

电压 u 与电流 i_2 之间的相位差 $\varphi_2=-160°-70°=-230°$，由于相位差的取值范围为 $-180°\leqslant\varphi_2\leqslant180°$，因此 φ_2 为 $130°(-230°+360°=130°)$，即电压 u 超前电流 i_2 130°。

当电压的初相位角改为零度时，它们之间的相位差不变，因此电流 i_1 的初相位角为 115°，电流 i_2 的初相位角为 $-130°$。由此，瞬时值表达式为：

$u=317\sin\omega t\,\text{V}$，$i_1=10\sin(\omega t+115°)\text{A}$，$i_2=4\sin(\omega t-130°)\text{A}$。

模块习题

1. 我国工业及生活中使用的交流电频率为________ Hz，周期为________秒。

2. 反映正弦交流电振荡幅度的量是它的________；反映正弦量随时间变化快慢程度的量是它的________；确定正弦量计时初始位置的是它的________。

3. 正弦波的最大值是有效值的________倍。

4. 两个________正弦量之间的相位之差称为相位差，不同________的正弦量之间不存在相位差的概念。

5. 某正弦交流电压 $u=311\sin\left(314t+\frac{\pi}{3}\right)\text{V}$。其最大值为________，有效值为________，角频率为________，频率为________，初相角为________。

6. 已知 $u=220\sqrt{2}\sin(\omega t-120°)\text{V}$，则知其有效值 $U=$________V，初相角 $\psi=$________弧度。

7. 已知两个正弦交流电流 $i_1=10\sin(314t-30°)\text{A}$，$i_2=310\sin(314t+90°)\text{A}$，则 i_1 和 i_2 的相位差为________，________超前________。

8. 关于正弦量 $u=100\sin\left(314t+\frac{\pi}{6}\right)\text{V}$ 的描述，正确的是（　　）。

A. 有效值为 100V　　B. 角频率为 50Hz

C. 最大值为 100V　　D. 初相角为 $-\frac{\pi}{6}$

9. 已知 $i=I_m\sin(\omega t-95°)A$，$u=U_m\sin(\omega t+120°)\text{V}$，下列正确的是（　　）。

A. 相位差 $\Delta\varphi=215°$，u 超前 i　　B. 相位差 $\Delta\varphi=145°$，i 超前 u

C. 相位差 $\Delta\varphi=145°$，u 超前 i　　D. 不能比较

10. 设 $u_1=U_m\sin\omega t\text{V}$，$u_2=U_m\sin(\omega t+\pi)\text{V}$，则两者的相位关系是（　　）。

A. u_1 超前 u_2　　B. u_2 超前 u_1 90°

C. u_1、u_2 同相　　D. u_1、u_2 反相

11. 正弦交流电有效值 $I=10\text{A}$，频率 $f=50\text{Hz}$，初相位 $\varphi_i=-\frac{\pi}{3}$，则此电流的瞬时值表达式为（　　）。

A. $i=10\sin\left(314t-\frac{\pi}{3}\right)$　　B. $i=10\sqrt{2}\sin\left(314t-\frac{\pi}{3}\right)$

C. $i=10\sin\left(50t+\frac{\pi}{3}\right)$　　D. $i=10\sqrt{2}\sin\left(50t+\frac{\pi}{3}\right)$

12. 下面图 4.3(a) 和(b) 两条曲线的相位差为（　　）。

A. $-60°$　　B. 45°　　C. $-105°$　　D. $-15°$

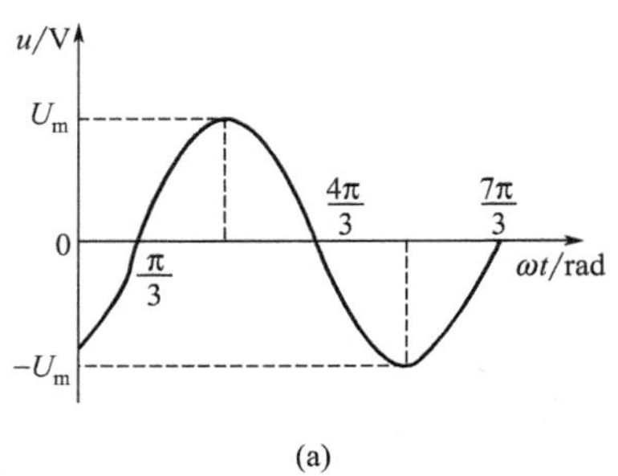

(a)

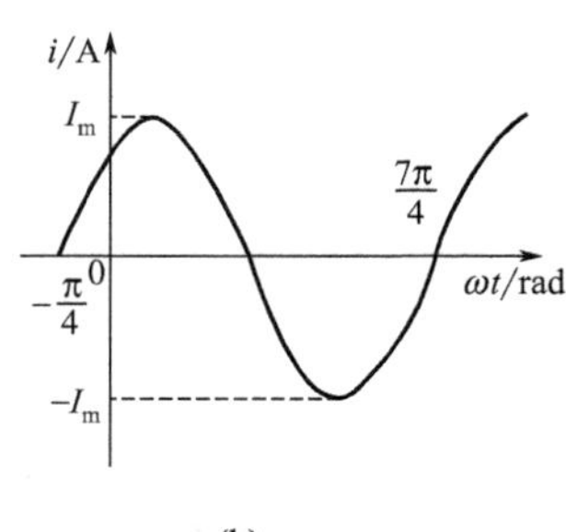

(b)

图 4.3　电压、电流波形图

13. 工频条件下，三个正弦电流 i_1、i_2 和 i_3 的最大值分别为 1A、2A、3A，已知 i_2 的初相为 30°。i_1 的相位比 i_2 超前 60°，比 i_3 滞后 150°，试分别写出三个电流的瞬时值表达式。

14. 设 $i_1=100\sin\left(\omega t-\frac{\pi}{4}\right)$mA，试求在下列情况下，电流的瞬时值：

(1) $f=1000$Hz，$t=0.375$ms；

(2) $\omega t=1.25\pi$rad；

15. 幅值为 20A 的正弦电流，周期为 1s，0 时刻电流的幅值为 10A。

求：(1) 该正弦电流的频率 f；

(2) 该正弦电流的角频率 ω；

(3) 该正弦电流的瞬时值表达式。

模块 14 正弦量的相量表示法

知识回顾

一、复数

1. 复数的表示形式

代数形式 $A=a+jb$

三角函数形式 $A=|A|(\cos\psi+j\sin\psi)$

指数形式 $A=|A|e^{j\psi}$

极坐标形式 $A=|A|\angle\psi$

其中 $|A|=\sqrt{a^2+b^2}$，$\psi=\arctan\frac{b}{a}$。

2. 复数的运算

加减运算：用代数形式，把复数的实部和虚部分别相加减。

乘除运算：用极坐标形式，复数相乘时，将模和模相乘，辐角相加；复数相除时，将模相除，辐角相减。

3. 复数相等

两个复数的模相等，辐角也相等；或实部和虚部分别相等，称两个复数相等。

4. 共轭复数

一对共轭复数的模相等，辐角大小相等且异号，复平面上对称于横轴。

5. 旋转因子

$e^{j\psi}$ 称为旋转因子，使用最多的是 $e^{j90^\circ}=j$，$e^{j(-90^\circ)}=-j$

二、正弦量的相量表示

1. 相量表示

正弦量的相量表示法就是用复数来表示正弦量，使正弦交流电路的稳态分析与计算转化为复数运算的一种方法。

表示正弦量的复数称为相量，它的模等于正弦交流量的最大值或有效值，辐角等于正弦量的初相位。相量通常用大写英文字母上打“·”来表示。如 $\dot{U}_m$（最大值相量）或 $\dot{U}$（有效值相量)。

需注意正弦量是时间函数，而相量只包含正弦量的有效值和初相位，它只能代表正弦量，而并不等于正弦量。

2. 相量图

把相量在复平面上用矢量来表示，这种表示相量的图称为相量图。

典型例题

【例 1】 已知 $A_1=12+j9$，$A_2=12+j16$，则 $A_1\cdot A_2=$________，$A_1/A_2=$________。

解： 一般来说，进行复数的四则运算时，乘除法用复数的极坐标形式或指数形式容易计算；加减法使用复数的代数形式容易计算。

本题给出的是复数的代数形式，但待求的是复数的乘除运算，因此可以先将复数换算为极坐标形式或指数形式，然后再进行计算。

$A_1=12+j9=15e^{j36.9^\circ}=15\angle 36.9^\circ$；$A_2=12+j16=20e^{j53.1^\circ}=20\angle 53.1^\circ$

因此 $A_1\cdot A_2=15\angle 36.9^\circ\cdot 20\angle 53.1^\circ=\underline{300\angle 90^\circ}$，

$A_1/A_2=\dfrac{15\angle 36.9^\circ}{20\angle 53.1^\circ}=\underline{0.75\angle -16.2^\circ}$。

【例 2】 正弦量的相量表示法，就是用复数的模表示正弦量的________，用复数的辐角表示正弦量的________。

解： 正弦量的相量表示法，就是用复数的模表示正弦量的<u>有效值</u>或<u>最大值</u>，用复数的辐角表示正弦量的<u>初相位</u>。

【例 3】 已知 $u=-311\sin(314t-10^\circ)$V，其相量表示 $\dot{U}$ 为________。

解： 由于正弦电压的一般表达式为 $u=U_m\sin(\omega t+\psi)$，其中 $|\psi|\leqslant 180^\circ$，所以需要将电压换算成一般表达式。

即：$u=-311\sin(314t-10^\circ)=311\sin(314t-10^\circ+180^\circ)=311\sin(314t+170^\circ)$V

由此可得有效值 $U=\dfrac{311}{\sqrt{2}}=220$V，初相位为 170°。所以其相量表示 $\dot{U}$ 为 $\underline{220\angle 170^\circ}$。

【例 4】 已知 $i=-14.1\cos(100\pi t)$ A，其电流有效值相量 $\dot{I}=$________。

解： 由于正弦电流的一般表达式为 $i=I_m\sin(\omega t+\psi)$，其中 $|\psi|\leqslant 180^\circ$，所以需要将电流换算成一般表达式。

即：$i=-14.1\cos(100\pi t)=14.1\sin\left(100\pi t-\dfrac{\pi}{2}\right)$，由此可知有效值 $I=\dfrac{14.1}{\sqrt{2}}=10$A，初相位为 $-\dfrac{\pi}{2}$，因此电流有效值相量 $\dot{I}=\underline{10\angle -\dfrac{\pi}{2}}$。

【例 5】 若已知两个工频交流电压相量为 $\dot{U}_1=100\angle 45^\circ$V、$\dot{U}_2=80\angle 60^\circ$V，分别写出两电压的瞬时值表达式。

解： 要知道瞬时值表达式，需求出最大值、角频率和初相位角。

由题意已知两个电压为工频交流电压，所以频率 f 为 50Hz，因此角频率 $\omega=2\pi f=314$rad/s。

$\dot{U}_1=100\angle 45^\circ$V 可知电压 u_1 的有效值为 100V，因此最大值 $U_{1m}=100\times\sqrt{2}=141.4$V，初相位角为 45°。

$\dot{U}_2=80\angle 60°$V 可知电压 u_2 的有效值为 80V，因此最大值 $U_{2m}=80\times\sqrt{2}\approx 113.1$V，初相位角为 60°。

因此可得瞬时值表达式为：

$$u_1=141.4\sin(314t+45°)\text{V}, u_2=113.1\sin(314t+60°)\text{V}$$

【例 6】 某正弦交流电压 $u=311\sin\left(314t+\frac{\pi}{3}\right)$V，写出其相量形式 $\dot{U}$。

解： 相量形式有最大值相量和有效值相量两种，本题要求写出有效值相量。需要知道有效值和初相位角。

由瞬时值表达式可以看出，最大值 $U_m=311$V，因此有效值 $U=\frac{U_m}{\sqrt{2}}=\frac{311}{\sqrt{2}}=220$V，初相位为 $\frac{\pi}{3}$，相量 $\dot{U}=220\angle\frac{\pi}{3}$。

【例 7】 已知某正弦交流电流相量形式为 $\dot{I}=50e^{j120°}$A，写出其瞬时表达式。

解： 由正弦交流电流的相量形式 $\dot{I}=50e^{j120°}$A，得出该电流的有效值为 50A，初相位 120°，角频率未知，因此瞬时值表达式 $i=50\sqrt{2}\sin(\omega t+120°)$A。

【例 8】 已知：$u_1=6\sqrt{2}\sin(\omega t+30°)$V，$u_2=8\sqrt{2}\sin(\omega t-60°)$V，求：

(1) $\dot{U}_1$、$\dot{U}_2$；

(2) $u=u_1+u_2$。

解： (1) 由瞬时值表达式可以写出 $\dot{U}_1=6\angle 30°$V，$\dot{U}_2=8\angle -60°$V。

(2) 解法一：

由于
$$\begin{aligned}\dot{U}&=\dot{U}_1+\dot{U}_2=6\angle 30°+8\angle -60°\\&=6(\cos 30°+j\sin 30°)+8[\cos(-60°)+j\sin(-60°)]\\&=6\left(\frac{\sqrt{3}}{2}+j\ \frac{1}{2}\right)+8\left(\frac{1}{2}-j\ \frac{\sqrt{3}}{2}\right)\\&=(3\sqrt{3}+4)+j(3-4\sqrt{3})\\&=10\angle -23°(\text{V})\end{aligned}$$

因此 $u=u_1+u_2=10\sqrt{2}\sin(\omega t-23°)$V。

解法二：该题也可以用相量图法求解，如图 4.4 所示。

先作 $\dot{U}_1$、$\dot{U}_2$ 的相量，如图 4.4 所示，然后按平行四边形法则求得 $\dot{U}_1+\dot{U}_2$。

由三角知识可知 $U=\sqrt{6^2+8^2}=10$V。$\psi_1=\arctan\frac{6}{8}=37°$。

由于 $\dot{U}_2$ 与横轴夹角为 60°，因此可知 $\psi=60°-37°=23°$，其在横轴下方，所以初相位角为 −23°。

可得 $\dot{U}=\dot{U}_1+\dot{U}_2=10\angle -23°$

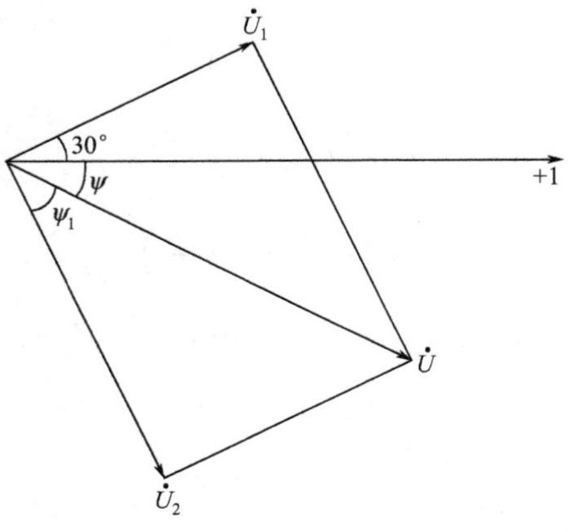

图 4.4 例 8 图

$$u = u_1 + u_2 = 10\sqrt{2}\sin(\omega t - 23°)$$

正弦量的计算一般采用复数来运算，不过对于一些有效值和初相位角均为特殊值的情况，有时也可以用相量图法来进行分析。

模块习题

1. 与正弦量具有一一对应关系的复数电压、复数电流称之为________。________相量的模对应于正弦量的最大值，________相量的模对应于正弦量的有效值，它们的辐角对应正弦量的________。

2. 已知某正弦交流电压 $u = U_m\sin(\omega t - \psi_u)$V，则其相量形式 $\dot{U}$=________V。

3. 已知某正弦交流电流相量形式为 $\dot{I} = 30e^{j60°}$A，则其瞬时表达式 i=________A。

4. 有两个正弦交流电流 $i_1 = 50\sqrt{2}\sin(314t - 30°)$A，$i_2 = 141.4\sin(314t + 60°)$A。则两电流的有效相量为 $\dot{I}_1$= ________A（极坐标形式）；$\dot{I}_2$=________A（指数形式）。

5. 有两个正弦交流电流，其有效值相量分别为 $\dot{I}_1 = 10$A，$\dot{I}_2 = 5j$A，则对应的瞬时值表达式分别为：i_1=________A；i_2=________A。($f = 50$Hz)

6. 与正弦交流电压 $u = 50\sqrt{2}\sin(314t + 53.1°)$V 对应的电压有效值相量 $\dot{U}$ 为（　　）。

A. $30 + 40j$V　　B. $40 + 30j$V

C. $50\sqrt{2}\angle 53.1°$V　　D. $50\angle -53.1°$V

7. 已知 $u = 311\sin(314t - 10°)$ V，其相量表示 $\dot{U}$ 为（　　）。

A. $311\angle 170°$V　　B. $311\angle -190°$V

C. $220\angle -10°$V　　D. $220\angle 10°$V

8. $i = -14.1\sin(100\pi t)$ A，其电流有效值相量 $\dot{I}$ =（　　）。

A. $14.1\angle 0°$A　　B. $14.1\angle 180°$A

C. $10\angle 0°$A　　D. $10\angle -180°$A

9. 如图 4.5 所示是电压与电流的相量图，设角频率 $\omega = 314t$rad/s，下列描述正确的是（　　）。

A. $u = 220\sin\left(314t + \frac{\pi}{6}\right)$

B. $u = 220\sqrt{2}\sin\left(314t + \frac{\pi}{6}\right)$

C. $i = 5\sin\left(314t + \frac{\pi}{4}\right)$

D. $i = 5\sqrt{2}\sin\left(314t + \frac{\pi}{4}\right)$

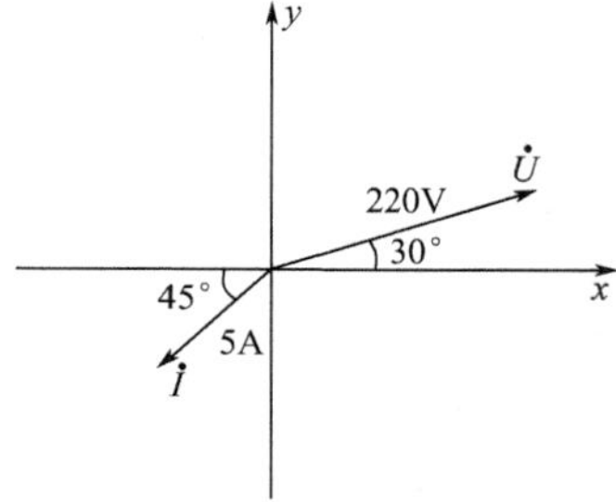

图 4.5　电压、电流相量图

10. 已知 $i_1 = 10\sqrt{2}\sin(\omega t - 30°)$A，$i_2 = 10\sqrt{2}\sin(\omega t + 60°)$A，求：

(1) $\dot{I}_1$、$\dot{I}_2$；

(2) $\dot{I}_1 + \dot{I}_2$；

(3) $i_1 + i_2$；

(4) 作相量图。

11. 已知 $u_1=220\sin\omega t$ V，$u_2=220\sin(\omega t+120°)$ V，$u_3=220\sin(\omega t-120°)$ V，求：

(1) $\dot{U}_1$、$\dot{U}_2$、$\dot{U}_3$；

(2) $\dot{U}_1+\dot{U}_2+\dot{U}_3$；

(3) $u_1+u_2+u_3$；

(4) 作相量图。

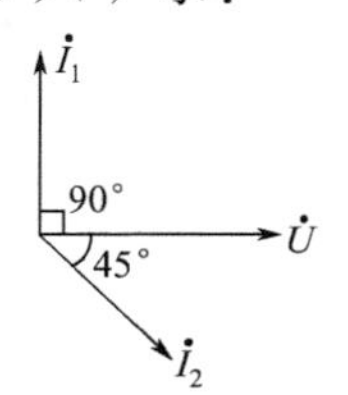

图 4.6 电压、电流相量图

12. 图 4.6 所示的是时间 $t=0$ 时电压和电流的相量图，并已知 $U=220$V，$I_1=10$A，$I_2=5\sqrt{2}$A，试分别用代数式、极坐标式、三角函数式表示各正弦量。

单元自测题（一）

一、填空题（每空 1 分，共 20 分）

1. 正弦交流电路是指电路中的电压、电流均随时间按________规律变化的电路。

2. 我国工业及生活中使用的交流电频率为________ Hz，周期为________秒。

3. 某正弦交流电压 $u=110\sqrt{2}\sin\left(628t+\frac{\pi}{3}\right)$ V。其最大值为________，有效值为________，角频率为________，频率为________，初相角为________，相量形式 $\dot{U}=$________。

4. 若已知两个工频交流电压相量为 $\dot{U}_1=100\angle45°$V、$\dot{U}_2=80\angle60°$V，则电压 U_1 的最大值为________ V，初相位 $\psi_1=$________，两电压的相位差 $\varphi=$________。它们的瞬时值表达式分别为________和________。

5. $u=10\sin(\omega t+60°)$ V，$i=5\sqrt{2}\sin(\omega t+30°)$ A。u 与 i 的相位关系是________。

6. 若 $i=i_1+i_2$，且 $i_1=10\sin\omega t$ A，$i_2=10\sin(\omega t+90°)$ A，则 i 的有效值为________。

7. 已知 $Z_1=15\angle30°$，$Z_2=20\angle20°$，则 $Z_1\cdot Z_2=$________，$Z_1/Z_2=$________。

8. 若 $i_1=10\sin(3t+60°)$ A，$i_2=10\cos(3t+15°)$，则 i_1 ________（超前或滞后）i_2 ________角。

二、选择题（每题 2 分，共 20 分）

1. 已知 $e_1=311\sin(314t-30°)$ V，$e_2=\sin(314t+30°)$ V，则（　　）。

A. e_1 超前 e_2 60°　B. e_1 滞后 e_2 60°　C. e_1 与 e_2 同相　D. e_1 与 e_2 反相

2. 用交流电流表测得电流的数值是（　　）。

A. 平均值　B. 有效值　C. 最大值　D. 瞬时值

3. 正弦交流电流的最大值是有效值的（　　）倍

A. 1　B. 0.707　C. $\sqrt{2}$　D. 不确定

4. 一台耐压为 380V 的电器可以用在有效值为（　　）的电路中。

A. 380　B. 220　C. $380\sqrt{2}$　D. 不确定

5. 图 4.7 所示是电压与电流的相量图，设角频率 $\omega=314$trad/s，下列描述正确的是（　　）。

A. $u=220\sin\left(314t+\frac{\pi}{6}\right)$　B. $u=220\sqrt{2}\sin\left(314t+\frac{\pi}{6}\right)$

C. $i=5\sin\left(314t+\frac{\pi}{3}\right)$

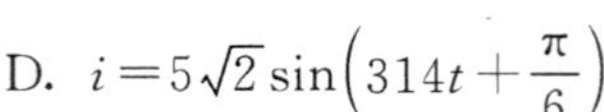

D. $i=5\sqrt{2}\sin\left(314t+\frac{\pi}{6}\right)$

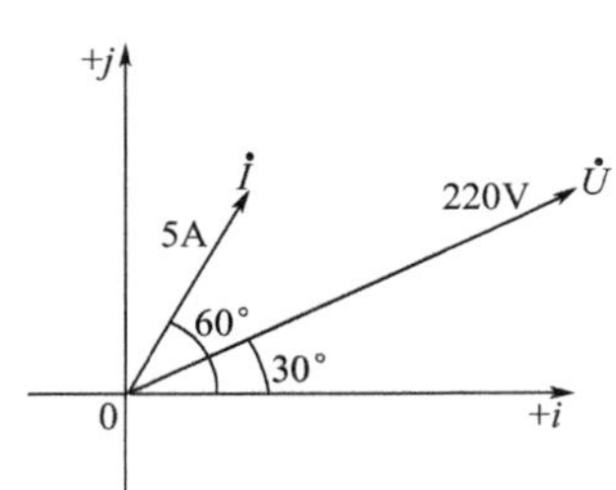

图 4.7 电压与电流的相量图

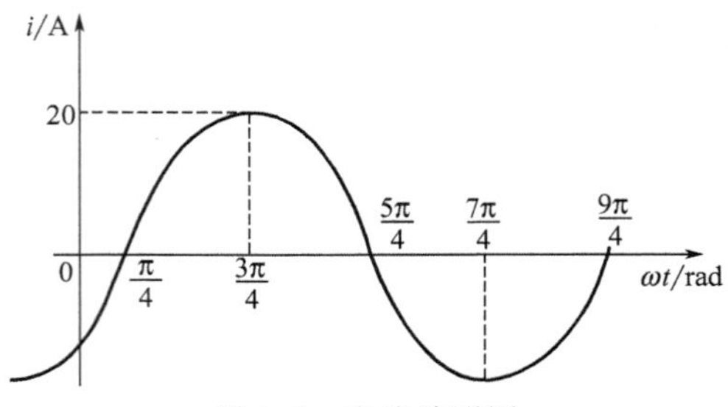

图 4.8 电流波形图

6. 由图 4.8 得到的电流解析式为（ ）。

A. $i=20\sin\left(314t+\frac{\pi}{4}\right)$

B. $i=20\sin\left(314t-\frac{\pi}{4}\right)$

C. $i=\frac{20}{\sqrt{2}}\sin\left(314t+\frac{\pi}{4}\right)$

D. $i=\frac{20}{\sqrt{2}}\sin 314t$

7. 某正弦电流当其相位角为$\frac{\pi}{6}$时取值为 5A，则可知该电流有效值为（ ）。

A. 5A B. 7.07A C. 10A D. 2.5A

8. 正弦电流波形如图 4.9 所示，其相量表达式 $\dot{I}$ 为（ ）。

A. $20e^{j\frac{2\pi}{3}}$A

B. $\frac{20}{\sqrt{2}}e^{j\frac{2\pi}{3}}$A

C. $\frac{20}{\sqrt{2}}e^{-j\frac{2\pi}{3}}$A

D. $20e^{-j\frac{2\pi}{3}}$A

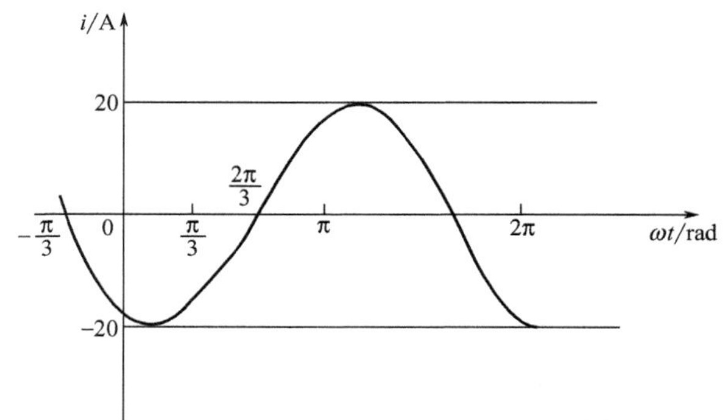

图 4.9 正弦电流波形图

9. 正弦电压 $u_1=\sin(\omega t+150°)$ V 和 $u_2=10\sin(\omega t-150°)$ 的相位差是（ ）。

A. −60° B. 0°

C. 30° D. 不确定

10. 正弦交流电有效值 $I=10$A，频率 $f=50$Hz，初相位 $\varphi_i=-\frac{\pi}{3}$，则此电流的解析表达式为（ ）。

A. $i=10\sin\left(314t-\frac{\pi}{3}\right)$

B. $i=10\sqrt{2}\sin\left(314t-\frac{\pi}{3}\right)$

C. $i=10\sin\left(50t+\frac{\pi}{3}\right)$

D. $i=10\sqrt{2}\sin\left(50t+\frac{\pi}{3}\right)$

三、判断题（每题 2 分，共 10 分）

1. 正弦量的初相角与起始时间的选择有关，而相位差则与起始时间无关。（ ）

2. 两个不同频率的正弦量可以求相位差。（ ）

3. 正弦量的三要素是最大值、频率和相位。 ( )

4. 灯泡上注明电压220V字样是指其承受电压的最大值为220V。 ( )

5. 正弦交流电的最大值和有效值随时间作周期性变化。 ( )

四、计算题（共4题，共42分）

1. 某一工频正弦电压的最大值为310V，初始值为－155V，试求其瞬时值表达式。（本题5分）

2. 已知工频正弦电压 u_a 的最大值为311V，初相位为－60°，其有效值为多少？写出其瞬时值表达式；当 $t=0.005s$ 时，u_a 的值为多少？（本题12分）

3. 已知 $u_1=220\sqrt{2}\sin(\omega t+60°)V$，$u_2=220\sqrt{2}\cos(\omega t+30°)V$，试作 u_1 和 u_2 的相量图，并求：u_1+u_2、u_1-u_2。（本题15分）

4. 若已知两个同频率正弦电压的相量分别为$\dot{U}_1=50\angle 30°V$，$\dot{U}_2=100\angle 30°V$，其频率 $f=100Hz$。求：(1) 写出 u_1、u_2 的瞬时值表达式；(2) u_1 与 u_2 的相位差。（本题10分）

五、连线题（共1题，共8分）

将下列各表示式中，相互有对应关系的式子用带箭头的线连起来。

$u(t)=-220\sqrt{2}\sin(\omega t-60°)V$	$\dot{U}=220\angle\frac{\pi}{2}V$
$u(t)=311\cos\omega t V$	$\dot{U}_m=311\angle\frac{2\pi}{3}V$
$u(t)=14.14\sin(\omega t-45°)$	$\dot{U}=10e^{j\frac{\pi}{6}}$
$u(t)=10\sqrt{2}\sin(\omega t+30°)$	$\dot{U}_m=14.14\angle-\frac{\pi}{4}$

单元自测题（二）

一、填空题（每空1分，共20分）

1. 正弦交流电的三要素是________、________和________。

2. 正弦交流电流的最大值是有效值的________倍。

3. 电气设备的绝缘水平按正弦电压的________（有效值/最大值）来考虑。

4. 已知 $u(t)=-4\sin(100t+270°)V$，$U_m=$________V，$\omega=$________rad/s，$\psi=$________rad，$T=$________s，$f=$________Hz，$t=\frac{T}{12}$时，$u(t)=$________。

5. 有两个正弦交流电流，其有效值相量分别为 $\dot{I}_1=8A$，$\dot{I}_2=6jA$，则对应的瞬时值表达式分别为：$i_1=$________A；$i_2=$________A。同时两个正弦交流量的和 $\dot{I}_1+\dot{I}_2=$________A；两个正弦交流量的差 $\dot{I}_1-\dot{I}_2=$________A（$f=50Hz$）。

6. 若 $i_1=10\sin(3t+60°)A$，$i_2=10\sin(3t+15°)A$，则 i_1 ________（超前或滞后）i_2 ________角。

7. 若 $i=220\sin(314t-60°)A$，则其初相位为________，相量表示式 $\dot{I}$ 为________。

8. 若 $u=u_1+u_2$，且 $u_1=10\sin\omega t V$，$u_2=10\sin(\omega t+90°)V$，则 u 的有效值

为________。

二、选择题（每题 2 分，共 20 分）

1. 我国工业及生活中使用的交流电频率为（　　）Hz。

A. 314　　B. 50　　C. 60　　D. 0.02

2. 白炽灯的额定工作电压为 220V，它允许承受的最大电压是（　　）V。

A. 220　　B. 311

C. 380　　D. $u(t)=220\sqrt{2}\sin 314$

3. 已知 $u=-311\sin(314t-10°)$V，其有效值相量表示为（　　）V。

A. $311\angle 170°$　　B. $311\angle -190°$　　C. $220\angle 10°$　　D. $220\angle 170°$

4. 正弦电压 $u_1=10\sin(314t+30°)$V，$u_2=10\sin(628t+30°)$V 的相位差是（　　）。

A. 30°　　B. −30°　　C. 0°　　D. 不确定

5. 两个同频率正弦交流电的相位差等于 180°时，它们的相位关系是________。

A. 同相　　B. 反相　　C. 相等　　D. 不确定

6. 如图 4.10 所示是电压与电流的相量图，设角频率 $\omega=314t$ rad/s，下列描述正确的是（　　）。

A. $u=220\sqrt{2}\sin\left(314t+\frac{\pi}{6}\right)$

B. $i=5\sqrt{2}\sin\left(314t-\frac{\pi}{4}\right)$

C. $i=5\sin\left(314t+\frac{\pi}{4}\right)$

D. $i=5\sin\left(314t+\frac{\pi}{4}\right)$

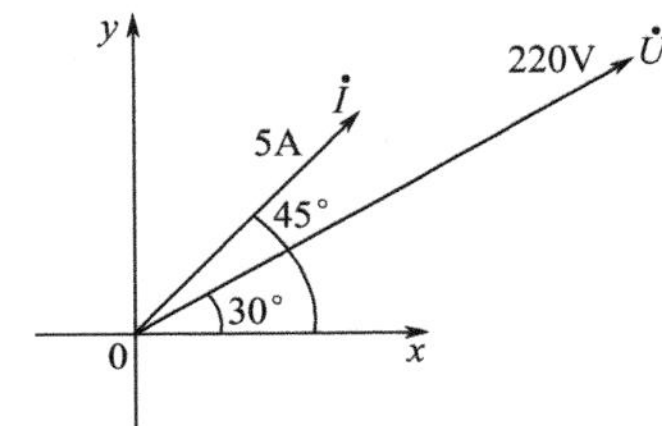

图 4.10　电压、电流相量图

7. 正弦交流电压有效值 $U=220$V，频率 $f=100$Hz，初相位 $\varphi_u=-\frac{\pi}{4}$，则此电压的解析表达式为（　　）。

A. $u=220\sin\left(628t-\frac{\pi}{4}\right)$　　B. $u=220\sqrt{2}\sin\left(628t-\frac{\pi}{4}\right)$

C. $u=220\sin\left(100t-\frac{\pi}{4}\right)$　　D. $u=220\sqrt{2}\sin\left(100t+\frac{\pi}{4}\right)$

8. 已知电压角频率等于 314rad/s，由图 4.11 得到的电压解析式为（　　）。

A. $u=20\sin\left(314t+\frac{\pi}{4}\right)$

B. $u=20\sin\left(314t-\frac{\pi}{4}\right)$

C. $u=\frac{20}{\sqrt{2}}\sin\left(314t+\frac{\pi}{4}\right)$

D. $u=\frac{20}{\sqrt{2}}\sin 314t$

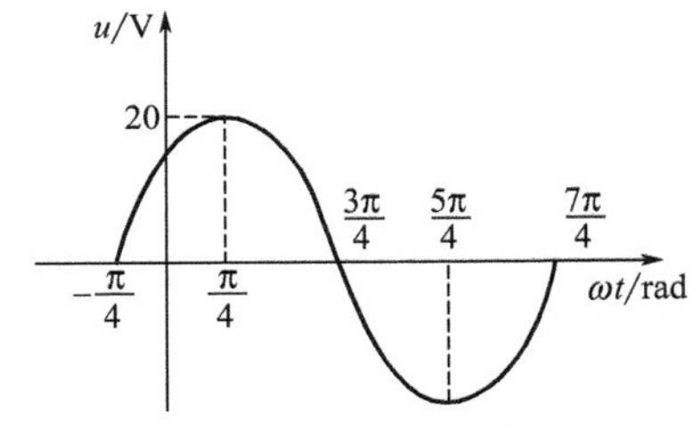

图 4.11　题 8 图

9. 已知正弦电压在 $t=0$ 时为 220V，其初相位为 45°，则它的有效值为（　　）。

A. 220V　　B. $220\sqrt{2}$V　　C. 110V　　D. $110\sqrt{2}$V

10. 已知：$i_1=5\sqrt{2}\sin(\omega t-45°)$A，$i_2=5\sqrt{2}\sin(\omega t+45°)$A，则 i_1+i_2 为（　　）。

A. $5\sqrt{2}\sin\left(314t+\frac{\pi}{4}\right)$　　B. $5\sqrt{2}\sin\left(314t+\frac{\pi}{2}\right)$

C. $10\sin\left(314t+\frac{\pi}{2}\right)$　　D. $10\sin314t$

三、判断题（每题 2 分，共 10 分）

1. 用交流电压表和交流电流表所测出的值是有效值。（　　）
2. 电气设备铭牌上所标出的电压、电流数值均指最大值。（　　）
3. 某电流相量形式为 $\dot{I}_1=3+4j$ A，则其瞬时表达式为 $i=5\sin(\omega t+53°)$A。（　　）
4. 对于不同频率的正弦量，可以根据其相量图来比较相位关系和计算。（　　）
5. 由图 4.12 所示相量图可知，$\dot{U}_1$ 超前 $\dot{U}_2$ 30°。（　　）

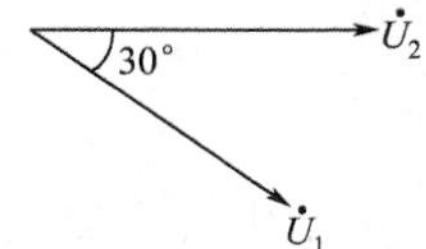

图 4.12　电压相量图

四、计算题（共 4 题，共 50 分）

1. 已知 $e(t)=-311\sin314t$ V，则与它对应的相量 $\dot{E}$ 为多少？（本题 5 分）

2. 幅值为 220V 的正弦电压，周期为 0.02s，0 时刻电流的幅值为 110V。（本题 10 分）

（1）求电压频率，单位为 Hz。

（2）求电压角频率，单位为 rad/s。

（3）求 $u(t)$ 的正弦函数表达式，其中初相位角 φ 用度表示。

（4）求电压的有效值。

3. 已知三个电压分别为：$u_a=220\sqrt{2}\sin(\omega t+10°)$V，$u_b=220\sqrt{2}\sin(\omega t-110°)$V，$u_c=220\sqrt{2}\sin(\omega t+130°)$V。求：（本题 20 分）

（1）3 个电压的和；

（2）$u_{ab}=u_a-u_b$，$u_{bc}=u_b-u_c$；

（3）画出它们的相量图。

4. 图 4.13 所示的是时间 $t=0$ 时电压和电流的相量图，并已知 $U=220$V，$I_1=10$A，$I_2=10$A，试分别用代数式、极坐标式、三角函数式表示各正弦量。（本题 15 分）

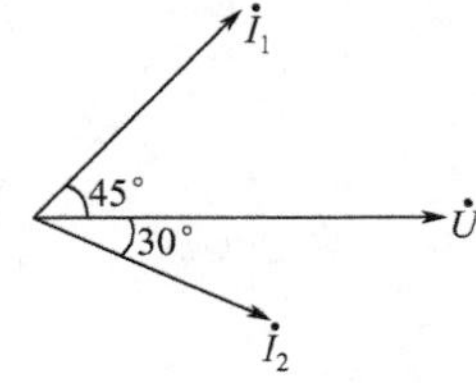

图 4.13　电压和电流的相量图

第5单元 UNIT 5 正弦稳态电路的分析

模块15　单一元件交流电路的分析

知识回顾

一、电阻元件

当电阻两端加上正弦交流电压时，电阻中就有交流电流通过，电压与电流的瞬时值仍然遵循欧姆定律。在图5.1中，电压与电流为关联参考方向。

(1) 瞬时值 u_R，i_R

$$u_R = U_{Rm}\sin(\omega t+\psi_u)$$

$$i_R = \frac{u_R}{R} = \frac{U_{Rm}\sin(\omega t+\psi_u)}{R} = I_{Rm}\sin(\omega t+\psi_i)$$

波形图如图5.2所示。

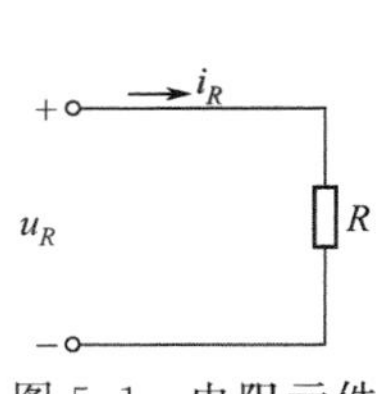

图5.1　电阻元件

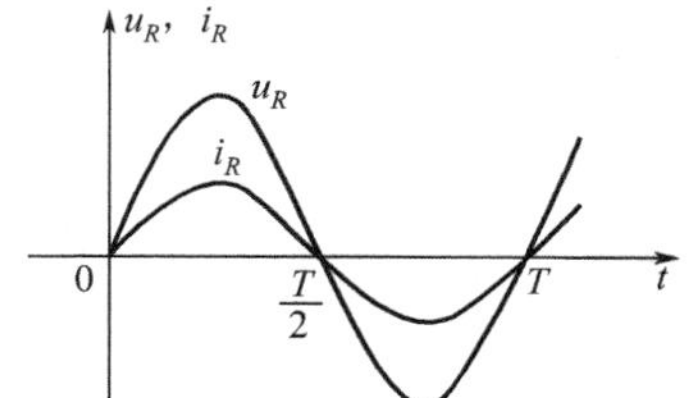

图5.2　电阻元件的电压、电流波形图

(2) 最大值、有效值

$$I_{Rm} = \frac{U_{Rm}}{R}$$

$$I_R = \frac{U_R}{R}$$

(3) 相位

$$\psi_i = \psi_u$$

(4) 相量图（见图5.3）

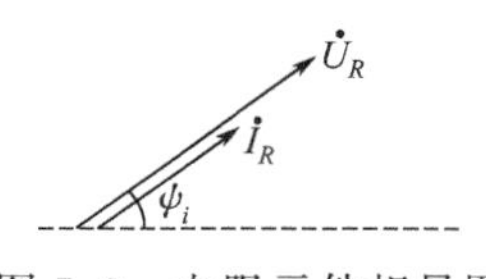

图5.3　电阻元件相量图

(5) 相量关系

$$\dot{U}_R = RI_R\angle\psi_u = RI_R\angle\psi_i$$

$$\dot{I}_R = I_R\angle\psi_i$$

$$\dot{U}_R = R\dot{I}_R$$

(6) 瞬时功率 p（见图 5.4）

$$p = u_R i_R$$

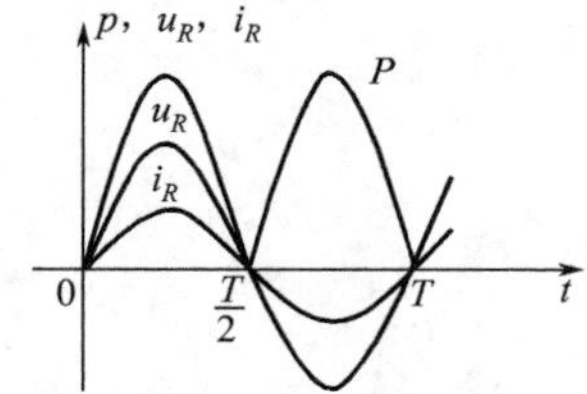

图 5.4 电阻元件的功率波形图

(7) 平均功率 P

$$P = U_R I_R = I_R^2 R = U_R^2/R$$

二、电感元件

设一电感 L 中通入正弦电流，其参考方向如图 5.5 所示。

(1) 瞬时值 u_L，i_L

$$i_L = I_{L\mathrm{m}}\sin(\omega t+\psi_i)$$

$$u_L = L\frac{\mathrm{d}i_L}{\mathrm{d}t} = L\frac{\mathrm{d}I_{L\mathrm{m}}\sin(\omega t+\psi_i)}{\mathrm{d}t}$$

波形图如图 5.6 所示。

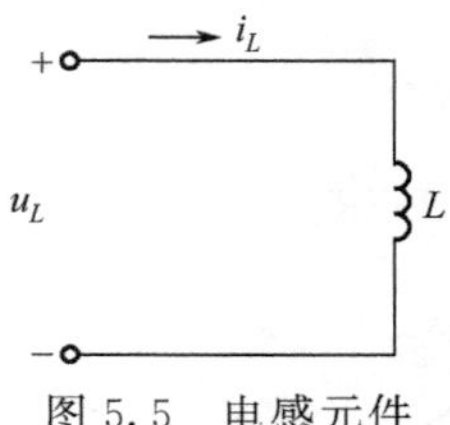

图 5.5 电感元件

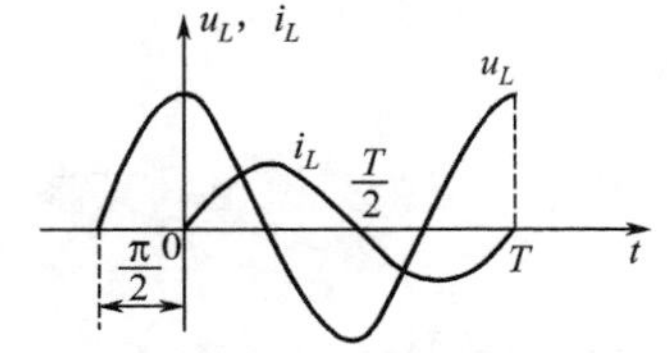

图 5.6 电感元件的电压、电流波形图

(2) 最大值、有效值

$$U_{L\mathrm{m}} = \omega L I_{L\mathrm{m}}$$

$$U_L = \omega L I_L$$

感抗：$X_L = \omega L = 2\pi f L$

则

$$U_L = X_L I_L$$

(3) 相位

$$\psi_u = \psi_i + \frac{\pi}{2}$$

(4) 相量图（见图 5.7）

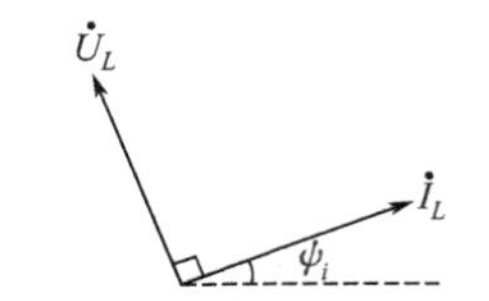

图 5.7 电感元件的相量图

(5) 相量关系

$$\dot{U}_L = jX_L \dot{I}_L$$

(6) 瞬时功率 p (见图 5.8)

$$p = u_L i_L$$

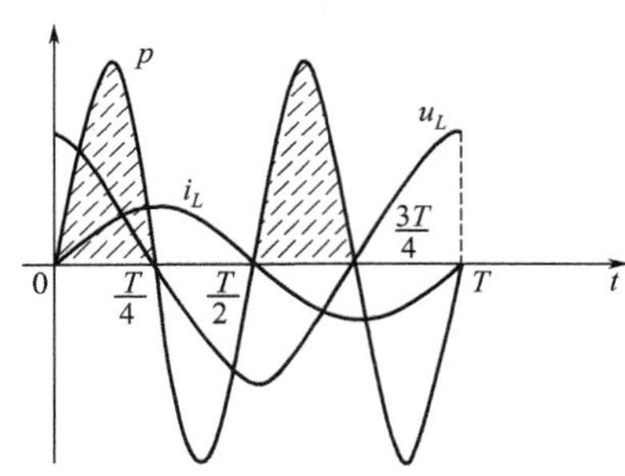

图 5.8 电感元件的功率波形图

(7) 平均功率 P

$$P = 0$$

(8) 无功功率 Q_L 为了衡量电源与电感元件间的能量交换的大小，把电感元件瞬时功率的最大值称为其无功功率，用 Q_L 表示。

$$Q_L = U_L I_L = I_L^2 X_L = \frac{U_L^2}{X_L}$$

三、电容元件

设一电容 C 中通入正弦交流电，其参考方向如图 5.9 所示。

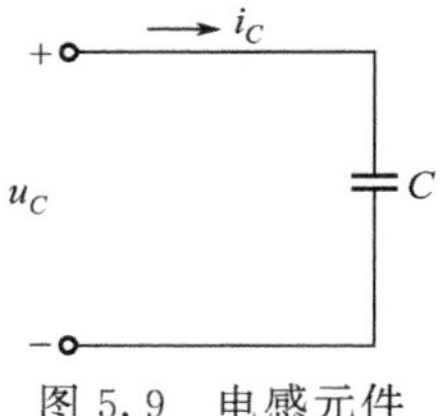

图 5.9 电感元件

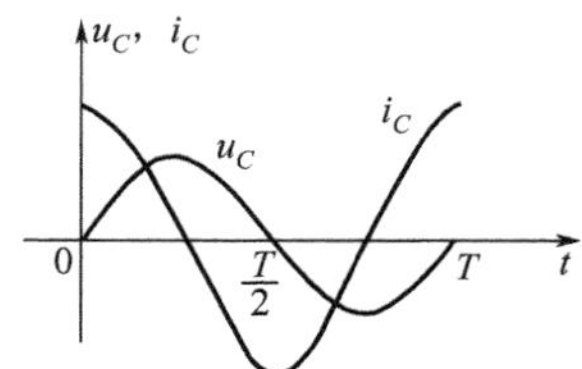

图 5.10 电容元件的电压、电流波形图

(1) 瞬时值 u_C，i_C

$$u_C = U_{Cm}\sin(\omega t + \psi_u)$$

$$i_C = C\frac{du_C}{dt} = C\frac{dU_{Cm}\sin(\omega t + \psi_u)}{dt} = I_{Cm}\sin\left(\omega t + \psi_u + \frac{\pi}{2}\right)$$

波形图如图 5.10 所示。

(2) 最大值、有效值

$$I_{Cm}=U_{Cm}\omega C$$

$$I_C=U_C\omega C \text{ 或 } \frac{U_C}{I_C}=\frac{1}{\omega C}$$

容抗：$X_C=\frac{1}{\omega C}=\frac{1}{2\pi fC}$

则

$$U_C=X_C I_C$$

(3) 相位

$$\psi_i=\psi_u+\frac{\pi}{2}$$

(4) 相量图（见图5.11）

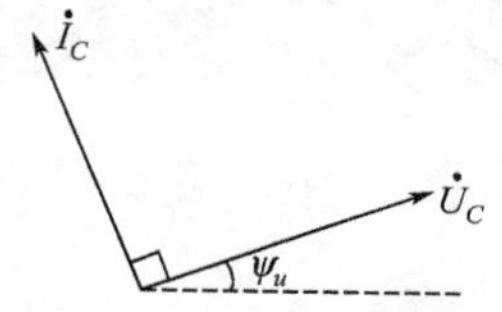

图5.11 电容元件相量图

(5) 相量关系

$$\dot{U}_C=-jX_C\dot{I}_C$$

(6) 瞬时功率 p（见图5.12）

$$p=u_C i_C$$

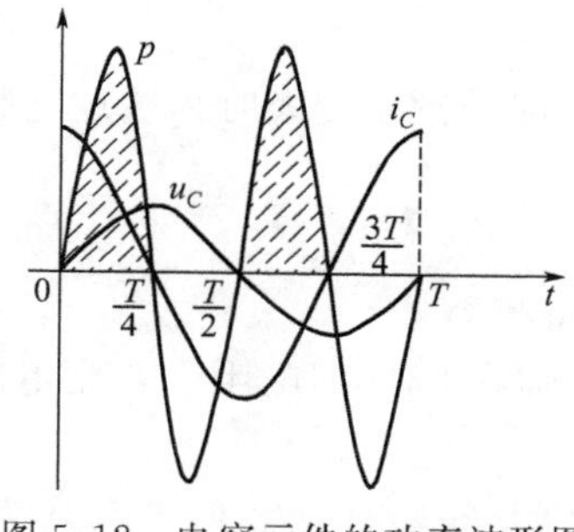

图5.12 电容元件的功率波形图

(7) 平均功率 P

$$P=0$$

(8) 无功功率 Q_C 为了衡量电源与电容元件间的能量交换的大小，把电容元件瞬时功率的最大值称为其无功功率，用 Q_C 表示

$$Q_C=U_C I_C=I_C^2 X_C=\frac{U_C^2}{X_C}$$

RLC元件各种关系见表5.1。

表5.1 RLC元件各种关系一览表

电路	电压和电流的大小关系	相位关系	阻抗	功率	相量关系
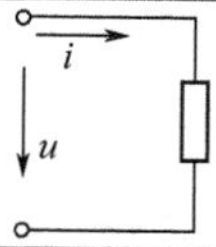 i u	$U=IR$ $I=\frac{U}{R}$	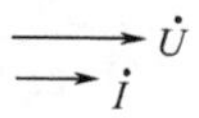 $\dot{U}$ $\dot{I}$	电阻 R	$P=UI$ $=I^2R$ $=\frac{U^2}{R}$	$\dot{U}=\dot{I}R$

续表

电路	电压和电流的大小关系	相位关系	阻抗	功率	相量关系
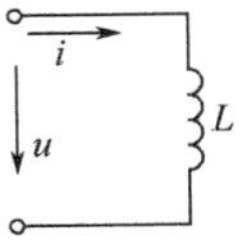 i, u, L	$U=I\omega L=IX_L$ $I=\frac{U}{\omega L}=\frac{U}{X_L}$	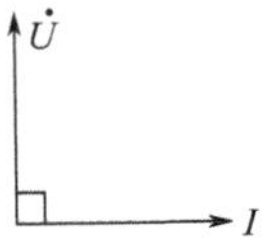 $\dot{U}$, I	感抗 $X_L=\omega L$	$P=0$ $Q_L=I^2X_L$ $=\frac{U^2}{X_L}$	$\dot{U}=jX_L\dot{I}$
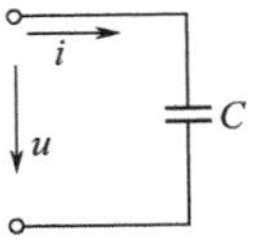 i, u, C	$U=I\frac{1}{\omega C}=IX_C$ $I=U\omega C=\frac{U}{X_C}$	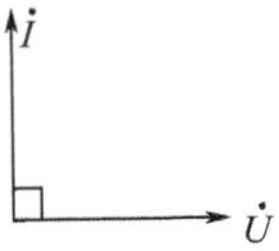 $\dot{I}$, $\dot{U}$	容抗 $X_C=\frac{1}{\omega C}$	$P=0$ $Q_C=I^2X_C$ $=\frac{U^2}{X_C}$	$\dot{U}=-jX_C\dot{I}$

典型例题

【例 1】 已知图 5.13 所示电路元件 A 中，当 $i=5\sin100t$ A 时，$u=10\sin(100t+90°)$ V，则此元件为（　　）。

A. 电感元件

B. 电容元件

C. 电阻元件

D. R-L 元件

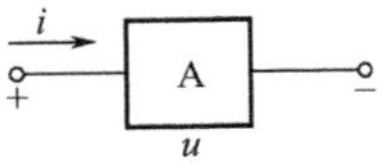

图 5.13　例 1 图

解： 观察电压、电流关系式，满足 $\psi_u=\psi_i+\frac{\pi}{2}$，可以判断出此元件为电感元件。所以选项 A 是正确的。

【例 2】 电源电压不变，当电路的频率变大时，通过电感元件的电流发生变化吗？

解： 频率变大时，角频率 $\omega=2\pi f$ 增大，$X_L=\omega L=2\pi f$ 感抗增大，根据 $I_L=\frac{U_L}{X_L}$所以电源电压不变，电感元件的电流将减小。

【例 3】 把 110V 的交流电压加在 55Ω 的电阻上，则电阻上 $U=$________ V，电流 $I=$________ A。

解： 题中 110V 没有说明是最大值还是有效值，默认为有效值。因此 $U=110$V，$R=55\Omega$，$I=\frac{U}{R}=\frac{110}{55}=2$A。

所以，此处填入 110，2。

【例 4】 在正弦交流电路中，已知流过纯电感元件的电流 $I_L=5$A，电压 $u=20\sqrt{2}\sin314t$ V，若 u、i 取关联方向，则 $X_L=$________ Ω，$L=$________ H。

解： 由题意可知，$U=20$V，$I=5$A，$\omega=314$rad/s。

根据 $U_L=I_LX_L$ 计算 $X_L=\frac{U_L}{I_L}=\frac{20}{5}=4\Omega$

根据 $X_L=\omega L$ 计算 $L=\frac{X_L}{\omega}=\frac{4}{314}=0.0127$H

所以，此处填入 4，0.0127。

【例 5】 图 5.14 中三个图表示纯电阻上电压与电流相量关系的是图________。

解： 根据电阻两端电压电流同相位，可知图 5.14(b) 表示为纯电阻上电压电流相量。

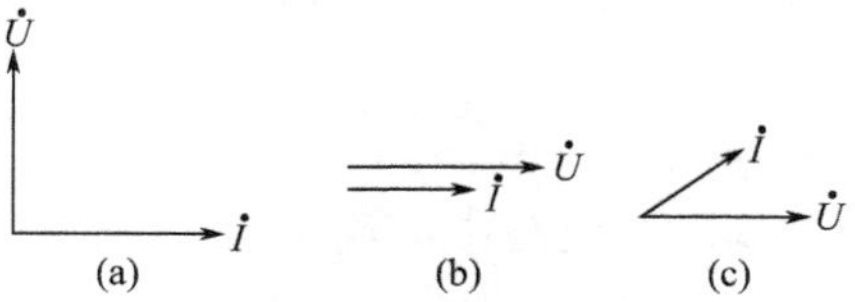

(a) (b) (c)

图 5.14 例 5 图

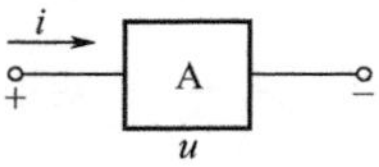

图 5.15 例 6 图

【例 6】 已知图 5.15 电路元件 A 中，当 $i=5\sin100t$ A 时，$u=10\sin(100t+90°)$ V，则此元件为（ ）。

A. 0.02H 电感元件　B. 0.02F 电容元件　C. 2H 电感元件　D. 2F 电容元件

解：由题意可知，$\dot{U}_m=10\angle 90°0$V，$\dot{I}_m=5\angle 0°$A，$\omega=100$rad/s，$\psi_u=\psi_i+\frac{\pi}{2}$，因此，此元件电压超前电流 90°，为电感元件。

根据 $U_{Lm}=\omega L I_{Lm}$，计算 $L=\frac{10}{5\times 100}=0.02$H，所以选项 A 正确。

【例 7】 电容量 $C=25\mu$F 的电容器接到 $u_C=220\sqrt{2}\sin\left(314t-\frac{\pi}{3}\right)$V 的电源上。

(1) 试求电容上流过的电流 I_C；(2) 写出电流的瞬时值表达式。

解：(1) 由题意可知 $C=25\mu$F，$\dot{U}=220\angle-\frac{\pi}{3}$V，$\omega=314$rad/s。

利用公式求出 $X_C=\frac{1}{\omega C}=\frac{1}{314\times 25\times 10^{-6}}=127\Omega$

流过电容上的电流：$I_C=\frac{U_C}{X_C}=\frac{220}{127}=1.73$A

(2) 电容元件上电压与电流的相位关系 $\psi_i=\psi_u+\frac{\pi}{2}=-\frac{\pi}{3}+\frac{\pi}{2}=\frac{\pi}{6}$

电流的瞬时表达式为 $i=1.73\sqrt{2}\sin\left(314t+\frac{\pi}{6}\right)$A

模块习题

1. 在纯电阻中，已知正弦交流电流 $i=5\sqrt{2}\sin(314t-60°)$A，$R=2\Omega$，该电阻的电压有效值 $U=$________V，电压相位为________，电压瞬时表达式________。

2. 在纯电容正弦交流电路中，当电流 $i_C=\sqrt{2}I\sin\left(314t+\frac{\pi}{2}\right)$A 时，则电容上电压（ ）。

A. $u_C=\sqrt{2}I\omega C\sin\left(314t+\frac{\pi}{2}\right)$V　B. $u_C=\sqrt{2}I\omega C\sin(314t)$V

C. $u_C=\sqrt{2}I\frac{1}{\omega C}\sin\left(314t-\frac{\pi}{2}\right)$V　D. $u_C=\sqrt{2}I\frac{1}{\omega C}\sin(314t)$V

3. 已知一个电阻上的电压 $u=10\sqrt{2}\sin\left(314t-\frac{\pi}{2}\right)$V，测得电阻上所消耗的功率为 20W。则此电阻的阻值为（ ）。

A. 5Ω　B. 10Ω　C. 40Ω　D. 200Ω

4. 一只电感线圈接到 $f=50\text{Hz}$ 的交流电路中，感抗 $X_L=50\Omega$，若改接到 $f=150\text{Hz}$ 的电源时，则感抗 X_L 为（　　）Ω。

A. 150　　B. 250　　C. 10　　D. 60

5. 纯电感电路中，电源电压不变，增加频率时，电路中电流将（　　）。

A. 不变　　B. 增大　　C. 减小　　D. 不确定

6. 加在 10Ω 电容上电压为 $u=100\sin(\omega t-60°)\text{V}$，则通过它的电流瞬时值为（　　）。

A. $i=10\sin(\omega t-30°)\text{A}$　　B. $i=5\sqrt{2}\sin(\omega t-30°)\text{A}$

C. $i=10\sin(\omega t-60°)\text{A}$　　D. $i=10\sin(\omega t+30°)\text{A}$

7. 纯电容电路中，已知 $C=10\mu\text{F}$，且 $i=2\sin(1000t-30°)\text{A}$，试求：(1) 电容端电压有效值及相量；(2) 电路电流电压相量图；(3) 有功功率和无功功率。

模块 16　复阻抗

知识回顾

一、基尔霍夫定理的相量形式

基尔霍夫电流定律的相量形式：$\sum\dot{I}=0$

基尔霍夫电压定律的相量形式：$\sum\dot{U}=0$

二、阻抗

交流电路中 $\dfrac{\dot{U}}{\dot{I}}=Z$，式中 Z 称为元件的阻抗，也称复阻抗。其中，电压与电流相量的参考方向设为一致。

复阻抗 Z 用代数形式表示时可写为 $Z=R+jX$，其实部即 R 称为电阻，虚部即 X 称为电抗。

根据上述定义，电阻 R、电感 L 和电容 C 是特殊的阻抗，它们的阻抗 Z_R、Z_L 和 Z_C 分别为

$$Z_R=\frac{\dot{U}_R}{\dot{I}_R}=R$$

$$Z_L=\frac{\dot{U}_L}{\dot{I}_L}=jX_L$$

$$Z_C=\frac{\dot{U}_C}{\dot{I}_C}=-jX_C$$

综上，如用相量表示正弦稳态电路内的各电压、电流，那么，这些相量必须服从基尔霍夫定律的相量形式和欧姆定律的相量形式。这些定律的形式与前面直流电路中的形式类似，差别只在这里不直接用电压电流，而用代表相应电压和电流的相量；不用电阻，而用阻抗。

导纳为阻抗的倒数，用 Y 表示，即 $Y=\frac{1}{Z}$，单位为 S（西门子）。

三、阻抗的串联

（1）串联等效阻抗 Z　串联阻抗的等效阻抗 Z 等于各复阻抗之和。例如 Z_1，Z_2，Z_3 串联，则

$$\left.\begin{aligned}Z_1&=R_1+jX_1\\Z_2&=R_2+jX_2\\Z_3&=R_3+jX_3\end{aligned}\right\}Z=Z_1+Z_2+Z_3=R_1+R_2+R_3+j(X_1+X_2+X_3)$$

（2）等效阻抗 Z 的模

$$|Z|=\sqrt{(R_1+R_2+R_3)^2+(X_1+X_2+X_3)^2}$$

（3）等效阻抗 Z 的阻抗角

$$\varphi=\arctan\frac{X_1+X_2+X_3}{R_1+R_2+R_3}$$

（4）阻抗串联时分压公式

$$\dot{U}_1=\frac{Z_1}{Z}\dot{U}$$

四、阻抗的并联

并联阻抗的等效阻抗 Z 的倒数等于各复阻抗倒数之和。

例如 Z_1，Z_2，Z_3 串联，则 $\frac{1}{Z}=\frac{1}{Z_1}+\frac{1}{Z_2}+\frac{1}{Z_3}$，与并联电阻求法类似。也可以说，并联导纳等于各复导纳之和，即 $Y=Y_1+Y_2+Y_3$。

典型例题

【例 1】 有两个阻抗 $Z_1=6.16+j9\Omega$，$Z_2=2.5-j4\Omega$，它们串联在 $\dot{U}=220\angle30°\text{V}$ 的电源上，求电路中流过的电流 $\dot{I}$，Z_1 两端的电压 $\dot{U}_1$，Z_2 两端的电压 $\dot{U}_2$，并画出相量图。

解： 阻抗串联，利用公式求等效阻抗 $Z=Z_1+Z_2=6.16+j9+2.5-j4=8.66+j5\Omega$

等效阻抗 Z 的模 $|Z|=\sqrt{R^2+X^2}=\sqrt{8.66^2+5^2}=10\Omega$

等效阻抗的阻抗角 $\varphi=\arctan\frac{X}{R}=\arctan\frac{5}{8.66}=30°$

因此，可以将等效阻抗写出相量形式 $Z=10\angle30°\Omega$

已知 $\dot{U}=220\angle30°\text{V}$，利用公式 $\dot{U}=\dot{I}Z$，求出 $\dot{I}=\frac{\dot{U}}{Z}=\frac{220\angle30°}{10\angle30°}=22\angle0°\text{A}$

求 $\dot{U}_1$，$\dot{U}_2$ 的解法一：

已知 $Z_1=6.16+j9\Omega$，$Z_2=2.5-j4\Omega$，将阻抗写成相量表示形式

$$Z_1=10.9\angle55.6°\Omega,\ Z_2=4.72\angle-58°\Omega$$

串联电流相等

$$\dot{U}_1=\dot{I}Z_1=22\angle0°\times10.9\angle55.6°=239.8\angle55.6°\text{V}$$

$$\dot{U}_2=\dot{I}Z_2=22\angle 0^\circ\times 4.72\angle -58^\circ=103.8\angle -58^\circ\text{V}$$

求 $\dot{U}_1$，$\dot{U}_2$ 的解法二：利用串联分压

$$\dot{U}_1=\frac{Z_1}{Z}\dot{U}=\frac{6.16+j9}{8.66+j5}\times 220\angle 30^\circ=239.8\angle 55.6^\circ\text{V}$$

$$\dot{U}_2=\frac{Z_2}{Z}\dot{U}=\frac{2.5-j4}{8.66+j5}\times 220\angle 30^\circ=103.8\angle -58^\circ\text{V}$$

画出相量图如图 5.16 所示。

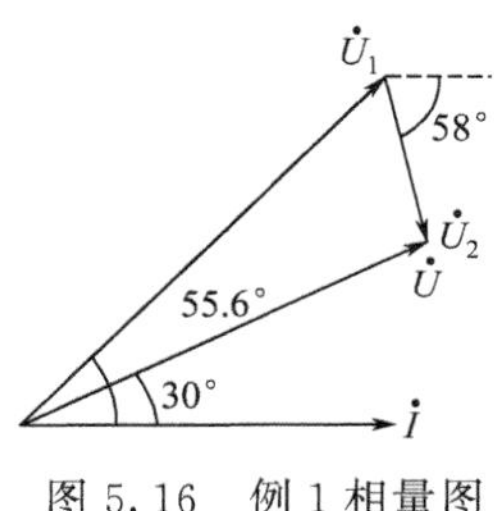

图 5.16 例 1 相量图

注意 $\dot{U}=\dot{U}_1+\dot{U}_2$，$U\neq U_1+U_2$。

【例 2】 有两个阻抗 $Z_1=3+j4\Omega$，$Z_2=8-j6\Omega$，它们并联在 $\dot{U}=220\angle 0^\circ\text{V}$ 的电源上，求电路的总电流 $\dot{I}$，流过 Z_1 的电流 $\dot{I}_1$，流过 Z_2 的电流 $\dot{I}_2$，并画出相量图。

解：阻抗并联，利用公式求等效阻抗 $\frac{1}{Z}=\frac{1}{Z_1}+\frac{1}{Z_2}$，得

$$Z=\frac{Z_1Z_2}{Z_1+Z_2}=\frac{5\angle 53^\circ\times 10\angle -37^\circ}{3+j4+8-j6}=\frac{50\angle 16^\circ}{11.2\angle -10.3^\circ}=4.46\angle 26.3^\circ\Omega$$

求出
$$\dot{I}=\frac{\dot{U}}{Z}=\frac{220\angle 0^\circ}{4.46\angle 26.3^\circ}=49.3\angle -26.3^\circ\text{A}$$

并联电压相等，求出电流

$$\dot{I}_1=\frac{\dot{U}}{Z_1}=\frac{220\angle 0^\circ}{5\angle 53^\circ}=44\angle -53^\circ\text{A}$$

$$\dot{I}_2=\frac{\dot{U}}{Z_2}=\frac{220\angle 0^\circ}{10\angle -37^\circ}=22\angle 37^\circ\text{A}$$

画出相量图如图 5.17 所示。

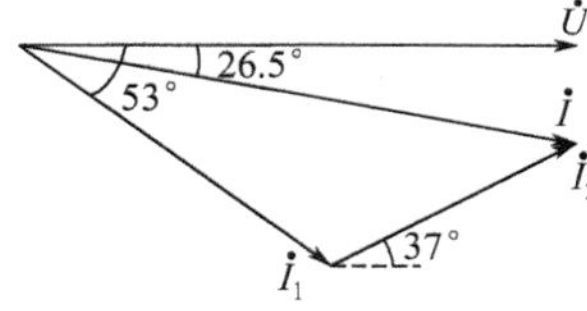

图 5.17 例 2 相量图

注意 $\dot{I}=\dot{I}_1+\dot{I}_2$，$I\neq I_1+I_2$。

【例 3】 某电路的复阻抗 $Z=10+j20\Omega$，则复导纳 Y 为（　　）。

A. $0.1+j0.05\text{S}$　　　　B. $0.1-j0.05\text{S}$

C. $0.02-j0.04\text{S}$　　D. $0.02+j0.04\text{S}$

解： 导纳和阻抗存在下列关系 $Y=\frac{1}{Z}$

带入数据计算 $Y=\frac{1}{Z}=\frac{1}{10+j20}=0.02-j0.04\text{S}$，所以选项 C 正确。

模块习题

1. 在纯电阻正弦交流电路中，若阻值为 10Ω，则复阻抗为________，模为________，辐角为________。

2. 有两个阻抗 $Z_1=20+j50\Omega$，$Z_2=-j50\Omega$ 串联，对于等效阻抗 Z 下列说法正确的是（　　）。

A. $Z=Z_1+Z_2=\frac{1}{20}\Omega$　　B. $Z=Z_1+Z_2=20\Omega$

C. $\frac{1}{Z}=\frac{1}{Z_1}+\frac{1}{Z_2}=\frac{1}{20}\Omega$　　D. $Z=\frac{1}{Z_1}+\frac{1}{Z_2}=20\Omega$

3. 两电感串联，$X_{L_1}=10\Omega$、$X_{L_2}=15\Omega$，下列结论正确的是（　　）。

A. 总电感为 25H　　B. 总感抗 $X_L=\sqrt{X_{L1}^2+X_{L2}^2}$

C. 总阻抗为 25Ω　　D. 总感抗随交流电频率增大而增大

4. 已知 $R=3\Omega$，$X_C=7\Omega$ 串联，关于等效总阻抗，下列说法正确的是（　　）。

A. $Z=3+j7\Omega$　　B. $Z=3-j7\Omega$　　C. $Z=10\Omega$　　D. $Z=4\Omega$

5. 已知 $Z_1=6+j6\Omega$，$Z_2=8-j6\Omega$：

（1）若 Z_1、Z_2 串联接在 $\dot{U}=220\angle0°\text{V}$ 的电源上，求电路中流过的电流 $\dot{I}$，Z_1 两端的电压 $\dot{U}_1$，Z_2 两端的电压 $\dot{U}_2$。

（2）若 Z_1、Z_2 并联接在 $\dot{U}=110\angle30°\text{V}$ 的电源上，求电路的总电流 $\dot{I}$，流过 Z_1 的电流 $\dot{I}_1$，流过 Z_2 的电流 $\dot{I}_2$。

模块 17　RLC 串联交流电路的分析

知识回顾

一、RLC 串联电路的阻抗

1. RLC 串联电路的等效阻抗

$Z=R+j(X_L-X_C)$ 也可以写为：

$$Z=\sqrt{R^2+(X_L-X_C)^2}\angle\arctan\frac{X_L-X_C}{R}$$

RLC 串联电路的总阻抗 Z 的实部为电阻 R，虚部为电抗 X，其大小为电路中的感抗 X_L 与容抗 X_C 之差。

复阻抗的模 $|Z|$ 及阻抗角 φ 的大小，只与其固有参数和角频率有关，与电路的电压及

电流无关。

2. 阻抗三角形

复阻抗 Z 的模 $|Z|$ 和 R 及 X 构成一个直角三角形，如图 5.18 所示。

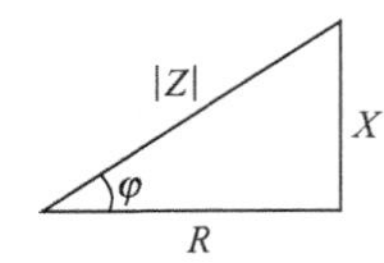

图 5.18 阻抗三角形

同时，RLC 串联电路的等效复阻抗的模 $|Z|$ 及阻抗角 φ 与电路的电压和电流满足以下关系：$\left.\begin{aligned}|Z|=\frac{U}{I}\\ \varphi=\psi_u-\psi_i\end{aligned}\right\}$

二、电路参数对 RLC 串联电路性质的影响

(1) 当 $X_L>X_C$ 时，$\varphi=\arctan\frac{X_L-X_C}{R}>0$，即电压超前电流 φ 角，电路呈感性。

(2) 当 $X_L<X_C$ 时，$\varphi<0$，即电压滞后电流，电路呈容性。

(3) 当 $X_L=X_C$ 时，$\varphi=0$，即电压与电流同相位，电路呈阻性。

(4) RLC 串联电路的阻抗角 φ 满足 $-90°<\varphi<90°$，根据 X_L 及 X_C 定义式，当电源频率不变时，改变电路参数 L 或 C，可以改变电路的性质。

(5) 电阻电压 $\dot{U}_R$、电抗电压 $\dot{U}_X=\dot{U}_L+\dot{U}_C$ 和端电压 $\dot{U}$ 三个相量组成的直角三角形叫电压三角形，它与阻抗三角形是相似三角形。

因此，在已知感抗和容抗大小的情况下判断电路的性质，可以通过比较感抗和容抗哪个大来判断。感抗大则电路呈感性，容抗大则电路呈容性，感抗与容抗一样大则呈阻性。如图 5.19 所示。

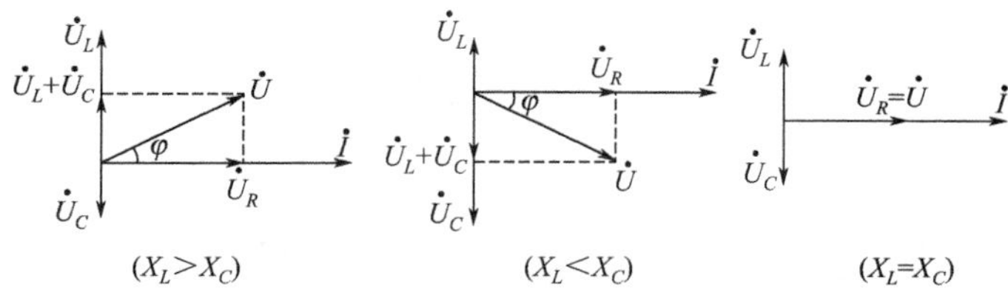

图 5.19 电路性质判断

在已知总的复阻抗的情况下判断电路的性质，可以通过阻抗角的正负来判断，阻抗角为正值，电路呈感性；阻抗角为负值，电路呈容性；阻抗角为零，电路呈阻性。

三、移相电路

可以利用交流电路中电感和电容具有的移相作用组成移相电路。

典型例题

【例 1】 电路如图 5.20 所示，下列关系式中正确的是（　　）。

A. $U=I(R+X_C)$

B. $U=U_R+U_L$

C. $U=I\sqrt{R^2+X_C^2}$

D. $U=I(R+jX_C)$

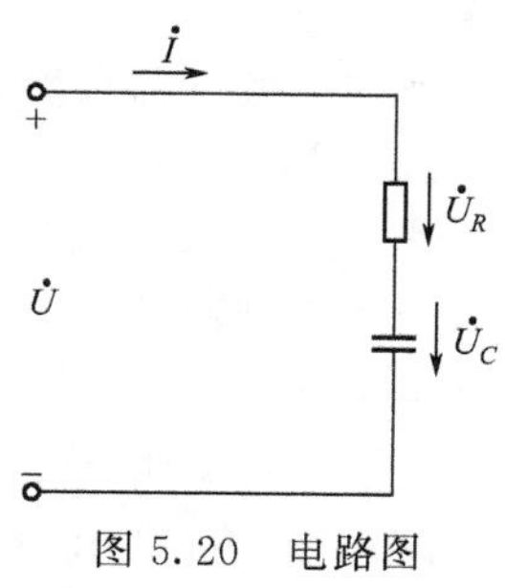

图 5.20 电路图

解： 本题其实是考查 RC 串联电路总电压的有效值 U 的求解。RC 串联电路其实就是 RLC 串联电路中感抗为零时的特例。

$U=I\mid Z\mid=I\sqrt{R^2+X_C^2}$，所以选项 C 是正确的。

【例 2】 电路如图 5.21 所示，则阻抗值 $|Z|$ 为多少？阻抗角 φ 等于多少？

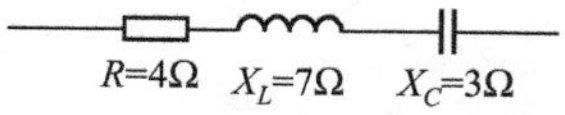

$R=4\Omega$ $X_L=7\Omega$ $X_C=3\Omega$

图 5.21 电路图

解： 该电路为 RLC 串联电路，阻抗 $Z=R+j(X_L-X_C)$，代入数据 $Z=R+j(X_L-X_C)=4+j(7-3)=4+4j=4\sqrt{2}\angle 45°\Omega$

可见阻抗值 $|Z|=4\sqrt{2}\Omega$，阻抗角 $\varphi=45°$。

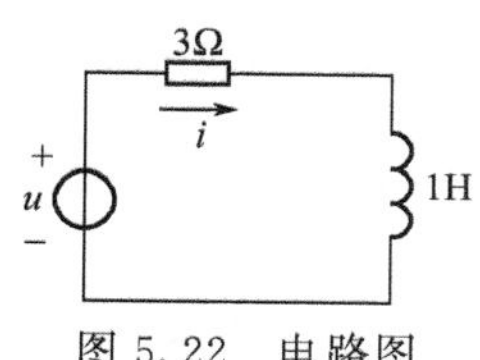

图 5.22 电路图

【例 3】 电路如图 5.22 所示，已知：$u=20\sqrt{2}\sin(4t+30°)\text{V}$，试求电流有效值 I。

解： 该电路为 RL 串联电路，也是 RLC 串联电路中容抗为零的特例。

$$Z=R+jX_L=3+j\omega L=3+4\times 1j=5\angle 53°\Omega$$

因此 $\dot{I}=\dfrac{\dot{U}}{Z}=\dfrac{20\angle 30°}{5\angle 53°}=4\angle -23°\text{A}$，所以电流有效值 $I=4\text{A}$。

【例 4】 一个具有电阻的电感线圈，如果接在频率为 50Hz、$U=12\text{V}$ 的交流电源上，通过线圈的电流为 2.4A。如果此线圈接在 $U=12\text{V}$ 的直流电源上，则通过线圈的电流为 4A。试求这个线圈的电阻和电感。

解： 一个具有电阻的电感线圈其实就是电路 R 和电感 L 的串联。

电感在直流电路中相当于短路，因此将线圈接在 $U=12\text{V}$ 的直流电源时，相当于只有电阻 R，此时电流为 4A，则 $R=\dfrac{U}{I}=\dfrac{12}{4}=3\Omega$。

接在频率为 50Hz、$U=12\text{V}$ 的交流电源上，阻抗 $|Z|=\sqrt{R^2+X_L^2}$，此时通过线圈的电流为 2.4A，因此 $|Z|=\sqrt{R^2+X_L^2}=\dfrac{U}{I}=\dfrac{12\text{V}}{2.4\text{A}}=5\Omega$，即 $\sqrt{3^2+X_L^2}=5\Omega$，求得 $X_L=4\Omega$。

电感 $L=\dfrac{X_L}{\omega}=\dfrac{4}{2\pi\times 50}=12.7\text{mH}$。

【例 5】 在 RLC 串联电路中，已知 $R=3\Omega$，$X_L=10\Omega$，$X_C=12\Omega$，则电路的性质是什么？

解： 在 RLC 串联电路中，在已知感抗和容抗大小的情况下判断电路的性质，可以通过比较感抗和容抗哪个大来判断。感抗大则电路呈感性，容抗大则电路呈容性，感抗与容抗一样大则呈阻性。

该题明显可以看出容抗 $X_C=12\Omega$，感抗 $X_L=10\Omega$，容抗大于感抗，电路呈容性。

【例 6】 在 RLC 串联电路中，已知阻抗 $Z=12\angle 60°\Omega$，则电路的性质是什么？

解： 在 RLC 串联电路中，在已知总的复阻抗的情况下判断电路的性质，可以通过阻抗角的正负来判断，阻抗角为正值，电路呈感性；阻抗角为负值，电路呈容性；阻抗角为零，电路呈阻性。

由题目可知阻抗角为 60°，是正值，因此电路呈感性。

【例 7】 RLC 串联电路中，$R=10\Omega$，$X_L=5\Omega$，$X_C=15\Omega$，端电压为 $u=200\sin(\omega t+30°)$V。求：

(1) 电路的复阻抗 Z；

(2) 电路的性质；

(3) 总电流 $\dot{I}$；

(4) 各个元件两端的电压 $\dot{U}_R$、$\dot{U}_L$、$\dot{U}_C$。

解： (1) 复阻抗 $Z=R+j(X_L-X_C)=10-10j=10\sqrt{2}\angle -45°\Omega$

(2) RLC 串联电路中，容抗比感抗大，电路呈容性。

(3) $\dot{I}=\dfrac{\dot{U}}{Z}=\dfrac{100\sqrt{2}\angle 30°}{10\sqrt{2}\angle -45°}=10\angle 75°\text{A}$

(4) 电阻的电压 $\dot{U}_R=\dot{I}R=10\angle 75°\times 10=100\angle 75°\text{V}$

电感的电压 $\dot{U}_L=j\dot{I}X_L=j\times 10\angle 75°\times 5=50\angle 165°\text{V}$

电容的电压 $\dot{U}_C=-j\dot{I}X_L=-j\times 10\angle 75°\times 15=150\angle -15°\text{V}$

【例 8】 移相电路如图 5.23 所示，则下列结论正确的是（　　）。

A. u_1 与 u_2 同相　　B. u_2 滞后 $u_1 90°$　　C. u_2 超前 u_1　　D. u_2 滞后 u_1

解： 由图可知 u_2 为电容 C 两端的电压，u_1 为电阻 R 和电容 C 串联的总电压。

以电路中的电流 $\dot{I}$ 为参考相量，画出相量图如图 5.24 所示。

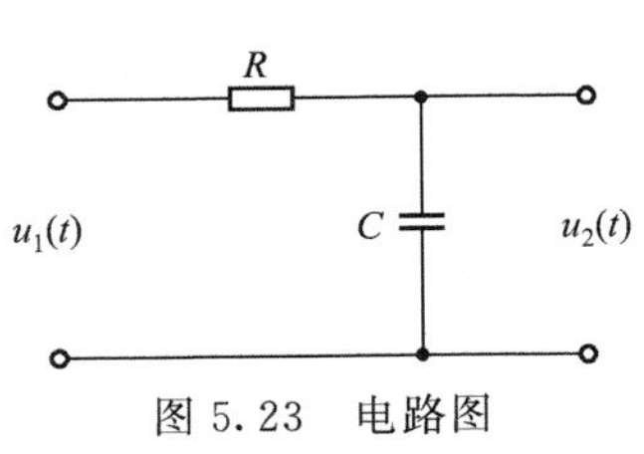

图 5.23　电路图

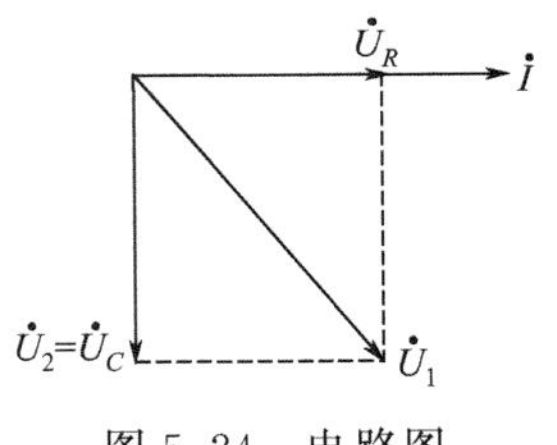

图 5.24　电路图

由相量图可以很清楚地看出 u_1 的相位超前 u_2，即 u_2 滞后 u_1，选 D。

模块习题

1. 某线圈的电阻为 R，感抗为 X_L，则下列结论正确的是（　　）。

A. 它的阻抗是 $Z=R+X_L$

B. 电流为 i 的瞬间，电阻电压 $u_R=iR$，电感电压 $u_L=iX_L$，端电压的有效值 $U=IZ$

C. 端电压比电流超前 $\varphi=\arctan\dfrac{X_L}{R}$

D. 电路的功率为 $P=UI$

2. 在 RLC 串联电路中，已知 $R=13\Omega$，$X_L=15\Omega$，$X_C=12\Omega$，则电路的性质为（　　）。

A. 感性　　B. 容性　　C. 阻性　　D. 不能确定

3. 在 RLC 串联电路中，若 $X_L>X_C$，则电路中的总电流与端电压的相位关系是（　　）。

A. 端电压超前总电流，电路呈感性　　B. 端电压超前总电流，电路呈容性

C. 端电压滞后总电流，电路呈容性　　D. 端电压滞后总电流，电路呈感性

4. 图 5.25 所示电路的复阻抗为（　　）Ω。

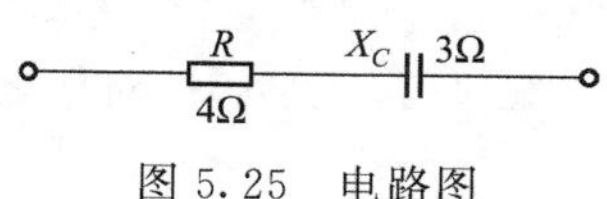

图 5.25　电路图

A. $4+3j$　　B. $3-4j$　　C. $4-3j$　　D. $3+4j$

5. 在 RLC 串联电路中，已知 $R=6\Omega$，$X_L=10\Omega$，$X_C=2\Omega$，电源电压 $u=10\sqrt{2}\sin(314t+30°)\text{V}$，求电路的阻抗 Z、电流 $\dot{I}$、电压 $\dot{U}_R$、$\dot{U}_L$、$\dot{U}_C$。

6. 图 5.26 是一个移相电路。已知 $R=100\ \Omega$，输入信号频率为 500Hz，如要求输出电压 $\dot{U}_2$ 与输出电压 $\dot{U}_1$ 之间的相位差为 45°，试求电容值。

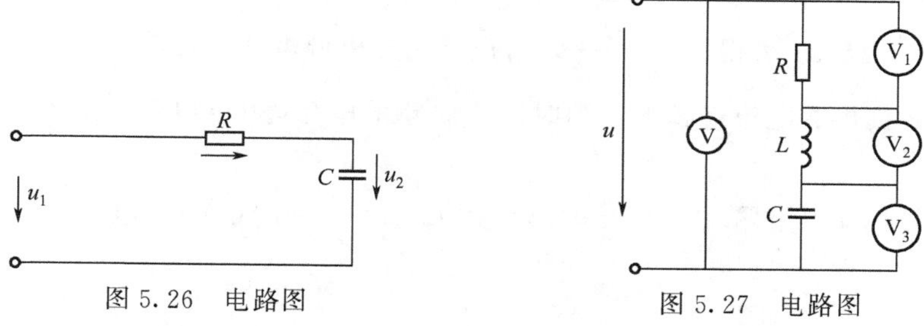

图 5.26　电路图　　图 5.27　电路图

7. 如图 5.27 所示电路，已知 R 两端电压表读数 $U_1=6\text{V}$，L 两端电压表读数 $U_2=10\text{V}$，C 两端电压表读数 $U_3=2\text{V}$，求：总电压表的读数。

模块 18　正弦稳态电路的功率

知识回顾

一、瞬时功率 p

瞬时功率 $p(t)=UI\cos\varphi-UI\cos(2\omega t+\varphi)$。瞬时功率有时为正，有时为负，是随时间变化的值，其实用意义不大。

二、有功功率（平均功率）P

（1）有功功率 $P=UI\cos\varphi$，是瞬时功率在一个周期内的平均值，单位为瓦（W）。

（2）功率因数、功率因数角

功率因数 $\lambda=\cos\varphi$，φ 称为功率因数角，其值为二端网络的电压与电流相位的差角，也是二端网络总阻抗的阻抗角。

$\lambda>0$，表明该二端网络吸收有功功率；$\lambda<0$，表明该二端网络发出有功功率。

三、无功功率

（1）无功功率 $Q=UI\sin\varphi$，是用来衡量电源与储能元件间能量交换的规模。单位为乏(var)。

（2）$\varphi=0$ 时二端网络等效为一个电阻，电阻总是从电源获得能量，没有能量的交换。

（3）当 $\varphi\neq0$ 时，说明二端网络中必有储能元件，因此，二端网络与电源间有能量的交换。对于感性负载，电压超前电流，$\varphi>0$，$Q>0$；对于容性负载，电压滞后电流，$\varphi<0$，$Q<0$。

四、视在功率

视在功率 $S=UI$，也称容量，单位为伏安（V·A）。

典型例题

【例 1】 当电源电压和负载有功功率一定时，功率因数越低，电源提供的电流就________；线路的电压降就________。

解： 由 $P=UI\cos\varphi$ 可得 $I=\dfrac{P}{U\cos\varphi}$，可以看出在电源电压和负载有功功率一定时，功率因数越低，电源提供的电流就<u>越大</u>；同时因为线路的电压降 $U=IR$，所以电流越大，线路的电压降就<u>越大</u>。

【例 2】 在 10Ω 电阻两端加电压 $u(t)=10\sqrt{2}\sin(314t+30°)$V。电阻向电源吸收的平均功率 $P=$________W。

解： 电压的相量 $\dot{U}=10\angle30°$V，电阻 $R=10\Omega$，因此电流 $\dot{I}=\dfrac{\dot{U}}{R}=1\angle30°$A。

平均功率即为有功功率，$P=UI\cos\varphi=10\times1\times\cos0°=10$W。

【例 3】 在图 5.28 所示电路中，电压源 $10\angle0°$V 为其有效值相量，则 a、b 端的右侧电路所吸收的平均功率为________。

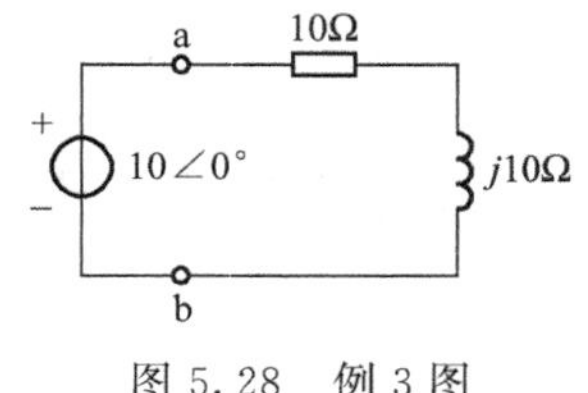

图 5.28　例 3 图

解： 电路总的阻抗为：$Z=R+jX_L=10+10j=10\sqrt{2}\angle45°\Omega$

由此可得电路中的电流 $\dot{I}=\dfrac{\dot{U}}{Z}=\dfrac{10\angle0°}{10\sqrt{2}\angle45°}=\dfrac{\sqrt{2}}{2}\angle45°$A。

a、b 端右侧电路所吸收的平均功率为：$P=UI\cos\varphi=10\times\dfrac{\sqrt{2}}{2}\times\cos45°=$<u>5W</u>。

【例 4】 一个无源二端网络，其外加电压为 $u=100\sqrt{2}\sin(10000t+60°)$V，通过的电流为 $i=2\sqrt{2}\sin(10000t+120°)$V，则该二端网络的等效阻抗是________，功率因数是________。

解：由相量形式的欧姆定律得：二端网络的等效阻抗为 $Z=\dfrac{\dot{U}}{\dot{I}}=\dfrac{100\angle 60^\circ}{2\angle 120^\circ}=\underline{50\angle -60^\circ}\Omega$，功率因数 $\lambda=\cos(-60^\circ)=\underline{0.5}$。

【例 5】 利用阻抗三角形计算正弦交流电路的功率因数 λ 为________。

解：由于功率因数角等于二端网络总电压与总电流相位的差角，而由相量形式的欧姆定律可知，二端网络总电压与总电流相位的差角就是该网络总阻抗的阻抗角。由图 5.29 所示的阻抗三角形，可以很清楚地看出 $\lambda=\cos\varphi=\dfrac{R}{|Z|}$。

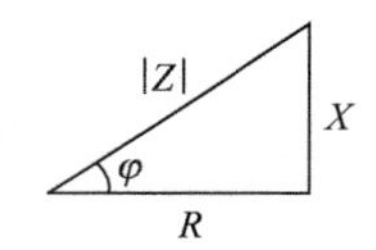

图 5.29　阻抗三角形

【例 6】 把一个电阻为 6Ω、电感为 50mH 的线圈接到 $u=300\sin(200t+\pi/2)$V 的电源上。求电路的阻抗、电流、有功功率、无功功率、视在功率。

解：感抗　$X_L=\omega L=200\times 50\times 10^{-3}=10\Omega$

阻抗　$Z=R+jX_L=6+10j=11.7\angle 59^\circ\Omega$

电流　$\dot{I}=\dfrac{\dot{U}}{Z}=\dfrac{\frac{300}{\sqrt{2}}\angle 90^\circ}{11.7\angle 59^\circ}=18.1\angle 31^\circ\text{A}$

有功功率　$P=UI\cos\varphi=\dfrac{300}{\sqrt{2}}\times 18.1\times\cos 59^\circ=1978\text{W}$

无功功率　$Q=UI\sin\varphi=\dfrac{300}{\sqrt{2}}\times 18.1\times\sin 59^\circ=3291\text{var}$

视在功率　$S=UI=\dfrac{300}{\sqrt{2}}\times 18.1=3840\text{V}\cdot\text{A}$

模块习题

1. 白炽灯的额定功率为 40W，额定电压 220V，当电灯正常工作时，试问其电流的有效值为多少安培？

2. 已知某一无源二端网络的等效阻抗 $Z=10\angle 30^\circ\Omega$，外加电压 $\dot{U}=220\angle 0^\circ$V，求 P，Q，S，$\cos\varphi$。

3. 已知 40W 的日光灯电路，在 $U=220$V 正弦交流电压下正常发光，此时电流值 $I=0.36$A，求该日光灯的功率因数和无功功率 Q。

4. 图 5.30 所示 RLC 串联电路中，$R=10\Omega$，$X_L=15\Omega$，$X_C=25\Omega$，其总电压有效值为 100V。求：

(1) 总阻抗 Z，并判断电路性质。

(2) 总电流的有效值 I。

(3) 功率因数 $\cos\varphi$ 。

(4) 电路的有功功率 P，无功功率 Q 和视在功率 S。

5. 如图 5.31 所示线性无源二端网络 N，已知端口处的电压、电流分别为：$u=100\sin(500t+15^\circ)$V，$i=5\sin(500t+45^\circ)$A。试求：

(1) 复阻抗 Z_N、功率因数 $\cos\varphi$；

(2) 二端网络的有功功率 P、无功功率 Q。

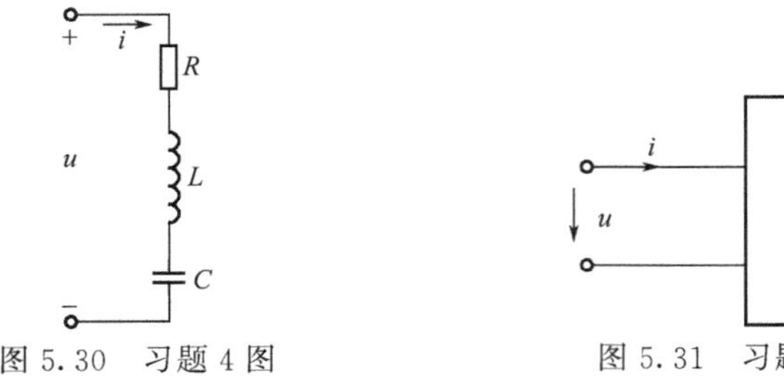

图 5.30　习题 4 图　　　图 5.31　习题 5 图

模块 19　功率因数的提高和最大功率传输

知识回顾

一、功率因数的提高

1. 提高功率因数的意义

提高功率因数首先可以使得发电设备的容量得到充分的利用，其次可以降低线路和发电机绕组上的功率损耗。

2. 提高功率因数的方法

一方面可以改进用电设备的功率因数，但要更换或改造设备；另一方面是在感性负载的两端并联电容器（这种最常见）。

功率因数无需提高到 1，提高到 0.9～0.95 之间。

3. 提高功率因数的计算

电路中的有功功率为 P，电压为 U，角频率为 ω，将电路的功率因数从 $\cos\varphi$ 提高到 $\cos\varphi_1$ 所需的电容器的值为：$C=\dfrac{P}{\omega U^2}(\tan\varphi-\tan\varphi_1)$。

式中，φ 为并联电容前的阻抗角；φ_1 为并联电容后的阻抗角。

二、最大功率传输

（1）负载获得最大功率的条件：负载阻抗 Z 和电源阻抗 Z_i 满足 $Z=Z_i^*$，也称为负载阻抗与电源阻抗匹配。

（2）负载所获得的最大功率：$P_{\max}=\dfrac{U_S^2}{4R_i}$，仅为电源输出功率的一半。

（3）阻抗匹配电路的传输效率为 50%，只能用于一些小功率电路。

典型例题

【例 1】 如图 5.32 所示电路，C 的作用是________，若去掉 C，则电流表 A 的读数________，此时电路的有功功率________，视在功率________。

解： C 的作用是<u>提高功率因数</u>；

由于并联电容 C 后，原支路的电压和电路的参数并没有改变，所有该支路的电流没有改变。因此若去掉 C，则电流表 A 的读数不变；

由于电路中的有功功率是由电阻消耗的，因此去掉 C，电路的有功功率不变；

由于视在功率 $S=\frac{P}{\cos\varphi}$，去掉 C 后，有功功率不变，但功率因数 $\cos\varphi$ 变小了，

因此视在功率变大了。

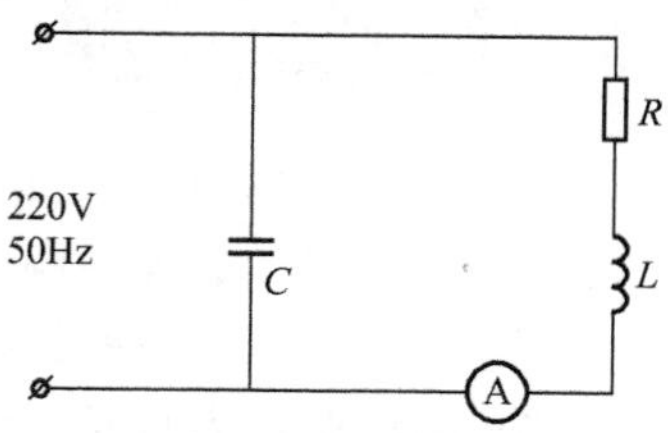

图 5.32　例 1 图

【例 2】　某感性负载的工频电压为 220V，功率为 10kW，功率因数为 0.6，欲将功率因数提高到 0.9，试求所需并联的电容。

解： 并联电容前功率因数 $\cos\varphi_1=0.6$，$\varphi_1=53°$，$\tan\varphi_1=1.33$

并联电容后功率因数 $\cos\varphi=0.9$，$\varphi=25.8°$，$\tan\varphi=0.484$

需要并联的电容 $C=\frac{P}{\omega U^2}(\tan\varphi_1-\tan\varphi)=\frac{10000}{314\times220^2}(1.33-0.484)=557\mu F$

【例 3】　日光灯电路如图 5.33 所示，灯管可等效为电阻 R，镇流器等效为电感 L。已知电源电压 $U=220V$，$f=50Hz$，并测得日光灯灯管两端的电压 $U_R=110V$，功率 $P=40W$。(1) 求日光灯中的电流 I_L 和功率因数 $\cos\varphi_1$；(2) 并联电容 C 将功率因数提高到 $\cos\varphi_2=0.9$ 时，电容器的电容量是多少？ (3) 并联 C 前后电源提供的电流各等于多少？

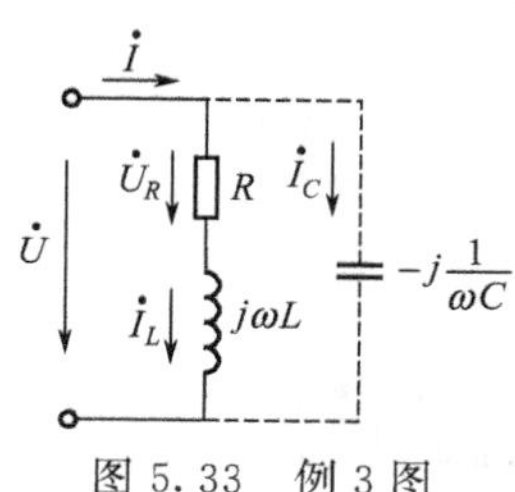

图 5.33　例 3 图

解： (1) 通过日光灯管的电流（有功功率是由灯管的电阻产生的）

$$I=\frac{P}{U_R}=\frac{40}{110}=0.364A$$

日光灯支路的功率因数

$$\cos\varphi_1=\frac{U_R}{U}=\frac{110}{220}=0.5$$

$$\varphi_1=60°$$

(2) 将功率因数提高到 $\cos\varphi_2=0.9$，此时 $\varphi_2=\arccos0.9=25.84°$。需并联电容器的电容量为

$$C=\frac{P}{\omega U^2}(\tan\varphi_1-\tan\varphi_2)=\frac{40}{314\times220^2}(\tan60°-\tan25.84°)$$
$$=3.28\mu F$$

(3) 未并联电容时，电源提供的电流 $I=I_L=0.364A$。并联电容器 C 后，电源电流将减小为

$$I'=\frac{P}{U\cos\varphi_2}=\frac{40}{220\times0.9}=0.202A$$

【例 4】　如图 5.34 所示电路，已知 $\dot{U}_S=220\angle20°V$，$Z_i=5+8j\Omega$，则负载 Z 为多少时，可以获得最大的功率？最大功率为多少？

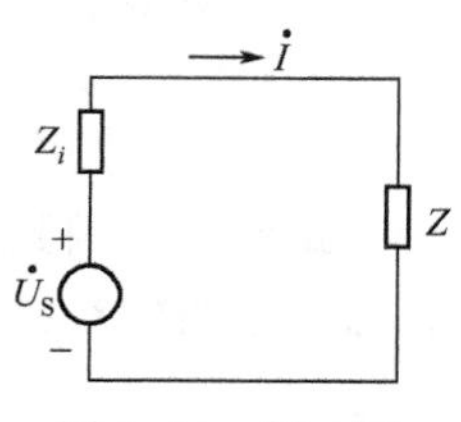

图 5.34　例 4 图

解： 负载获得最大功率的条件是 $Z=Z_i^*=5-8j\Omega$。

最大功率为　$$P_{max}=\frac{U_S^2}{4R_i}=\frac{220^2}{4\times5}=2420W$$

模块习题

1. 提高功率因数有什么意义？

2. 在一个电压 380V、频率为 50Hz 的电源上，接有一感性负载，$P=100\text{kW}$，$\cos\varphi=0.65$，现需将功率因数提高到 0.9，试问应并联多大的电容？

3. 图 5.35 所示为日光灯电路，已知 $P=40\text{W}$，$U=220\text{V}$，$I=0.4\text{A}$，$f=50\text{Hz}$，则此日光灯的功率因数 $\cos\varphi=$ ________。若要把功率因数提高到 0.9，需并联电容 $C=$ ________。

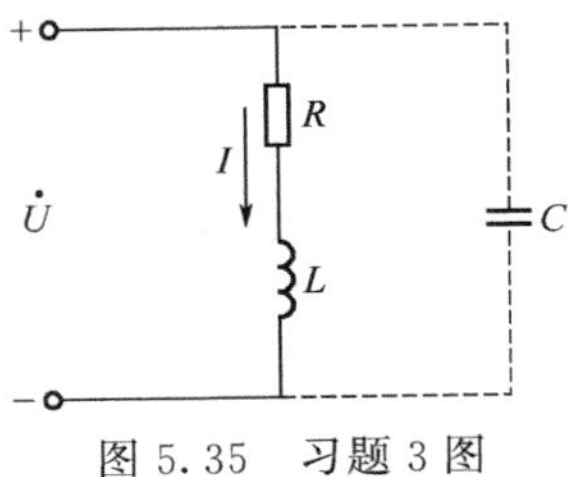

图 5.35 习题 3 图

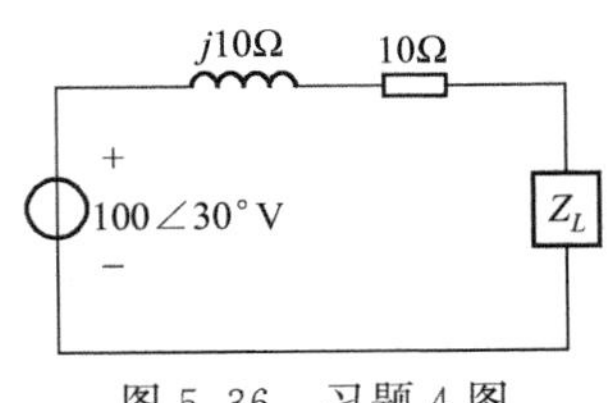

图 5.36 习题 4 图

4. 如图 5.36 所示电路中，负载 Z_L 为多少时，可以获得最大的功率？最大功率为多少？

5. 阻抗匹配的电路中，负载得到的最大功率是电源输出功率的________。

※模块 20 RLC 电路串联谐振

知识回顾

一、RLC 电路串联谐振相关概念

（1）RLC 电路串联谐振的条件：电抗 $X=\omega L-\dfrac{1}{\omega C}=0$ 时，RLC 电路串联谐振。发生串联谐振时整个电路的阻抗等于电阻 R，电压与电流同相。

（2）谐振频率和谐振角频率：

$f_0=\dfrac{1}{2\pi\sqrt{LC}}\text{Hz}$，$\omega_0=\dfrac{1}{\sqrt{LC}}\text{rad/s}$，谐振频率与电阻无关。

（3）特性阻抗：

$$\rho=\omega_0 L=\frac{1}{\omega_0 C}=\sqrt{\frac{L}{C}}$$

（4）品质因数

$$Q=\frac{\omega_0 L}{R}=\frac{1}{\omega_0 CR}=\frac{\sqrt{L/C}}{R}=\frac{\rho}{R}$$

电路的品质因数对谐振曲线影响很大，Q 值越低，曲线愈平坦，反之越尖锐。品质因数愈高，电路的选择性愈好，但通频带愈窄，而通频带过窄容易引起失真现象。

二、RLC 电路串联谐振的特点

RLC 电路串联谐振时电路为阻性，电流达到最大值 $I=\dfrac{U}{R}=I_0$；电感电压 U_L 和电容电压 U_C 都等于电源电压 U 的 Q 倍，即 $\left.\begin{array}{l}\dot{U}_L=jQ\dot{U}\\ \dot{U}_C=-jQ\dot{U}\end{array}\right\}$；电源提供的能量全部由电阻消耗，电容和电感之间进行能量交换，与电源无能量交换。

典型例题

【例 1】 RLC 串联电路发生谐振，$U_S=100\text{V}$，$R=10\Omega$，$X_L=20\Omega$，则谐振时的容抗为________，谐振电流为________。

解： 谐振时，容抗与感抗相等，总电抗为 0，电路呈纯电阻性，所以容抗为20Ω，谐振电流为 $U/R=10\text{A}$。

【例 2】 当发生串联谐振时，电路中的感抗与容抗________，总阻抗 $Z=$________，电流最________。

解： 发生串联谐振时，电路中的感抗与容抗相等，总阻抗 $Z=R$，电流最大。

【例 3】 串联正弦交流电路发生谐振的条件是________，谐振时，谐振频率 $f=$________，品质因数 $Q=$________。

解： 正弦交流电路发生串联谐振的条件是 $X_L=X_C$，谐振时，谐振频率 $f=\dfrac{1}{2\pi\sqrt{LC}}$，品质因数 $Q=\dfrac{\omega_0 L}{R}=\dfrac{1}{\omega_0 CR}=\dfrac{\sqrt{L/C}}{R}=\dfrac{\rho}{R}$。

【例 4】 一个串联谐振电路的特性阻抗 $\rho=100\Omega$，谐振时 $\omega_0=1000\text{rad/s}$，试求电路元件的参数 L 和 C。

解： 特性阻抗 $\rho=\omega_0 L=\dfrac{1}{\omega_0 C}$，代入数据得：$L=0.1\text{H}$，$C=10\mu\text{F}$。

【例 5】 已知一串联谐振电路的参数 $R=10\Omega$，$L=0.13\text{H}$，$C=588\mu\text{F}$，外加电压 $U=5\text{V}$。试求电路在谐振时的电流、品质因数及电感和电容上的电压。

解： 谐振时电路中的电抗为 0，为纯电阻性质，因此：

$$I=\frac{U}{R}=\frac{5}{10}\text{A}=0.5\text{A},Q=\frac{\sqrt{L/C}}{R}=\frac{\sqrt{0.13/(558\times10^{-6})}}{10}=1.53$$

$$U_L=U_C=QU=1.53\times5=7.65\text{V}$$

模块习题

1. RLC 电路串联谐振发生时，电路中的角频率 $\omega_0=$________，$f_0=$________。

2. 串联谐振电路的特性阻抗 $\rho=$________，品质因数 $Q=$________。

※3. 品质因数越________，电路的________性越好。但是品质因数过大，容易造成________变窄，接收信号________。

4. 已知 RLC 串联电路的参数 $R=10\Omega$，$L=2\text{mH}$，接在角频率 $\omega=5000\text{rad/s}$ 的 10V 电压源上，求电容 C 为何值时电路发生谐振？求谐振电流、品质因数、电感和电容上的电压。

单元自测题（一）

一、填空题（每空 1 分，共 20 分）

1. 在正弦交流电路中，已知流过纯电阻元件的电流 $I=5\text{A}$，电压 $u=20\sqrt{2}\sin 314t\,\text{V}$，若 u、i 取关联方向，则 $R=$________Ω，电流的初相为________。

2. RLC 串联电路中，$R=100\Omega$，$X_L=15\Omega$，$X_C=15\Omega$，其总电流有效值为 $\dot{I}=2\angle 30°\text{A}$，则总电压 $\dot{U}$ 为________，功率因数 $\cos\varphi$ 为________。

3. 某二端网络的输入阻抗为 $Z=20\angle 60°\Omega$，外加电压为 $\dot{U}=100\angle -30°\text{V}$，则该网络的功率 $P=$________W，功率因数 $\lambda=$________。

4. 电路如图 5.37 所示，则阻抗值 $|Z|=$________，阻抗角 $\varphi=$________。

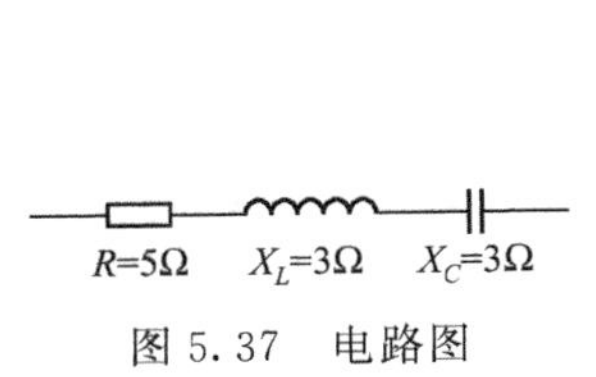

图 5.37　电路图

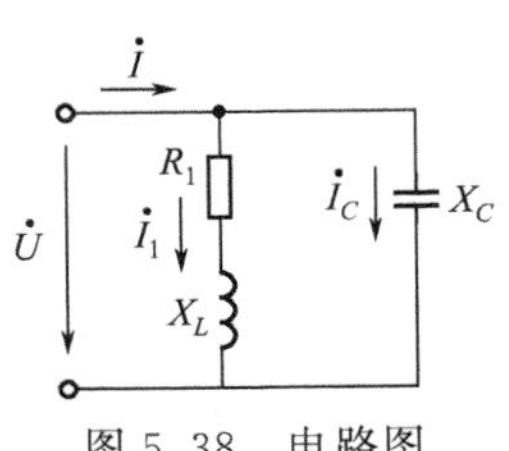

图 5.38　电路图

5. 在图 5.38 所示电路中，已知 $R_1=3\Omega$，$X_L=4\Omega$，$X_C=10\Omega$，$\dot{U}=20\angle 0°\text{V}$，则 $\dot{I}_1=$________，$\dot{I}_C=$________，$\dot{I}=$________，电路呈________（感性、容性、阻性）。

6. 在纯电容正弦交流电路中，已知 $I=5\text{A}$，电压 $U=10\sqrt{2}\sin 314t\,\text{V}$，容抗 $X_C=$________，电容量 $C=$________。

7. 提高功率因数的意义________，________。

8. 在 RLC 串联电路中，已知 $R=3\Omega$，$X_L=3\Omega$，容抗 $X_C=7\Omega$，则总阻抗为________。

9. RLC 串联电路发生谐振的条件是：________，谐振频率 $f_0=$________，若电源电压有效值固定，则谐振时电路的电流 $I_0=$________。（最大/最小）

二、选择题（每题 2 分，共 20 分）

1. 已知图 5.39 电路元件 A 中，当 $i=5\sin(100t+45°)\text{A}$ 时，$u=10\sin(100t-45°)\text{V}$，则此元件为（　　）。

A. 电感元件　　B. 电容元件　　C. 电阻元件　　D. R-L 元件

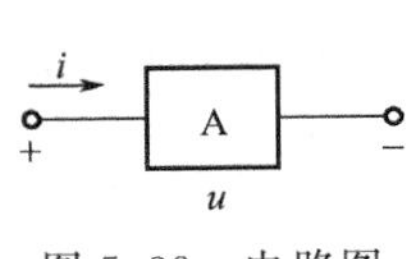

图 5.39　电路图

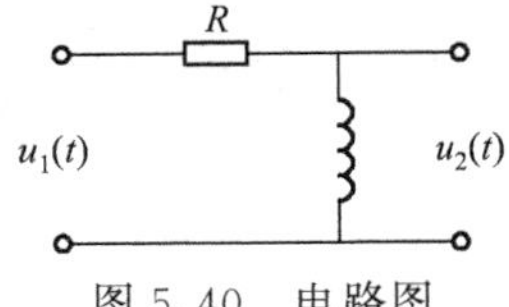

图 5.40　电路图

2. 移相电路如图 5.40 所示，则下列结论正确的是（　　）。

A. u_1 与 u_2 同相　　B. u_2 滞后 u_1 90°　　C. u_2 超前 u_1　　D. u_2 滞后 u_1

3. 正弦交流电路中的负载，若（　　）占的比重越大，其功率因数就越高。

A. 电感　　B. 电容　　C. 电阻　　D. 电抗

4. 如图 5.39 所示电路元件 A 中，当 $i=2\sin(100t)$A 时，$u=10\sin(100t+90°)$V，则此元件为（　　）。

A. 0.05H 电感元件　B. 0.05F 电容元件　C. 5H 电感元件　D. 5F 电容元件

5. 电容器在电路中的特点是（　　）。

A. 通直流、阻交流　　B. 通交流、隔直流

C. 通低频、阻高频　　D. 通直流、阻高频

6. 已知电路总电压 $u=311\sin(\omega t-30°)$V，总电流 $i=2\sin(\omega t+10°)$A，则电路呈（　　）。

A. 感性　　B. 阻性　　C. 容性　　D. 不能判断

7. 如图 5.41 所示为正弦交流电路的一部分，电流表 A 的读数是 5A，电流表 A_1 的读数是 4A，则电路中电流表 A_2 的读数是（　　）。

A. 4A　　B. 1A　　C. 3A　　D. 0A

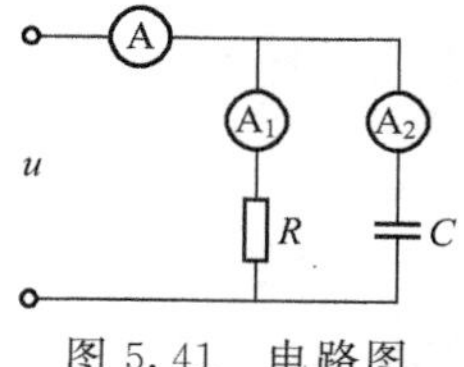

图 5.41　电路图

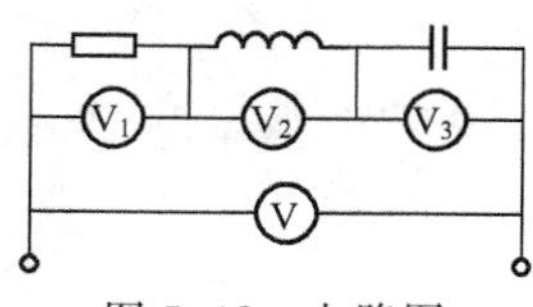

图 5.42　电路图

8. 图 5.42 正弦交流电路中 V_1、V_2、V_3 电压表的读数均为 10V，电压表 V 的读数为（　　）。

A. 20V　　B. 30V　　C. 10V　　D. 0V

9. 电路如图 5.43 所示，下列关系式中正确的是（　　）。

A. $\dot{U}=-jX_C\dot{I}$　　B. $\dot{U}=R\dot{I}$

C. $U=\sqrt{R^2+X_C^2}I$　　D. $\dot{I}=\dfrac{\dot{U}}{X_C}$

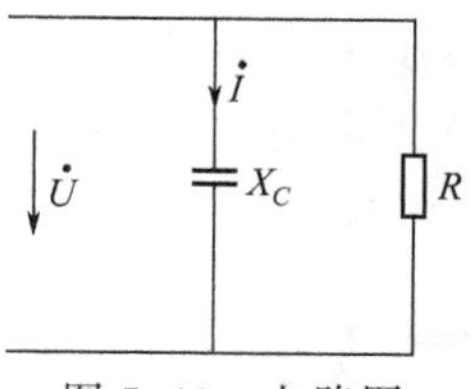

图 5.43　电路图

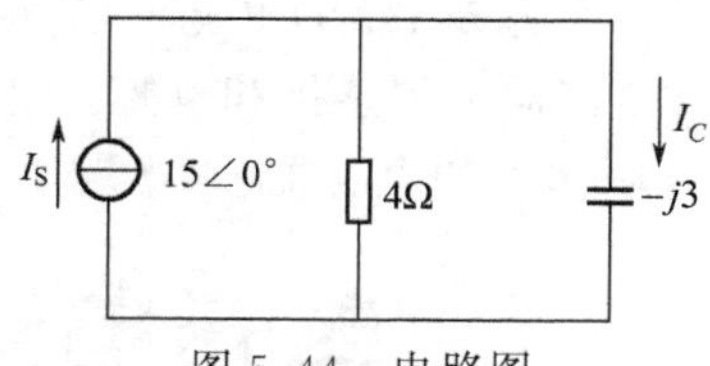

图 5.44　电路图

10. 电路如图 5.44 所示，电流 $I_C=$（　　）A。

A. 6∠53.1°　　B. 9∠−53.1°　　C. 10∠36.9°　　D. 12∠36.9°

三、判断题（每题 2 分，共 10 分）

1. RLC 串联交流电路的阻抗，与电源的频率有关。（　　）
2. 交流电路总电压与总电流的相位差就是其阻抗角，也就是电路的功率因数角。（　　）
3. 电源提供的视在功率越大，表示负载取用的有功功率越大。（　　）
4. 交流电路中，负载获得最大功率的条件是：$Z=Z_0$。（　　）
5. 无论 RLC 串联还是并联，只要电路阻抗角为负，那么电路呈现为感性。（　　）

6. 总电压超前总电流 270°的正弦交流电路是一个纯电感电路。 ( )

7. RLC 串联电路，当 $L>C$，则电路呈电感性，即电流滞后电压。 ( )

8. 已知 $i_2=5\sin(314t+60°)$，$i_1=4\sin(314t-30°)$，则 i_2 超前 i_1 90°。 ( )

9. 纯电阻电路的功率因数一定等于 1，如果某电路的功率因数为 1，则该电路一定是只含电阻的电路。 ( )

10. 图 5.45 所示电路的复阻抗为 $5\angle-90°\Omega$。 ( )

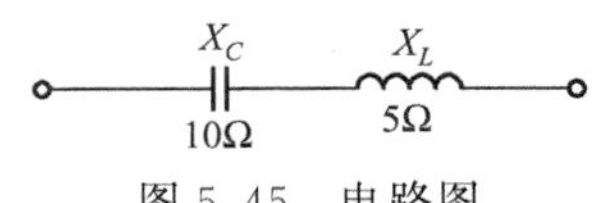

图 5.45 电路图

四、计算题（共 4 题，共 50 分）

1. 有一 RL 串联电路，已知 $R=30\Omega$，$X_L=40\Omega$，电路中的电流为 2A，求电路的阻抗及 S、P、Q，作出电阻和电感元件上的电压相量及总电压相量。（本题 10 分）

2. 图 5.46 所示正弦交流电路，已知 $\dot{U}=100\angle0°\text{V}$，$Z_1=1+j\Omega$，$Z_2=3-j4\Omega$，求 $\dot{I}$、$\dot{U}_1$、$\dot{U}_2$，并画出相量图。（本题 15 分）

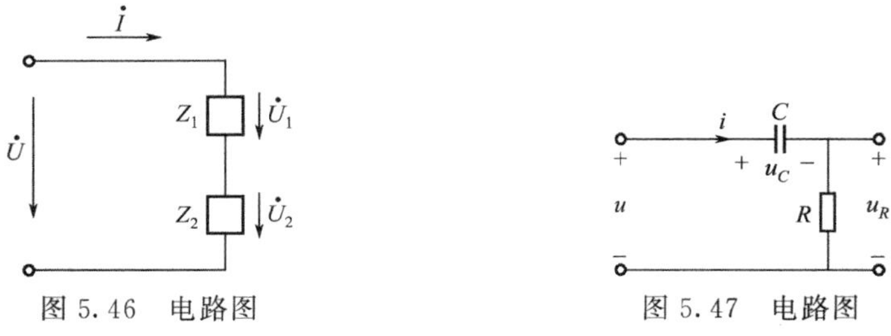

图 5.46 电路图　　图 5.47 电路图

3. 如图 5.47 所示，电源电压为 u，电阻和电容上的电压分别为 u_R 和 u_C，已知电路阻抗模为 1000Ω，频率为 1000Hz，设 u 与 u_C 之间的相位差为 30°，求 R 和 C，并说明在相位上 u 比 u_C 超前还是滞后。（本题 10 分）

4. 今有一个 40W 的日光灯，使用时灯管与镇流器（可近似把镇流器看作纯电感）串联在电压为 220V、频率为 50Hz 的电源。已知灯管工作时属于纯电阻负载，灯管两端的电压等于 110V，试求镇流器上的感抗和电感。这时电路的功率因数等于多少？若将功率因数提高到 0.8，问应并联多大的电容器？（本题 15 分）

单元自测题（二）

一、填空题（每空 1 分，共 20 分）

1. 已知 RLC 串联电路中 $R=3\Omega$，$X_L=8\Omega$，$X_C=4\Omega$，电路电流 $I=3\text{A}$，则电路复阻抗为 $Z=$________，消耗的有功功率 $P=$________，电路的功率因数 $\cos\varphi$ ________。

2. RLC 串联电路在一定条件下会发生谐振，其条件是________。

3. RLC 串联电路发生谐振，$U_S=100\text{mV}$，$R=10\Omega$，$X_L=20\Omega$，则谐振时的容抗为________，谐振电流为________。

4. 图 5.48 所示电路中，阻抗 $-j4\ \Omega$ 两端电压 $\dot{U}=$________V，电路的有功功率 $P=$________W。

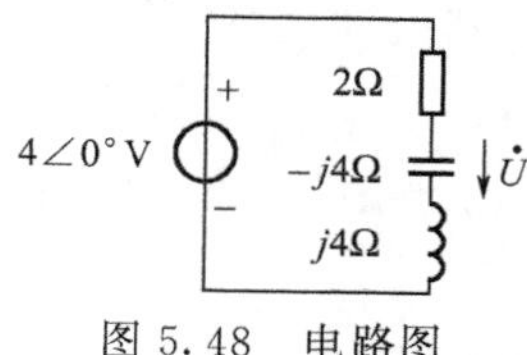

图 5.48 电路图

图 5.49 电路图

5. 图 5.49 所示电路中已知 $I_1=3\text{A}$，$I_2=4\text{A}$，则电流表的读数为________A。

6. 在感性负载的两端________，可以提高线路的________。

7. 串联谐振电路的品质因数 Q 是由参数________来决定的。Q 值越高则回路的选择性________，回路的通频带________。

8. 若电路总电压 $u=10\sin(3t+60°)\text{V}$，总电流 $i=\sqrt{2}\sin(3t-15°)\text{A}$，则电压________（超前或滞后）电流________，电路呈________（感性，阻性，容性）。

9. 在纯电容正弦交流电路中，增大电源频率时，其他条件不变，电容中电流 I 将________。

10. 在图 5.50 电路中，已知 $R_1=6\Omega$，$X_L=6\Omega$，$X_C=6\Omega$，$\dot{U}=10\angle 30°\text{V}$，则 $\dot{I}_1=$________，$\dot{I}_C=$________，$\dot{I}$ ________。

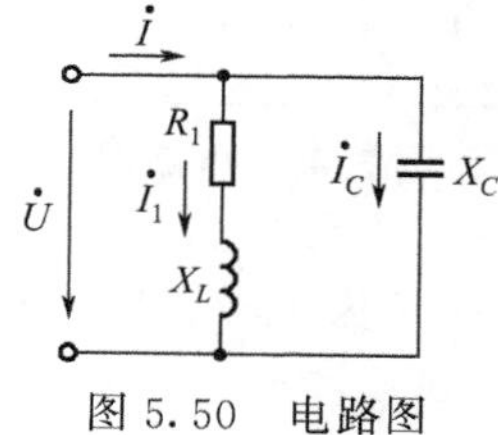

图 5.50 电路图

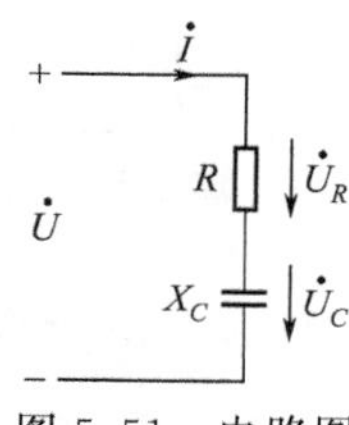

图 5.51 电路图

二、选择题（每题 2 分，共 20 分）

1. 电路如图 5.51 所示，下列关系式正确的是（　　）。

A. $U=I(R+X_C)$　B. $U=U_R+U_C$　C. $\dot{U}=\dot{I}(R+jX_C)$　D. $U=I\sqrt{R^2+X_C^2}$

2. 对于感抗和容抗，下列说法正确的是（　　）。

A. 频率升高，感抗增大，容抗减小　B. 频率降低，感抗增大，容抗减小

C. 频率升高，感抗减小，容抗减小　D. 频率降低，感抗增大，容抗增大

3. 一只电容接到 $f=50\text{Hz}$ 的交流电路中，容抗 $X_C=240\Omega$，若改接到 $f=150\text{Hz}$ 的电源时，则容抗 X_C 为（　　）Ω。

A. 80　B. 120　C. 160　D. 720

4. 关于电感线圈的特点正确的说法是（　　）。

A. 通直流、阻交流　B. 通交流、阻直流

C. 通低频、阻直流　D. 通高频、阻低频

5. 如下图所示，表示同相关系的是（　　）。

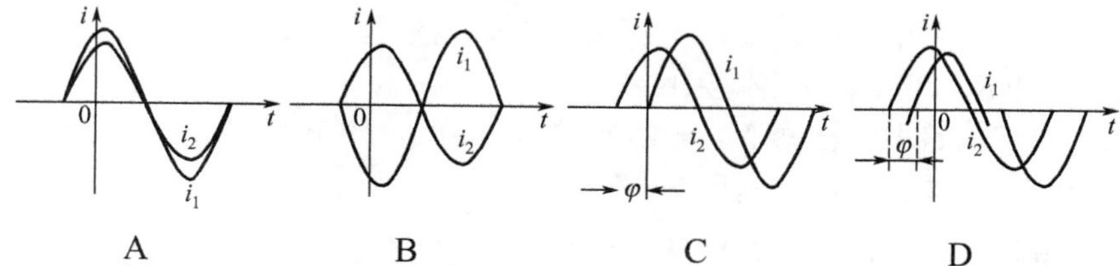

6. 在纯电阻电路中，电压与电流为关联参考方向，则下列关系式正确的是（　　）。

A. $i=U/R$　　B. $i=u/R$　　C. $I=u/R$　　D. 以上均不对

7. 已知纯电阻交流电路电流的解析式为 $i=5\sqrt{2}\sin(100\pi t+\pi/2)$A，$R=4\Omega$，则电路中的电压为（　　）。

A. 20V　　B. $10\sqrt{2}$V

C. $u=20\sqrt{2}\sin(100\pi t+\pi/2)$V　　D. $20\sin(100\pi t+\pi/2)$

8. 加在 10Ω 线电容上电压为 $u=100\sin(\omega t-60°)$V，则通过它的电流瞬时值为（　　）。

A. $i=100\sin(\omega t-30°)$A　　B. $i=5\sqrt{2}\sin(\omega t+30°)$A

C. $i=100\sin(\omega t-60°)$A　　D. $i=100\sin(\omega t+30°)$A

9. 图 5.52 所示电路，已知网络 N 的 $u=10\sqrt{2}\sin(\omega t-45°)$V，$i=2\sqrt{2}\sin(\omega t+15°)$A，则平均功率 $P=$（　　）W。

A. 10　　B. 12　　C. 16　　D. 20

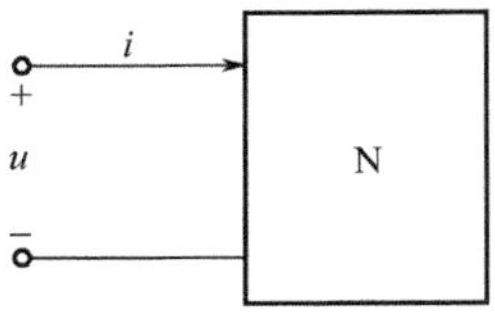

图 5.52　电路图

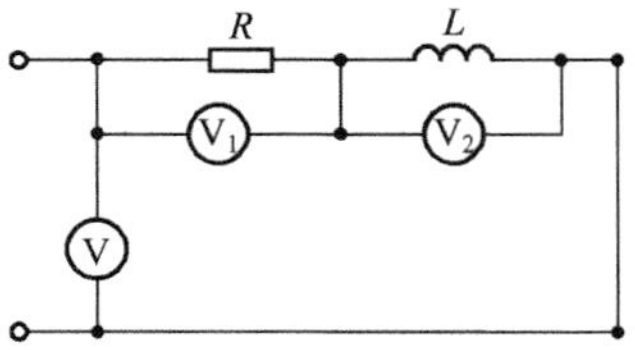

图 5.53　电路图

10. 电路如图 5.53 所示，交流电压表的读数分别是 V 为 10V，V_1 为 8V，则 V_2 的读数是（　　）。

A. 6V　　B. 2V　　C. 10V　　D. 4V

三、判断题（每题 2 分，共 10 分）

1. 纯电容电路中，若 $u=100\sqrt{2}\cos(100\pi t-30°)$V，且 $X_C=10\Omega$，则 $i=10\sqrt{2}\sin(100\pi t-60°)$A。（　　）

2. 纯电感电路中，$I=U/X_L$。（　　）

3. 在纯电容交流电路中，电流永远超前电压 90°（　　）

4. 在纯电感电路中，电感的瞬时功率变化的频率与电源的频率相同。（　　）

5. 在纯电容电路中，电路的无功功率就是瞬时功率的平均值。（　　）

6. 计算纯电感电路的无功功率可用的公式为 $Q_L=U_L\omega L$。（　　）

7. 正弦量的大小和方向都随时间不断变化，因此无法选择参考方向。（　　）

8. 处在正弦交流电路中的负载，若电感占的比重越大，其功率因数就越高。（　　）

9. 在 RLC 串联交流电路中，各元件上电压总是小于总电压。（　　）

10. 串联谐振会产生过电压，不会产生过电流。（　　）

四、计算题（共 4 题，共 50 分）

1. 在 RLC 串联电路中，已知端口电压为 10V，电流为 4A，$U_R=8$V，$U_L=12$V，$\omega=10$rad/s，求电容电压及 R、C。（本题 10 分）

2. 图 5.54 所示电路中，已知 $X_L=30\Omega$，$X_C=40\Omega$，接至 220V 的电源上。试求电路电流及总的有功功率、无功功率。（本题 15 分）

3. 在 RLC 串联电路中，$R=50\Omega$，$X_L=90\Omega$，$X_C=40\Omega$，电源电压 $u=220\sqrt{2}\sin(\omega t+$

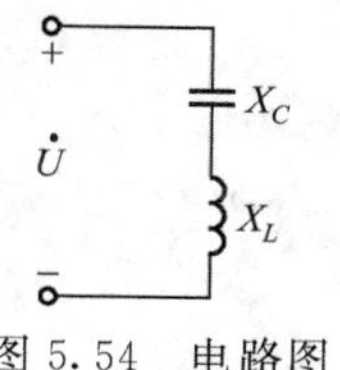

图 5.54 电路图

20°)V，电源频率 $f=50\text{Hz}$。(本题 15 分)

(1) 求 Z；

(2) 求电流 I 并写出瞬时值 i 的表达式；

(3) 求各部分电压有效值并写出其瞬时值表达式；

(4) 画出相量图；

(5) 求有功功率 P 和无功功率 Q。

4.已知一感性负载的额定电压为工频 220V，电流为 30A，$\cos\phi=0.5$，欲把功率因数提高到 0.9，应并多大的电容器？(本题 10 分)

第6单元 UNIT 6 三相电路的分析

模块21　三相电路

知识回顾

一、对称三相电源的概念

三相电压源的电动势幅值相等、频率相同、相位互差120°电角度，相当于三个独立的交流电压源，这样的电压源称为对称三相电源。

（1）瞬时值表达式分别为（以 u_A 为参考正弦量）：

$$\left.\begin{aligned}u_A&=U_m\sin\omega t\\u_B&=U_m\sin(\omega t-120^\circ)\\u_C&=U_m\sin(\omega t-240^\circ)=U_m\sin(\omega t+120^\circ)\end{aligned}\right\}$$

（2）相量表达式分别为（U_P 指相电压）：

$$\left.\begin{aligned}\dot{U}_A&=U_P\angle 0^\circ\\\dot{U}_B&=U_P\angle -120^\circ\\\dot{U}_C&=U_P\angle 120^\circ\end{aligned}\right\}$$

（3）波形图和向量图如图6.1(a) 和(b) 所示：

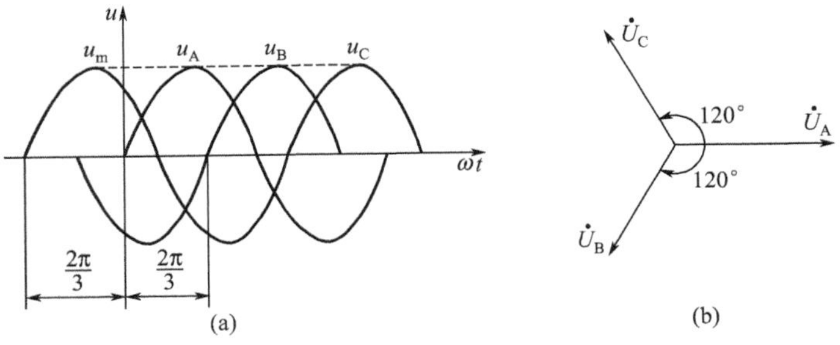

图6.1　对称三相电源的电压波形图和相量图

（4）对称三相电源电压的特点：对称三相电源的电压瞬时值的和为零，即：

$$u_A+u_B+u_C=0$$

或

$$\dot{U}_A+\dot{U}_B+\dot{U}_C=0$$

二、三相电压相序的概念

通常把三相电源的三个相电压到达同一值（最大值或最小值）的先后次序称为三相电压

的相序，相序就是相位的顺序。

（1）正序：按照 A→B→C 次序循环下去的相序称为顺序或者正序。

（2）负序：与正序相反，如 B 相超前 A 相 120°，C 相超前 B 相 120°，按照 A→C→B 次序循环下去，这种相序称为逆序或者负序。

如未说明相序，则默认相序为正序。

三、三相电路的概念

由三相电源和三相负载连接起来组成的系统。

1. 三相电源连接方式

三相电源连接方式有星形（Y）连接和三角形（△）连接两种。

（1）星形（Y）连接　如图 6.2(a) 所示，把三相电源的负极接在一起，形成一个中性点 N，从三个正极端子引出三条导线，这就是三相电源的星形连接方式。按照星形方式连接的电源简称星形或 Y 形电源。从中点引出的导线称为中线，从端点 A、B、C 引出的三根导线称为端线或火线。

（2）三角形（△）连接　如图 6.2(b) 所示，将三相电源中的三相绕组依次首末相接，构成一个回路，从三个连接点引出三根端线，这种连接方式称为三角形（△）连接。

（3）线电压的概念　端线之间的电压称为线电压。分别用 $\dot{U}_{AB}$、$\dot{U}_{BC}$、$\dot{U}_{CA}$ 表示。

（4）相电压的概念　每一相电源的电压（端线与中线之间的电压）称为相电压。分别用 $\dot{U}_A$、$\dot{U}_B$、$\dot{U}_C$ 表示。

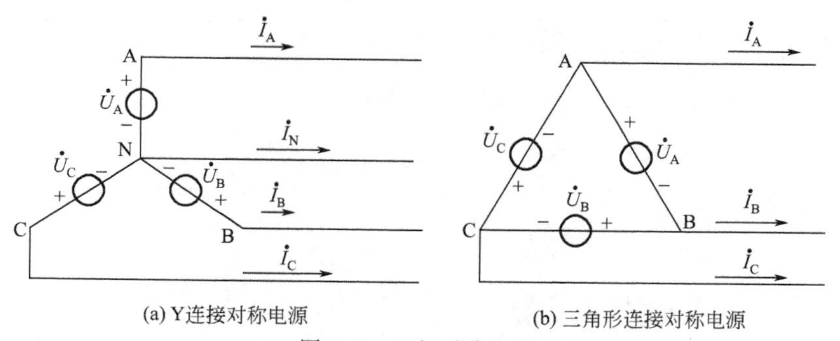

(a) Y连接对称电源　(b) 三角形连接对称电源

图 6.2　三相对称电源

（5）三角形电源在连接正确的情况下，回路中总电压的瞬时值等于三个电压源电压的瞬时值或相量之和，即 $\dot{U}_A+\dot{U}_B+\dot{U}_C=0$。

所以能保证在没有输出的情况下，电源内部没有环形电流；如若接错，将可能形成很大的环形电流。

2. 三相负载的连接方式

与三相电源的连接方式相同，有星形（Y）连接和三角形（△）连接两种。如图 6.3(a) 和(b) 所示。如果三相负载的复阻抗都相等，即 $Z_A=Z_B=Z_C$，则称为对称负载，否则为不对称负载。

（1）线电流的概念：端线（火线）中的电流称为线电流。分别用 $\dot{I}_A$、$\dot{I}_B$、$\dot{I}_C$ 表示。

（2）相电流的概念：各相负载中的电流称为相电流。Y 连接对称负载中相电流用 $\dot{I}_a$、$\dot{I}_b$、$\dot{I}_c$ 表示。△连接对称负载中相电流用 $\dot{I}_{ab}$、$\dot{I}_{bc}$、$\dot{I}_{ca}$ 表示。

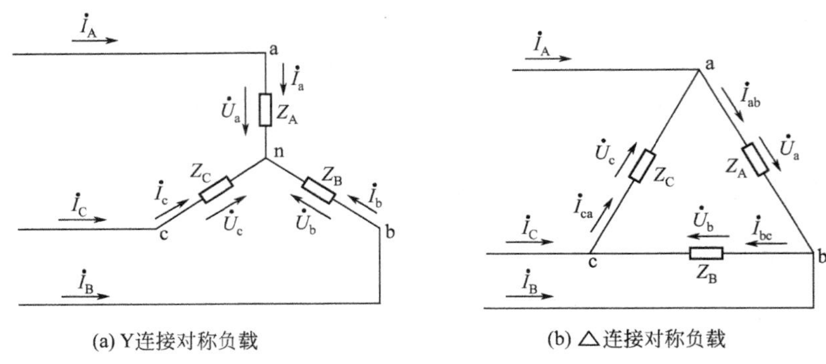

(a) Y连接对称负载　　(b) △连接对称负载

图 6.3　三相对称负载

3. 三相电路的连接形式

由于三相电源有星形连接与三角形连接两种，而三相负载也有星形连接与三角形连接两种，所以三相电路共五种连接形式：即有 Y-Y 连接，Y_0-Y_0 连接，Y-△连接，△-Y 连接，△-△连接，其中 Y_0-Y_0 连接为三相四线制，N-n 称为中线。如图 6.4(a)～(e) 所示：

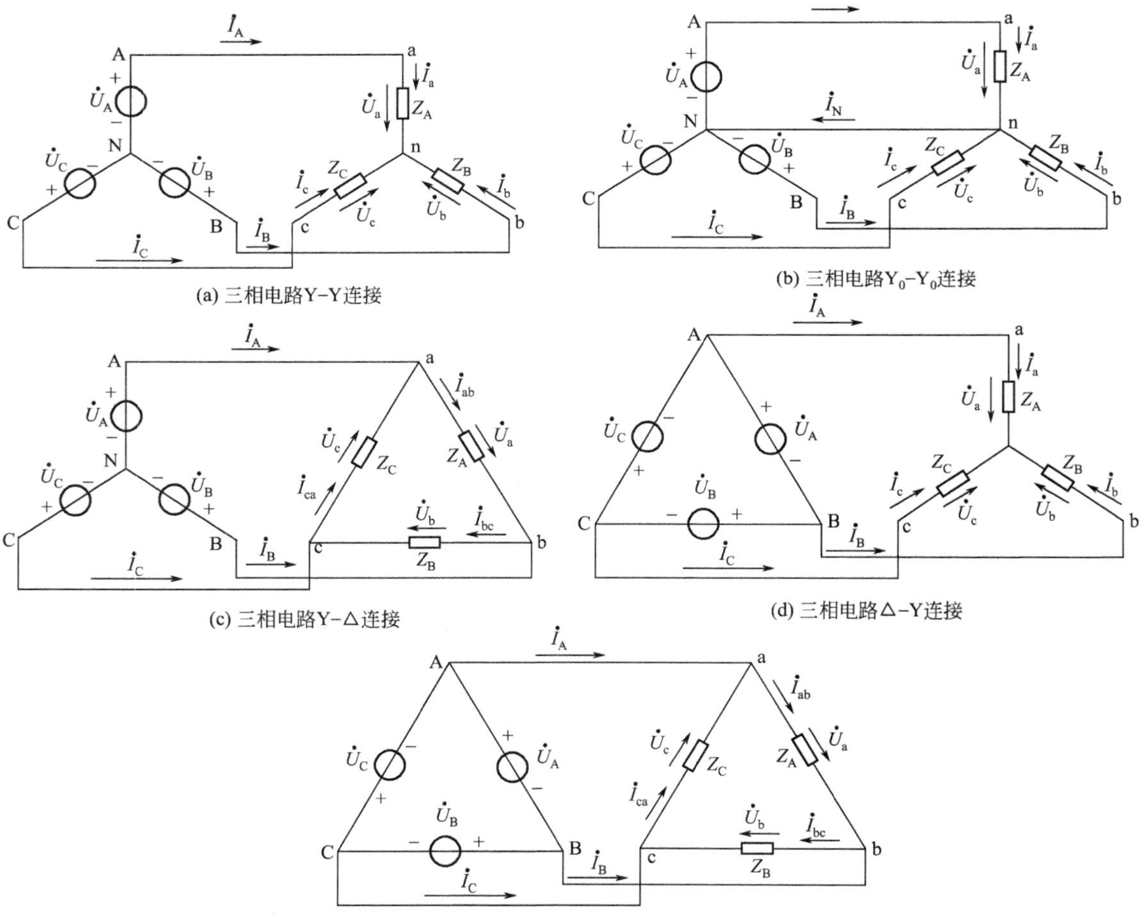

(a) 三相电路Y-Y连接

(b) 三相电路Y_0-Y_0连接

(c) 三相电路Y-△连接

(d) 三相电路△-Y连接

(e) 三相电路△－△连接

图 6.4　三相电路的连接形式

四、线电压（电流）与相电压（电流）的关系

研究线电压（电流）与相电压（电流）的关系，其前提是电源为三相对称电源（三相电路中，一般电源均为对称），负载为对称负载。

1. 星形连接对称负载

（1）线电压与相电压关系：大小关系为线电压是相电压的$\sqrt{3}$倍，相位关系为线电压超前对应的相电压30°。即：

$$\left.\begin{aligned}\dot{U}_{AB}&=\dot{U}_A-\dot{U}_B=\sqrt{3}\dot{U}_A\angle 30^\circ\\ \dot{U}_{BC}&=\dot{U}_B-\dot{U}_C=\sqrt{3}\dot{U}_B\angle 30^\circ\\ \dot{U}_{CA}&=\dot{U}_C-\dot{U}_A=\sqrt{3}\dot{U}_C\angle 30^\circ\end{aligned}\right\}$$

（2）线电流与相电流关系：线电流等于对应的相电流，即：

$$\dot{I}_A=\dot{I}_a,\ \dot{I}_B=\dot{I}_b,\ \dot{I}_C=\dot{I}_c$$

2. 三角形连接对称负载

（1）线电压与相电压关系：线电压等于对应的相电压，即：

$$\dot{U}_A=\dot{U}_{AB}$$
$$\dot{U}_B=\dot{U}_{BC}$$
$$\dot{U}_C=\dot{U}_{CA}$$

（2）线电流与相电流关系：大小关系为线电流是相电流的$\sqrt{3}$倍，相位关系为线电流滞后对应的相电流30°。即：

$$\dot{I}_A=\dot{I}_{ab}-\dot{I}_{ca}=\sqrt{3}\dot{I}_{ab}\angle-30^\circ$$
$$\dot{I}_B=\dot{I}_{bc}-\dot{I}_{ab}=\sqrt{3}\dot{I}_{bc}\angle-30^\circ$$
$$\dot{I}_C=\dot{I}_{ca}-\dot{I}_{bc}=\sqrt{3}\dot{I}_{ca}\angle-30^\circ$$

典型例题

【例1】 在对称三相电源中，已知$u_A=\sqrt{2}\times 220\sin(\omega t+60^\circ)\text{V}$，试求（1）$u_B$、$u_C$的瞬时值表达式；（2）$\dot{E}_A$、$\dot{E}_B$、$\dot{E}_C$的相量表达式；（3）作$\dot{E}_A$、$\dot{E}_B$、$\dot{E}_C$的相量图。

解：（1）根据对称关系：$u_B=\sqrt{2}\times 220\sin(\omega t-60^\circ)\text{V}$

$$u_C=\sqrt{2}\times 220\sin(\omega t+180^\circ)\text{V}$$

（2）由解析式可写成相量表达式：$\dot{E}_A=220\angle 60^\circ\text{V}$

$$\dot{E}_B=220\angle-60^\circ\text{V}$$
$$\dot{E}_C=220\angle 180^\circ\text{V}$$

（3）由相量表达式画相量图：

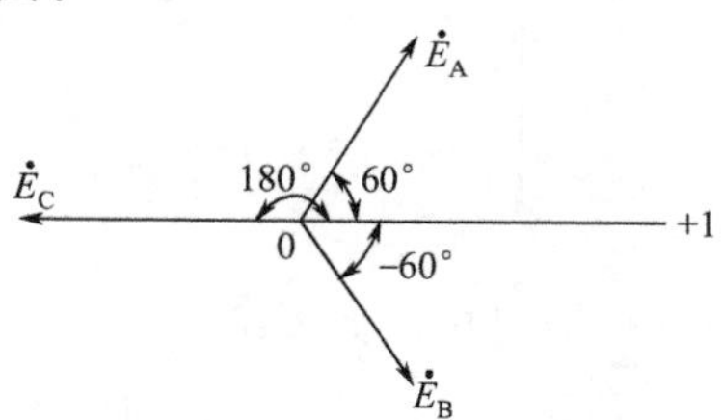

【例 2】 在 Y 连接的对称三相电源中，已知线电压 $u_{AB}=380\sqrt{2}\sin(\omega t+30°)$V，试求：(1) 相电压 $\dot{U}_A$、$\dot{U}_B$、$\dot{U}_C$ 的相量表达式；(2) 并作 $\dot{U}_A$、$\dot{U}_B$、$\dot{U}_C$ 的相量图。

解：(1) 已知 $u_{AB}=380\sqrt{2}\sin(\omega t+30°)$ V，可得 $\dot{U}_{AB}=380\angle 30°$V

根据 Y 连接相电压与线电压的关系 $\dot{U}_{AB}=\sqrt{3}\dot{U}_A\angle 30°$可得：$\dot{U}_A=220\angle 0°$V

再根据对称关系可得：

$$\dot{U}_B=220\angle -120°\text{V}$$

$$\dot{U}_C=220\angle 120°\text{V}$$

(2) 根据相量表达式画相量图：

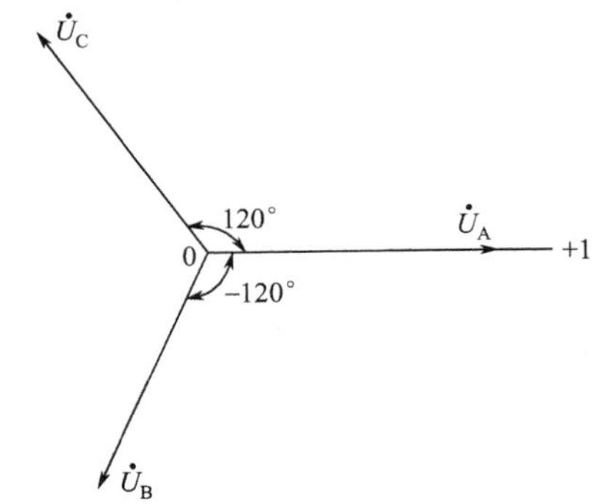

【例 3】 在△连接对称负载中，已知线电流 $i_A=10\sqrt{2}\sin\omega t$A，试求：(1) 相电流 $\dot{I}_{ab}$、$\dot{I}_{bc}$、$\dot{I}_{ca}$ 的相量表达式；(2) 作 $\dot{I}_{ab}$、$\dot{I}_{bc}$、$\dot{I}_{ca}$ 的相量图。

解：(1) 已知 $i_A=10\sqrt{2}\sin\omega t$ A，可得 $\dot{I}_A=10\angle 0°$A。

根据△连接相电流与线电流的关系 $\dot{I}_A=\sqrt{3}\dot{I}_{ab}\angle -30°$可得：$\dot{I}_{ab}=\dfrac{10\angle 0°}{\sqrt{3}\angle -30°}=5.77\angle 30°$ A

再根据对称关系可得：

$$\dot{I}_{bc}=5.77\angle -90°\text{A}$$

$$\dot{I}_{ca}=5.77\angle 150°\text{A}$$

(2) 根据相量表达式画相量图：

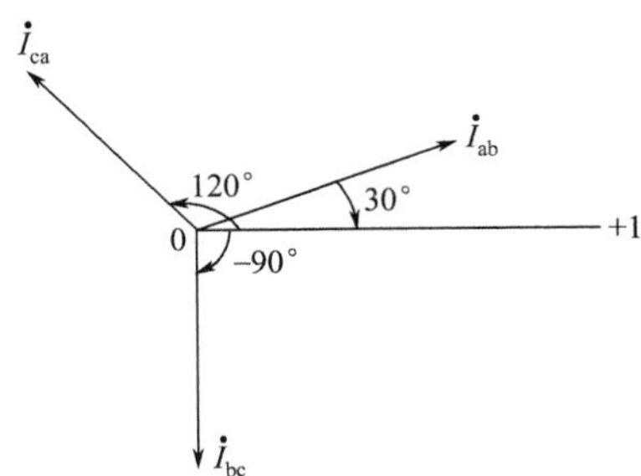

【例 4】 若把三相发电机的三相绕组接成如图 6.5 所示电路，并在 AZ 两端接入一交流电压表，问表的读数是多少？为什么？

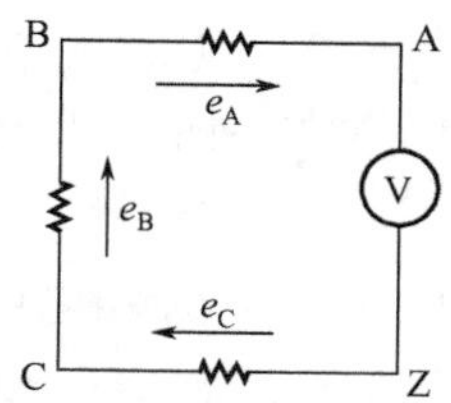

图 6.5 三相发电机绕组接线图

解： 因为三相发电机的三相绕组是对称的，因此产生的三相电势也是对称的，又因为接成闭合回路，则：$\dot{E}_A+\dot{E}_B+\dot{E}_C=0$，因此电压表读数为 0。

【例 5】 三相高压输电线路的线电压为 220kV，接在该线路上的三相变压器绕组接成三角形时，每相绕组承受的电压是多少？若将变压器的绕组改为星形接法，每相绕组承受的电压又是多少？

解： 根据 Y 连接和△连接中相电压与线电压的关系可得：

(1) 三相变压器绕组接成三角形时，相电压等于线电压，所以每相绕组承受的电压是 220kV。

(2) 三相变压器绕组接成星形时，线电压的大小等于相电压的$\sqrt{3}$倍，所以每相绕组承受的电压是 127kV。

模块习题

1. 三个电动势的________相等，________相同，________互差 120°，就称为对称三相电动势。

2. 对称三相正弦量（包括对称三相电动势，对称三相电压、对称三相电流）的瞬时值之和等于________。

3. 三相电压到达振幅值（或零值）的先后次序称为________。

4. 三相电路中，对称三相电源一般连接成星形或________两种特定的方式。

5. 在三相电源中，流过端线的电流称为________，流过电源每相的电流称为________。

6. 有一台三相发电机，其三相绕组接成星形时，测得各线电压均为 380V，则当其改接成三角形时，各线电压的值为________。

7. 一台三相电动机，每组绕组的额定电压为 220V，对称三相电源的线电压 $U_L=380$V，则三相绕组应采用（　　）。

A. 三角形连接　　B. 星形连接

C. a、b 均可　　D. 不确定

8. 一台三相电动机，每组绕组的额定电压为 380V，对称三相电源的线电压 $U_L=380$V，则三相绕组应采用（　　）。

A. 星形连接，不接中性线　　B. 星形连接，并接中性线

C. a、b 均可　　D. 三角形连接

9. 一台电动机，每相绕组额定电压为 380V，对称三相电源的线电压 $U_L=380$V，则三相绕组应采用（　　）。

A. 星形连接不接中性线　　B. 星形连接并接中性线

C. a、b 均可　　D. 三角形连接

10. 三相对称电源按三角形连接时，封口前要先用电压表测试。若连接正确，测得的电压值为（　　）。

A. 相电压的 3 倍　　B. 相电压的 2 倍　　C. 相电压的$\sqrt{3}$倍　　D. 零

11. 若已知对称三相交流电源 A 相电压为 $u_A=220\sqrt{2}\sin(\omega t+30°)$V，根据习惯相序写出其他两相的电压的瞬时值表达式及三相电源电压的相量式，并画出相量图。

12. 某三相交流发电机频率 $f=50$Hz，相电动势有效值 $E=220$V，求瞬时值表达式及相量表达式。

13. 在对称三相电源中，已知 $\dot{U}_A=U\angle 60°$V，试求：（1）$\dot{U}_B$、$\dot{U}_C$ 的相量表达式；（2）u_A、u_B、u_C 的解析式；（3）作 $\dot{U}_A$、$\dot{U}_B$、$\dot{U}_C$ 的相量图。

模块 22　对称三相电路的分析

知识回顾

一、对称三相电路的概念

由对称三相电源与对称三相负载所组成的三相电路称为对称三相电路。本模块只研究几种典型结构的对称三相电路，即：Y-Y 连接，Y_0-Y_0 连接，Y-△连接三种典型三相对称电路。

二、对称三相电路的特点

各相的相电流和相电压是对称的。

三、Y-Y 连接和 Y_0-Y_0 连接的对称三相电路特点

（1）中线不起作用。因为在对称电路中，中性点电压 $\dot{U}_{Nn}=0$，$\dot{I}_N=0$，即不管中线阻抗的大小或中线是否存在，对电路都没有影响，因此 Y-Y 连接和 Y_0-Y_0 连接的对称三相电路具有相同特点。

（2）各相负载的电流、电压都是和电源同相序的对称正弦量。因此，只要计算出某一相的电流电压后，其他两相的电流、电压可根据对称关系直接写出。

（3）对称三相电路可归结为一相的计算。由于电源中性点和负载中性点是等电位点，各相电流只决定于各相电压和阻抗，与其他两相无关，具有“独立性”，所以，对称三相电路可归结为一相的计算。

四、Y-△连接的对称三相电路特点

① 相电压、线电压，相电流、线电流均对称。

② 每相负载上的线电压等于相电压，负载上的相电压等于电源的线电压。

③ 线电流的有效值等于相电流有效值的$\sqrt{3}$倍。即 $I_L=\sqrt{3}I_P$，且线电流滞后相应的相

电流 30°。

五、对称三相电路的一般计算方法

（1）求电源相电压：由于本节涉及的几种典型连接，其电源均为星形连接，因此若已知对称三相电源线电压 $\dot{U}_{AB}$、$\dot{U}_{BC}$、$\dot{U}_{CA}$，根据对称情况下的相电压与线电压的关系，即$U_P=\frac{U_L}{\sqrt{3}}$，求出电源相电压 $\dot{U}_A$、$\dot{U}_B$、$\dot{U}_C$（电源为三角形连接的情况下，相电压和线电压是相等的）。

（2）求负载相电压：

① 如果负载是星形连接，即 Y-Y 连接，Y_0-Y_0 连接三相对称电路，则负载相电压等于对应电源相电压，即：$\dot{U}_a=\dot{U}_A$，$\dot{U}_b=\dot{U}_B$，$\dot{U}_c=\dot{U}_C$。

② 如果负载是三角形连接，即 Y-△连接三相对称电路，则负载相电压等于对应电源线电压，即：$\dot{U}_a=\dot{U}_{AB}$，$\dot{U}_b=\dot{U}_{BC}$，$\dot{U}_c=\dot{U}_{CA}$。

（3）求负载相电流：无论负载是 Y 还是△连接的三相对称电路，只要求出了负载相电压，则负载相电流$I_{P(负载)}=\frac{U_{P(负载)}}{Z}$，即：

① Y-Y 连接、Y_0-Y_0 连接三相对称电路：$\dot{I}_a=\frac{\dot{U}_a}{Z_A}$，$\dot{I}_b=\frac{\dot{U}_b}{Z_B}$，$\dot{I}_c=\frac{\dot{U}_c}{Z_C}$。

② Y-△连接三相对称电路：$\dot{I}_{ab}=\frac{\dot{U}_a}{Z_A}$，$\dot{I}_{bc}=\frac{\dot{U}_b}{Z_B}$，$\dot{I}_{ca}=\frac{\dot{U}_c}{Z_C}$。

（4）求负载线电流：根据 Y 和△两种连接方式中线电流和相电流的关系：

① Y-Y 连接，Y_0-Y_0 连接三相对称电路中，线电流等于对应相电流：

$$\dot{I}_A=\dot{I}_a,\ \dot{I}_B=\dot{I}_b,\ \dot{I}_C=\dot{I}_c$$

② Y-△连接三相对称电路中，线电流等于对应相电流的$\sqrt{3}$倍，线电流滞后对应相电流 30°：$\dot{I}_A=\sqrt{3}\dot{I}_{ab}\angle-30°$，$\dot{I}_B=\sqrt{3}\dot{I}_{bc}\angle-30°$，$\dot{I}_C=\sqrt{3}\dot{I}_{ca}\angle-30°$。

典型例题

【例 1】 负载为星形连接的对称三相交流电路，已知 $\dot{U}_{AB}=380\angle30°V$，负载阻抗 $Z_A=Z_B=Z_C=12+3j\,\Omega$，求负载各相的相电压、相电流和线电流。

解：（1）根据已知电源线电压，求电源 A 相相电压：

已知 $\dot{U}_{AB}=380\angle30°V$，根据 $\dot{U}_{AB}=\sqrt{3}\dot{U}_A\angle30°V$，则 $\dot{U}_A=220\angle0°\ V$。

（2）求负载相电压

因为负载是 Y 连接，则负载相电压等于对应电源相电压，即：

$$\dot{U}_a=\dot{U}_A=220\angle0°V$$

根据对称关系，则：$\dot{U}_b=220\angle-120°V$，$\dot{U}_c=220\angle120°V$。

（3）求负载相电流：$Z_A=Z_B=Z_C=12+3j=12.37\angle14°\Omega$

则：
$$\dot{I}_a=\frac{\dot{U}_a}{Z_A}=\frac{220\angle0°}{12.37\angle14°}=17.78\angle-14°A$$

根据对称关系： $\dot{I}_b=17.78\angle-134°$ A， $\dot{I}_c=17.78\angle106°$ A

（4）求负载线电流：因为负载是Y连接，则线电流等于对应相电流，

即：

$$\dot{I}_A=\dot{I}_a=17.78\angle-14°\text{A}$$

$$\dot{I}_B=\dot{I}_b=17.78\angle-134°\text{A}$$

$$\dot{I}_C=\dot{I}_c=17.78\angle106°$$

【例2】 负载为三角形连接的Y-△对称三相交流电路，已知 $\dot{U}_A=220\angle60°$V，负载阻抗 $Z_A=Z_B=Z_C=3+4j\,\Omega$，求负载各相的相电压、相电流和线电流。

解：（1）根据已知电源相电压，求电源线电压：

已知 $\dot{U}_A=220\angle60°$V，根据 $\dot{U}_{AB}=\sqrt{3}\dot{U}_A\angle30°$ 得 $\dot{U}_{AB}=380\angle90°$V

（2）求负载相电压：因为负载是△连接，则负载相电压等于对应电源线电压，即：

$$\dot{U}_a=\dot{U}_{AB}=380\angle90°\text{V}$$

根据对称关系，则：

$$\dot{U}_b=380\angle-30°\text{V},\ \dot{U}_c=380\angle210°\text{V}=380\angle-150°\text{V}$$

（3）求负载相电流：$Z_A=Z_B=Z_C=3+4j=5\angle53.13°\Omega$

则：

$$\dot{I}_{ab}=\frac{\dot{I}_a}{Z_A}=\frac{380\angle90°}{5\angle53.13°}=76\angle36.87°\text{A}$$

根据对称关系：

$$\dot{I}_{bc}=76\angle-83.13°\text{A}$$

$$\dot{I}_{ca}=17.78\angle156.87°\text{A}$$

（4）求负载线电流：因为负载是△连接，根据线电流和相电流的关系，即：

$$\dot{I}_A=\sqrt{3}\dot{I}_{ab}\angle-30°=76\sqrt{3}\angle(36.87°-30°)=131.64\angle6.87°\text{A}$$

$$\dot{I}_B=\sqrt{3}\dot{I}_{bc}\angle-30°=131.64\angle-113.13°\text{A}$$

$$\dot{I}_C=\sqrt{3}\dot{I}_{ca}\angle-30°=131.64\angle126.87°\text{A}$$

【例3】 图6.6(a)所示电路中，已知一组Y连接对称负载，接在线电压为380V的对称三相电源上，每根端线阻抗 $Z_1=1+2j\,\Omega$，每相负载的复阻抗 $Z=11+14j\,\Omega$，求各负载的相电压和相电流。

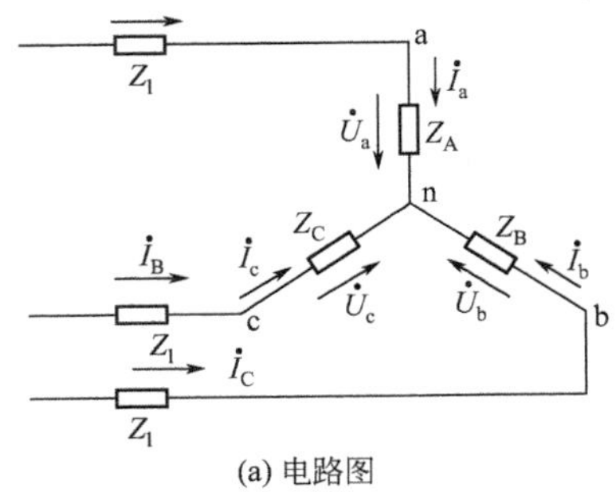

(a) 电路图

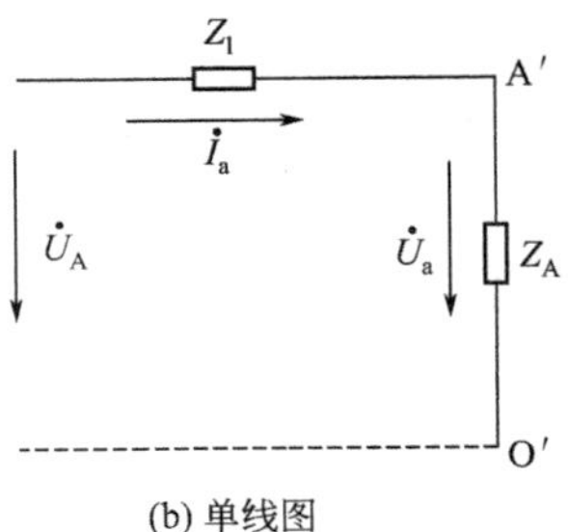

(b) 单线图

图6.6 例3图

解：(1) 已知电源线电压，求电源相电压：将电源默认为星形连接，则

$$U_P=\frac{U_L}{\sqrt{3}}=\frac{380}{\sqrt{3}}=220\text{V}$$

设：$\dot{U}_A=220\angle 0°\text{V}$（当已知条件中只告诉了电压有效值时，可以根据已知的有效值任意假设，一般为计算方便假设 A 相的相电压 $\dot{U}_A$ 或是线电压 $\dot{U}_{AB}$ 的初相位为 0°）

(2) 求负载相电流：可以将其中的 A 相单独提出来，作单线图如图 6.6(b) 所示，则 A 相负载电流为：$\dot{I}_a=\frac{\dot{U}_A}{Z_1+Z_A}=\frac{220\angle 0°}{1+2j+11+14j}=11\angle -53.1°\text{A}$

根据对称条件推出其他两相电流为：$\dot{I}_b=11\angle -173.1°\text{A}$

$$\dot{I}_c=11\angle 66.9°\text{A}$$

(3) 求负载相电压：负载电阻 $Z=11+14j=17.8\angle 51.8°\Omega$

则：
$$\dot{U}_a=\dot{I}_aZ=11\angle -53.1°\times 17.8\angle 51.8°=195.8\angle -1.3°\text{V}$$

$$\dot{U}_b=195.8\angle -121.3°\text{V}$$

$$\dot{U}_c=195.8\angle 118.7°\text{V}$$

模块习题

1. 三相电路中若电源对称，负载也对称，则称为________电路。

2. 在三相交流电路中，负载的连接方法有________和________两种。

3. 三相负载接在三相电源中，若各相负载的额定电压等于电源的线电压，应做________连接。

4. 在三相对称电路系统中，线电压超前相电压 30°的是________连接，相电流超前线电流 30°的是________连接。

5. 三角形连接的对称三相电路中，负载线电压有效值和相电压有效值的关系是________，线电流有效值和相电流有效值的关系是________，线电流的相位滞后相电流________度。

6. 三相电动机接在三相电源中，若其额定电压等于电源的线电压，应作________连接；若其额定电压等于电源线电压的$\frac{1}{\sqrt{3}}$，应作________连接。

7. 如图 6.7 所示，三相对称电路，已知伏特表 V_1 读数为 380V，则伏特表 V_2 的读数为________V。

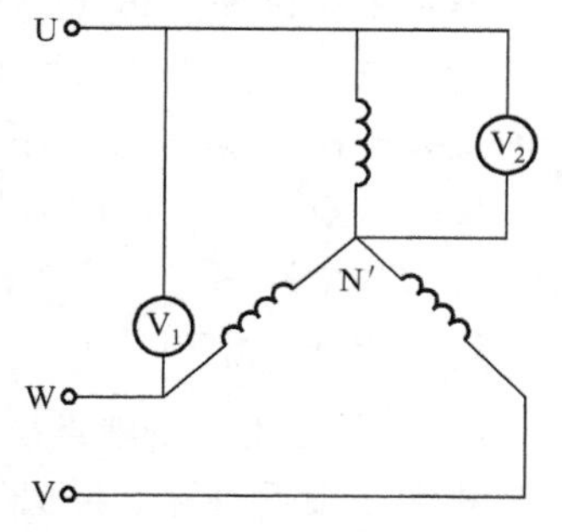

图 6.7 习题 7 图

8. 对称三相电路，负载星形连接，负载各相复阻抗 $Z=(20+j15)\Omega$，输电线和中性线阻抗忽略不计，电源线电压 $u_{U_V}=380\sqrt{2}\sin(314t)\text{V}$，求负载各相的相电压及线电流。

9. 一对称三相电路如图 6.8 所示。对称三相电源线电压是 380V，星形连接的对称负载每相阻抗 $Z_1=30\angle 30°\Omega$，三角形连接的对称三相负载每相阻抗 $Z_2=60\angle 60°\Omega$，求各电压表和电流表的读数（有效值）。

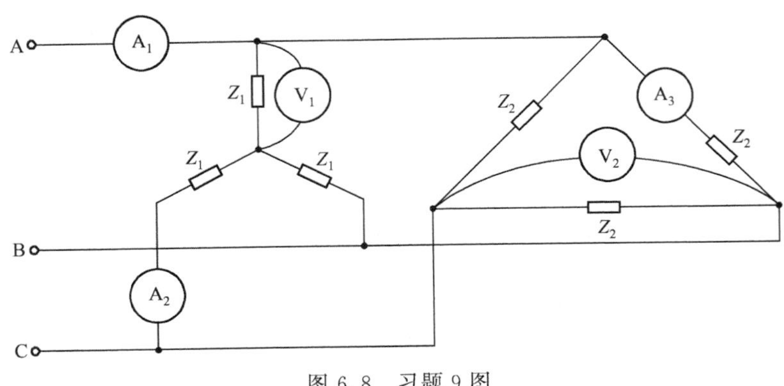

图 6.8 习题 9 图

10. 有一 Y-Y 连接的对称三相交流电路，已知电源线电压为 380V，负载阻抗 $Z=60+80j\Omega$，忽略输电线路和中线的阻抗，试求：(1) 负载作星形连接时，负载的相电压、相电流；(2) 负载作三角形连接时，负载的相电流和相电压。

11. 一台三相感应电动机，每相复阻抗 $Z=8+6j\Omega$，每相额定电压为 220V，接在线电压为 380V 的三相电源上，问应如何接法？求负载相电压和线电流。

12. 对称三相电源线电压 $u_{AB}=380\sqrt{2}\sin(\omega t+30°)$V，接星形连接的三相对称负载，其每相阻抗 $Z=11+j14\Omega$，端线阻抗 $Z_1=(0.2+j0.1)\Omega$，中线阻抗 $Z_N=0.2+j0.1\Omega$。试求负载相电流及相电压，并画出相量图。

※模块 23 不对称三相电路的计算

知识回顾

一、不对称三相电路的概念

当电源三相电势或电压不对称，或者负载各相复阻抗不相等时，各相电流一般也不对称，称这种电路为不对称三相电路。一般电源的三相电势是对称的。

本模块只讨论负载不对称时电路的计算方法。

二、中点位移及中线的作用

(1) 中点位移 由于三相负载不对称（即 $Z_A \neq Z_B \neq Z_C$），没有中线或中线阻抗较大时，就会产生中点电压（即 $U_{Nn}\neq 0$）。这表明负载中点电位与电源中点的电位不相等，在相量图上表现出 N 点与 n 点不再重合，这种现象叫做中点位移，如图 6.9 所示。

(2) 中点位移产生的后果 由于负载不对称，造成中点位移，会使各相负载电压不对称。有的高于额定电压，可能使设备损坏；有的低于额定电压，使设备不能正常工作。

(3) 中线的作用

① 为了防止产生中点位移现象，若使得中线阻抗 $Z_{Nn}\approx 0$，则 $\dot{U}_{Nn}\approx 0$，即可保证三相负载相电压接近对称，近似等于电源相电压，这就是中线的作用。（简单地概括即：在负载不对称时，中线可以迫使负载的相电压仍然保持对称，使得负载正常工作）

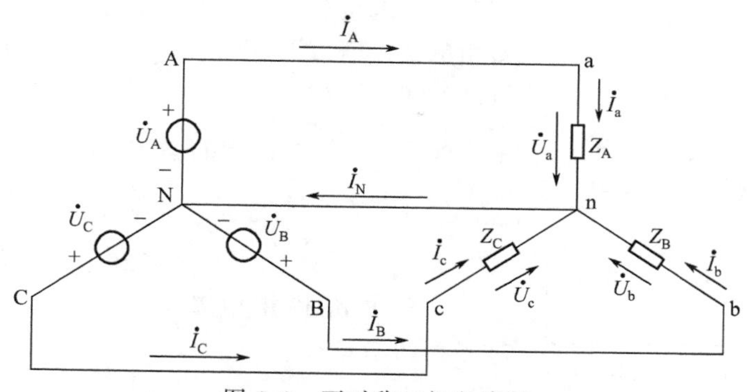

图 6.9 不对称三相电路图

② 为单相用电设备提供相电压。

③ 用来传导三相系统中的不平衡电流或单相电流。

为了防止中线断开，规程中规定在中线上不允许装设开关和保险丝，而且中线连接要可靠并具有一定的机械强度。

典型例题

【例 1】 如图 6.10 所示为 Y_0-Y_0 接线不对称三相电路。已知电源线电压为 380V，照明负载 $Z_A=5\Omega$，$Z_B=10\Omega$，$Z_C=20\Omega$，$Z_N=0\Omega$。试求各相负载电流及中线电流。

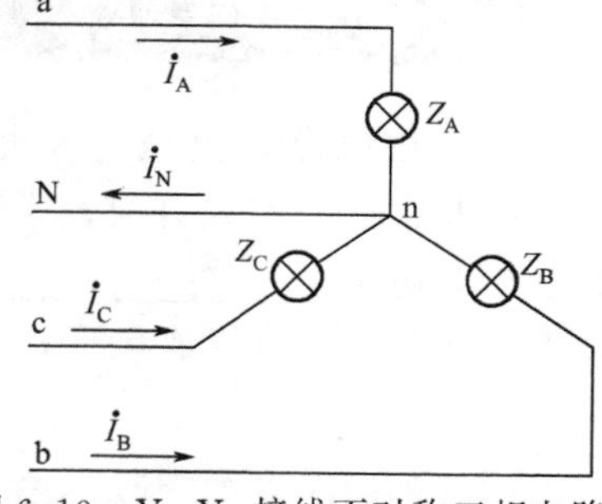

图 6.10 Y_0-Y_0 接线不对称三相电路图

解： 由于 $Z_N=0$，则 $\dot{U}_{Nn}\approx 0$，所以 $\dot{U}_a=\dot{U}_A$，$\dot{U}_b=\dot{U}_B$，$\dot{U}_c=\dot{U}_C$，且

$$U_P=\frac{U_L}{\sqrt{3}}=\frac{380}{\sqrt{3}}=220\text{V}$$

设 $\dot{U}_A=220\angle 0^\circ$ V，则 $\dot{U}_B=220\angle -120^\circ$ V，$\dot{U}_C=220\angle 120^\circ$ V。

根据欧姆定律，求得各相电流为 $\dot{I}_a=\dfrac{\dot{U}_a}{Z_A}=\dfrac{\dot{U}_A}{Z_A}=\dfrac{220\angle 0^\circ}{5}=44\angle 0^\circ\text{A}$

$$\dot{I}_b=\frac{\dot{U}_b}{Z_B}=\frac{\dot{U}_B}{Z_B}=\frac{220\angle -120^\circ}{10}=22\angle -120^\circ\text{A}$$

$$\dot{I}_c=\frac{\dot{U}_c}{Z_C}=\frac{\dot{U}_C}{Z_C}=\frac{220\angle 120^\circ}{20}=11\angle 120^\circ\text{A}$$

根据基尔霍夫第一定律，可得中线电流为：

$$\dot{I}_N=\dot{I}_A+\dot{I}_B+\dot{I}_C=\dot{I}_a+\dot{I}_b+\dot{I}_c=44\angle 0^\circ+22\angle -120^\circ+11\angle 120^\circ=29\angle -19.1^\circ\text{A}$$

【例 2】 如图 6.11 所示为 Y_0-Y_0 连接的三相电路。已知电源线电压为 380V，负载 $Z_A=Z_B=Z_C=(3+4j)\Omega$，当 A 相负载断开时，试求各相负载电流及中线电流。

解：（1）根据已知电源线电压 380V，则电源相电压为 220V。

设 $\dot{U}_A=220\angle 0^\circ$V，根据对称关系：$\dot{U}_B=220\angle -120^\circ$V，$\dot{U}_C=220\angle 120^\circ$V

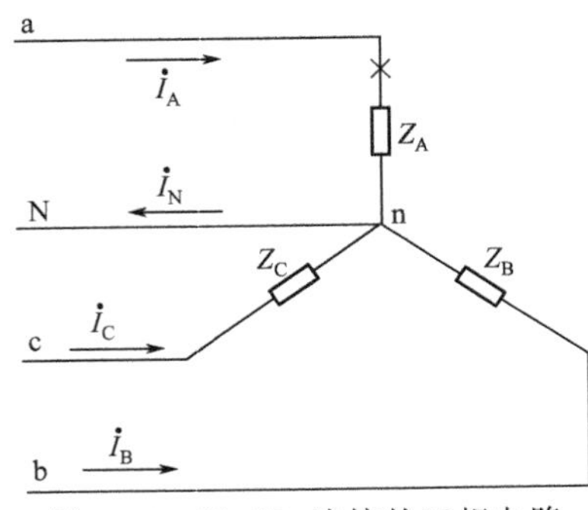

图 6.11 Y_0-Y_0 连接的三相电路

（2）求负载相电压：因为是 Y_0-Y_0 连接电路，虽然A相负载断开，形成不对称电路，但因中性线的存在，使得各相负载相电压保持对称，仍然等于对应电源相电压，即：

$$\dot{U}_a=\dot{U}_A=220\angle 0°\text{V}$$

$$\dot{U}_b=\dot{U}_B=220\angle -120°\text{V}$$

$$\dot{U}_c=\dot{U}_C=220\angle 120°\text{V}$$

（3）求负载相电流：$Z_A=Z_B=Z_C=3+4j=5\angle 53.13°\Omega$

因为A相负载断开，所以 $\dot{I}_a=0\text{A}$

根据对称关系：
$$\dot{I}_b=\frac{\dot{U}_b}{Z_B}=\frac{220\angle -120°}{5\angle 53.13°}=44\angle -173.13°\text{A}$$

$$\dot{I}_C=\frac{\dot{U}_b}{Z_C}=\frac{220\angle 120°}{5\angle 53.13°}=44\angle 66.87°\text{A}$$

（4）求中线电流：

$$\dot{I}_N=\dot{I}_A+\dot{I}_B+\dot{I}_C=\dot{I}_a+\dot{I}_b+\dot{I}_c=44\angle -173.13°+44\angle 66.87°$$
$$=-26.4+35.2j=44\angle -53.13°\text{A}$$

模块习题

1. 对称三相电路，负载为星形连接，测得各相电流均为5A，则中性线电流 $I_N=$________；当A相负载断开时，中性线电流 $I_N=$________。

2. 三相电路在________________情况下无中点位移。

3. 不对称三相负载接成星形，如果中性线上的复阻抗忽略不计，则中性点之间的电压 $\dot{U}_{nN}=$________V。

4. 三相电路如图6.12所示，若电源线电压为220V，则当A相负载短路时，电压表V的读数为________V；若正常时电流表A读数为10A，则当A相开路时，电流表A的读数为________A。

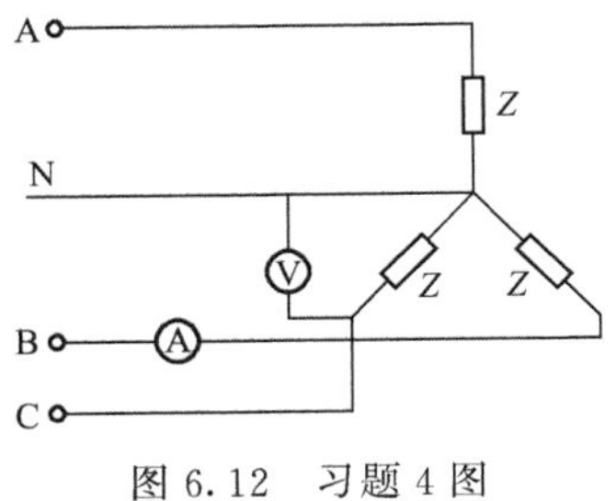

图 6.12 习题4图

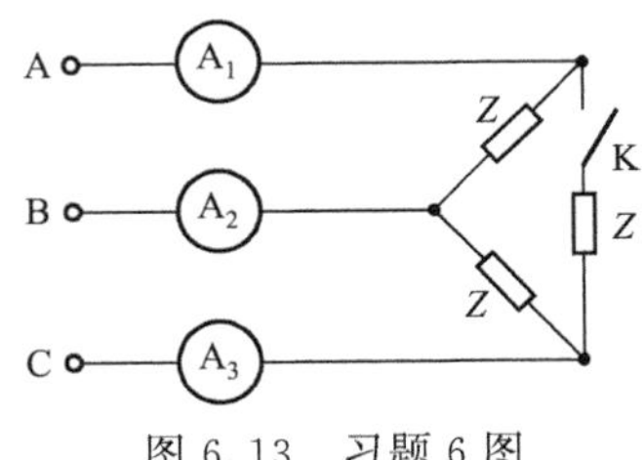

图 6.13 习题6图

5. 在六层楼房中单相照明电灯均接在三相四线制电路上，若每两层为一相，每相装有220V、40W的白炽灯30盏，线路阻抗忽略不计，对称三相电源的线电压为380V。

（1）当照明灯全部点亮时，试求相电压、相电流；

（2）当B相照明灯只有一半点亮，而A、C两相照明灯全部亮时，试求各相电压、相电流。

6. 对称三相电路如图 6.13 所示，三个电流表读数均为 5A。当开关 K 断开后，求各电流表读数。

7. 对称三相四线制供电线路上，每相负载连接相同的灯泡（正常发光）。当中性线断开后，又有一端线断路，而未断的其他两相的灯泡的亮度将会出现什么变化？

8. 对称三相四线制供电线路上，每相负载连接相同的灯泡（正常发光）。当中性线断开后，又有一端线短路，而未断的其他两相的灯泡的亮度将会出现什么变化？

9. 对称三相四线制供电线路上，每相负载连接相同的灯泡（正常发光）。当中性线断开时，灯泡的亮度将会出现什么变化？

10. 三相四线制电路中有一组电阻性三相负载，三相负载的电阻值分别为 $R_A=R_B=5\Omega$，$R_C=10\Omega$，三相电源对称，电源线电压 $U_L=380V$。设电源的内阻抗、线路阻抗、中性线阻抗均为零，试求：负载相电流及中性线电流。

模块 24 三相电路功率的计算

知识回顾

一、三相电路负载的功率

三相电路负载的功率有：有功功率、无功功率、视在功率、瞬时功率及功率因数。

1. 有功功率

在三相电路中，不论三相负载接法如何以及是否对称，其三相负载所吸收的总有功功率 P 应等于各相负载所吸收的有功功率之和。即：$P=P_A+P_B+P_C$。

2. 无功功率

在三相电路中，不论三相负载接法如何以及是否对称，其三相负载总的无功功率 Q 应等于各相负载无功功率之和。即：$Q=Q_A+Q_B+Q_C$。

3. 视在功率

三相负载总的视在功率 S 为：$S=\sqrt{P^2+Q^2}$。

4. 功率因数

三相电路的功率因数 $\lambda=\cos\varphi=\dfrac{P}{S}$。

二、对称三相电路的有功功率 P，无功功率 Q，视在功率 S

$$P=3P_A=3U_pI_p\cos\varphi=\sqrt{3}U_lI_l\cos\varphi$$

$$Q=3Q_A=3U_pI_p\sin\varphi=\sqrt{3}U_lI_l\sin\varphi$$

$$S=3U_pI_p=\sqrt{3}U_lI_l$$

$$\lambda=\frac{P}{S}=\cos\varphi$$

式中，U_l、I_l 是负载的线电压和线电流；U_p、I_p 是负载的相电压和相电流；φ 是每相负载的阻抗角，也是每相电压与电流的相位差。

注意：φ 不是线电压与线电流之间的相位差。

三、三相电路功率的测量

三相电路的功率测量有一功率表法、二功率表法及三功率表法，其中三相四线制电路中，负载对称时采用一功率表法，负载不对称时采用三功率表法；在三相三线制电路中，采用二功率表法。

1. 三相四线制电路

（1）一功率表法　在三相四线制电路中，负载对称时，只需测出一相负载的功率，乘以3即可得三相负载的功率。如图6.14(a)所示。

（2）三功率表法　在三相四线制电路中，负载不对称时，可以采用三功率表法测量三相负载的功率。因为有中线，可以方便地用功率表分别测量各相负载的功率，将测得的结果相加就可以得到三相负载的功率。如图6.14(b)所示。

2. 三相三线制电路

在三相三线制电路中，由于没有中线，直接测量各相负载的功率不方便，可以采用二功率表测量三相负载的功率。

二功率表法：所用的测量电路如图6.14(c)所示。这里两个功率表指示的功率之和等于三相负载的功率。需要指出：在用两个功率表测量三相负载功率时，每一个功率表指示的功率值没有确定的意义，而两个功率表指示的功率值之和恰好是三相负载吸收的总功率。

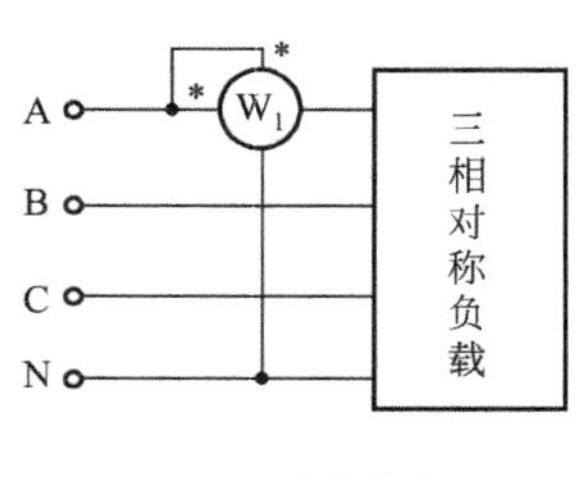

(a) 一功率表法

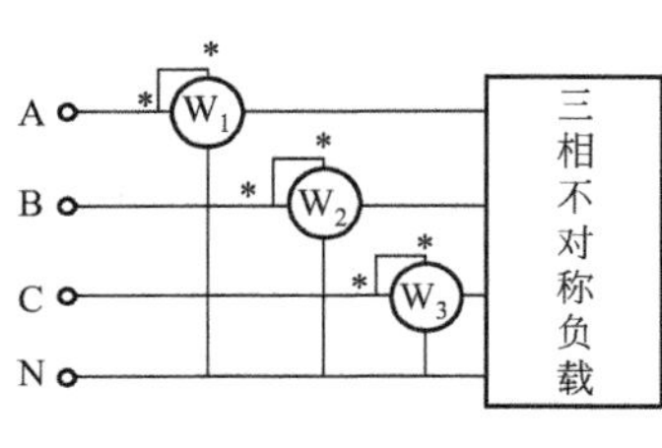

(b) 三功率表法

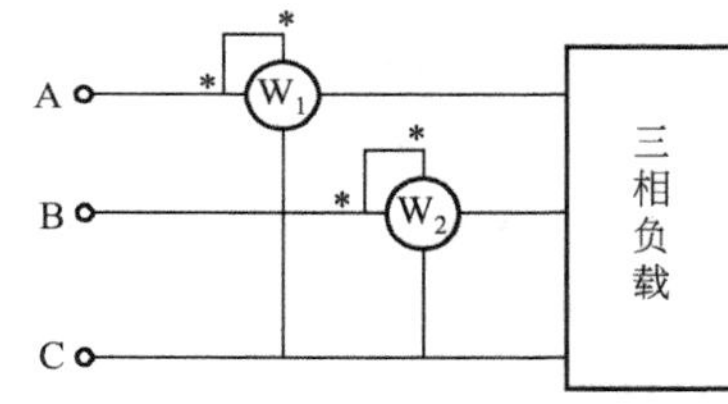

(c) 二功率表法

图6.14　三相功率的测量

典型例题

【例1】 一台三相同步发电机的额定功率 $P_N=6000\text{kW}$，额定电压（线电压）$U_l=6.3\text{kV}$，额定功率因数 $\cos\varphi=0.8$。求该发电机的额定电流（线电流）、额定视在功率和额定无功功率？

解： 额定电流（线电流）为：$I_l=\dfrac{P_N}{\sqrt{3}U_l\cos\varphi}=\dfrac{6000\times10^3}{\sqrt{3}\times6.3\times10^3\times0.8}=687\text{A}$

额定视在功率为：$S=\dfrac{P_N}{\cos\varphi}=\dfrac{6000\times10^3}{0.8}=7500\times10^3\text{V}\cdot\text{A}=7500\text{kV}\cdot\text{A}$

额定无功功率为：$Q=P_N\tan\varphi=6000\times10^3\times0.75=4500\text{kvar}$

【例2】 电动机铭牌上标明的额定功率 P_N 是指该电动机在额定条件下运行时输出的机械功率。电动机吸收的电功率 P_1 应等于 P_N 除以效率 η。有一台三相电动机，其绕组为三角形连接，额定功率 $P_N=10\text{kW}$，额定电压 $U_N=380\text{V}$，$\cos\varphi=0.87$，$\eta=0.9$。求该电动机的额定电流（线电流）及每相绕组的等效阻抗。

解：由已知条件可得 $\eta=\frac{P_N}{P_1}=\frac{P_N}{\sqrt{3}U_1I_1\cos\varphi}$，所以

$$I_1=\frac{P_N}{\sqrt{3}U_1\cos\varphi\eta}=\frac{10\times10^3}{\sqrt{3}\times380\times0.87\times0.9}=19.4\text{A}$$

$$I_P=\frac{I_1}{\sqrt{3}}=\frac{19.4}{\sqrt{3}}=11.2\text{A}$$

$$|Z|=\frac{U_P}{I_P}=\frac{U_1}{I_P}=\frac{380}{11.2}=33.9\Omega$$

因为 $\cos\varphi=0.87$，所以 $\varphi=\arccos0.87=29.5°$

所以 $Z=33.9\angle29.5°\Omega$

【例 3】 一台三相异步电动机每相的等效阻抗为 $Z=29+j21.8\Omega$，绕组额定相电压为 220V。试求：

（1）绕组接成星形，接于线电压为 380V 的对称三相电源时的相电流（线电流）及从电源取得的有功功率，并计算其功率因数；（2）绕组接成三角形，接于线电压为 220V 的对称三相电源时的相电流、线电流及从电源取得的有功功率，并计算其功率因数。

解：（1）电动机绕组星形连接时

电源相电压为：$U_P=\frac{U_1}{\sqrt{3}}=\frac{380}{\sqrt{3}}=220\text{V}$

线电流（相电流）为：$I_1=I_P=\frac{U_P}{|Z|}=\frac{220}{\sqrt{29^2+21.8^2}}=6.1\text{A}$

功率因数为：$\cos\varphi=\frac{R}{|Z|}=\frac{29}{\sqrt{29^2+21.8^2}}=0.8$

电动机从电源吸收的有功功率为：

$$P=\sqrt{3}U_1I_1\cos\varphi=\sqrt{3}\times380\times6.1\times0.8=3200\text{W}=3.2\text{kW}$$

（2）电动机绕组三角形连接时

每相负载的相电压等于电源线电压，即：$U_P=U_1=220\text{V}$

每相绕组中电流为：$I_P=\frac{U_P}{|Z|}=\frac{220}{\sqrt{29^2+21.8^2}}=6.1\text{A}$

每相端线中线电流为：$I_1=\sqrt{3}I_P=\sqrt{3}\times6.1=10.6\text{A}$

功率因数为：$\cos\varphi=\frac{R}{|Z|}=\frac{29}{\sqrt{29^2+21.8^2}}=0.8$

电动机从电源吸收的有功功率为：

$$P=\sqrt{3}U_1I_1\cos\varphi=\sqrt{3}\times380\times6.1\times0.8=3200\text{W}=3.2\text{kW}$$

模块习题

1. 在对称三相电路中，若相电压、相电流分别用 U_P、I_P 表示，φ 表示每相负载的阻抗角，则每相平均功率 P_P=________，总的平均功率 P 与 P_P 的关系式 P=________。

2. 在对称三相电路中，φ 为每相负载的阻抗角，若已知相电压 U_P、相电流 I_P，则三相总的有功功率 P=________；若已知负载的线电压 U_1、线电流 I_1，则 P 的表达式为 P=________。

3. 对称三相电路的视在功率 S 与无功功率 Q、有功功率 P 的关系式为________。

4. 在对称三相电路中，电源线电压 $\dot{U}_{AB}=380\angle 0°V$，负载为三角形连接时，负载相电流 $\dot{I}_{AB}=38\angle 30°A$，则每相复阻抗 $Z_P=$________，功率因数 $\cos\varphi=$________，负载的相电压 $U_P=$________，相电流 $I_P=$________，总功率 $P=$________；电源不变，该负载作星形连接时，负载线电压 $U_l=$________，线电流 $I_l=$________，总功率 $P_Y=$________。

5. 某三相对称负载作三角形连接，已知电源线电压 $U_l=380V$，测得线电流 $I_l=15A$，三相电功率 $P=8.5kW$，则该三相对称负载的功率因数为________。

6. 三个相等的复阻抗 $Z_P=(40+j30)\Omega$，接成三角形接到三相电源上，求总的三相有功功率：(1) 电源为三角形连接，线电压为 220V；(2) 电源为星形连接，其相电压为 220V。

7. 对称纯电阻负载星形连接，其各相电阻为 $R_P=10\Omega$，接入线电压为 380V 的电源，求总三相有功功率。

8. 对称三相负载为感性负载作星形连接，接在对称线电压 $U_l=380V$ 的对称三相电源上，测得输入线电流 $I_l=12.1A$，输入功率为 5.5kW，求功率因数和无功功率。

9. 某三相对称负载每相阻抗 $Z=40\Omega$，$\cos\varphi=0.85$，电源线电压为 380V。试求：(1) 三相负载作 Y 形连接时线电流及三相有功功率；(2) 三相负载作△形连接时线电流及三相有功功率。

10. 三角形连接的对称负载，每相负载为电阻 30Ω，感抗 40Ω，接在对称三相电源上。试求电源线电压为 380V 时的相电流和线电流及有功功率。

11. 一对称三相电感性负载星形连接，接于线电压为 220V 的三相电源上，线电流为 5A，负载功率因数 $\cos\varphi=0.8$，求有功功率和无功功率及视在功率。

单元自测题（一）

一、填空题（每空 1 分，共 20 分）

1. 对称三相负载作 Y 接，接在 380V 的三相四线制电源上。此时负载端的相电压等于________倍的线电压；相电流等于________倍的线电流；中线电流等于________。

2. 有一工频对称三相负载作星形连接，每相阻抗均为 22Ω，功率因数为 0.8，又测出负载中的电流为 10A，那么三相电路的有功功率为________；无功功率为________ var；视在功率为________ V·A，假如负载为感性设备，则等效电阻是________；等效电感量为________。

3. 三相负载接在三相电源中，若各相负载的额定电压等于电源的线电压，应做________连接。

4. 三相异步电动机的每相绕组的复阻抗 $Z_P=(30+j20)\Omega$，电机绕组连成星形，为使其正常工作，必须接在线电压为________ V 的电源上，此时负载的相电压 $U_P=$________，三相总功率 $P_Y=$________。

5. 对称三相负载原来星形连接时总功率为 10kW，线电流为 2A。若现在改为三角形连接接到一个对称三相电源上，则总有功功率为________ kW，线电流为________ A。

6. 三相四线制电路中，负载线电流之和 $\dot{I}_A+\dot{I}_B+\dot{I}_C=$________，负载线电压之和 $\dot{U}_{AB}+\dot{U}_{BC}+\dot{U}_{CA}=$________。

7. 对称三相电路负载为三角形连接，电源线电压 $\dot{U}_{AB}=380\angle 0°V$，负载相电流 $\dot{I}_{AB}=$

$10\angle-6.9°$A，则负载的三相总有功功率 $P=$________；若负载改连成星形，调节电源线电压，保持负载相电流不变，负载的三相总有功功率________。

8. 三相异步电动机的每相绕组的复阻抗 $Z_P=(30+j20)\Omega$，三角形连接接在线电压为220V的电源上，则功率因数 $\cos\varphi=$________，三相总有功功率 $P=$________。

二、选择题（每题2分，共20分）

1. 下列陈述（　　）是正确的。

A. 发电机绕组作星形连接时的线电压等于作三角形连接时的线电压的 $1/\sqrt{3}$

B. 对称三相电路负载作星形连接时，中性线里的电流为零

C. 负载作星形连接可以有中性线

D. 凡负载作三角形连接时，其线电流都等于相电流的 $\sqrt{3}$ 倍

2. 发生下列哪种情况时，三相星形连接不对称负载都不能正常工作（　　）。

A. A相负载断路　B. A相负载加大　C. A相负载短路　D. 中性线断掉

3. 星形连接的对称三相电源供给三相星形连接负载时，中性点偏移电压为零的条件是（　　）。

A. 三相负载对称　B 三相电压对称　C. 中性线不存在　D. 不能确定

4. 对称三相四线制，某相负载发生变化时，对其他各相的影响（　　）。

A. 较大　B. 较小　C. 无影响　D. 不能判断

5. 三相四线制电路，电源线电压为380V，则负载的相电压为（　　）V。

A. 380　B. 220

C. $190\sqrt{2}$　D. 负载的阻值未知，无法确定

6. 对称三相交流电路，三相负载为Y连接，当电源电压不变而负载换为△连接时，三相负载的相电流应（　　）。

A. 增大　B. 减小　C. 不变　D. 不确定

7. 对称三相交流电路，下列说法正确的是（　　）。

A. 三相交流电各相之间的相位差为 $2\pi/3$

B. 三相交流电各相之间的相位差为 $2T/3$

C. 三相交流电各相之间的相位差为 $2f/3$

D. 三相交流电各相之间的相位差为 $2\omega/3$

8. 在三相电路中，下面结论正确的是（　　）。

A. 在同一对称三相电源作用下，对称三相负载作星形或三角形连接时，其负载的相电压相等

B. 三相负载作星形连接时，必须有中性线

C. 三相负载作三角形连接时，相线电压大小相等

D. 三相对称电路无论负载如何接，线相电流均为相等

9. 在三相四线制的中线上，不安装开关和熔断器的原因是（　　）。

A. 中线上没有电缆

B. 开关接通或断开对电路无影响

C. 安装开关和熔断器降低中线的机械强度

D. 开关断开或熔丝熔断后，三相不对称负载承受三相不对称电压的作用，无法正常工作，严重时会烧毁负载

10. 三相电源线电压为380V，对称负载为星形连接，未接中性线。如果某相突然断掉，其余两相负载的电压均为（　　）V。

A. 380　　B. 220　　C. 190　　D. 无法确定

三、判断题（每题2分，共10分）

1. 电源和负载都是星形连接无中线的对称三相电路，计算时可假定有中性线存在，将其看成是三相四线制电路计算。（　　）

2. 在三相四线制电路中，火线及中性线上电流的参考方向均规定为自电源指向负载。（　　）

3. 对称三相三线制和不对称三相四线制星形连接的负载，都可按单相电路的计算法。（　　）

4. 同一台三相异步电动机，对同一电源，若定子三相绕组采用的接法不同，则输入功率不同。（　　）

5. 在同一三相电源作用下，一对称负载作三角形连接时的总功率是星形连接时的$\sqrt{3}$倍。（　　）

四、计算题（每题10分，共50分）

1. 对称三相感性负载星形连接，如图6.15所示，线电压为380V，线电流5.8A，三相有功功率$P=1.322\text{kW}$，求三相电路的功率因数和每相负载阻抗Z。

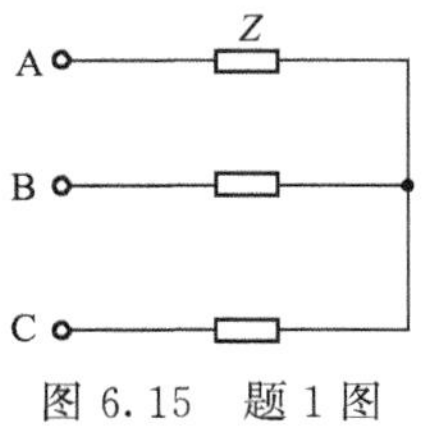

图6.15　题1图

2. 已知三相对称负载三角形连接，其线电流$I_1=5\sqrt{3}\text{A}$，总有功功率$P=2640\text{W}$，$\cos\varphi=0.8$，求线电压U_1、电路的无功功率Q和每相阻抗Z。

3. 三相对称负载三角形连接，其线电流为$I_1=5.5\text{A}$，有功功率为$P=7760\text{W}$，功率因数$\cos\varphi=0.8$，求电源的线电压U_1、电路的无功功率Q和每相阻抗Z。

4. 三相负载星形连接，A、B、C三相负载复阻抗分别为$Z_A=25\Omega$，$Z_B=25+j25\Omega$，$Z_C=-j10\Omega$，接于对称三相四线制电源上，电源线电压为380V，求各端线上电流。

5. 三相对称负载星形连接，每相阻抗$Z=30+j40\Omega$，每相输电线的复阻抗$Z_1=1+j2\Omega$，三相对称星形连接电源的线电压为380V。

（1）求各相负载的相电压、相电流；

（2）画出相量图。

单元自测题（二）

一、填空题（每空1分，共20分）

1. 三相对称电压就是三个频率________、幅值________、相位互差________的三相交流电压。

2. 有中线的三相供电方式称为________。

3. 无中线的三相供电方式称为________。

4. 在三相四线制的照明电路中，相电压是________V，线电压是________V。

5. 在三相四线制电源中，线电压等于相电压的________倍，相位比相电压________。

6. 三相四线制电源中，线电流与相电流________。

7. 三相对称负载三角形电路中，线电压与相电压________。

8. 三相对称负载三角形连接电路中，线电流大小为相电流大小的________倍、线电流比相应的相电流________。

9. 在三相对称负载三角形连接的电路中，线电压为220V，每相电阻均为110Ω，则相电流 I_P=________，线电流 I_l=________。

10. 对称三相电路Y形连接，若相电压为 $u_A=220\sin(\omega t-60°)$V，则相应线电压 u_{AB}=________V。

11. 在对称三相电路中，已知电源线电压有效值为380V，若负载作星形连接，负载相电压为________V；若负载作三角形连接，负载相电压为________V。

12. 对称三相电路的有功功率 $P=\sqrt{3}U_lI_l\cos\varphi$，其中 φ 角为______与______的夹角。

二、选择题（每题2分，共20分）

1. 已知对称三相电源的相电压 $u_A=10\sin(\omega t+60°)$V，相序为A—B—C，则当电源星形连接时线电压 u_{AB} 为（　　）V。

A. $17.32\sin(\omega t+90°)$　　B. $10\sin(\omega t+90°)$

C. $17.32\sin(\omega t-30°)$　　D. $17.32\sin(\omega t+150°)$

2. 对称正序三相电压源星形连接，若相电压 $u_A=100\sin(\omega t-60°)$V，则线电压 u_{AB}=（　　）V。

A. $100\sqrt{3}\sin(\omega t-30°)$　　B. $100\sqrt{3}\sin(\omega t-60°)$

C. $100\sqrt{3}\sin(\omega t-150°)$　　D. $100\sqrt{3}\sin(\omega t+150°)$

3. 三相负载对称星形连接时（　　）。

A. $I_l=I_P$　$U_l=\sqrt{3}U_P$　　B. $I_l=\sqrt{3}I_P$　$U_l=U_P$

C. 不一定　　D. 都不正确

4. 在负载为星形连接的对称三相电路中，各线电流与相应的相电流的关系是（　　）。

A. 大小、相位都相等

B. 大小相等、线电流超前相应的相电流

C. 线电流大小为相电流大小的$\sqrt{3}$倍、线电流超前相应的相电流

D. 线电流大小为相电流大小的$\sqrt{3}$倍、线电流滞后相应的相电流

5. 已知三相电源线电压 $U_{AB}=380$V，三角形连接对称负载 $Z=(6+j8)$Ω。则线电流 I_A=（　　）A。

A. $38\sqrt{3}$　　B. $22\sqrt{3}$　　C. 38　　D. 22

6. 某对称三相负载，当接成星形时，三相有功功率为 P_Y，保持电源线电压不变，而将负载改接成三角形，则此时三相功率 P_Δ=（　　）。

A. $\sqrt{3}P_Y$　　B. P_Y　　C. $\frac{1}{3}P_Y$　　D. $3P_Y$

7. 某一电动机，当电源线电压为380V时，作星形连接。电源线电压为220V时，作三角形连接。若三角形连接时功率 P_Δ 等于3kW，则星形连接时的功率 P_Y=（　　）kW。

A. 3　　B. 1　　C. $\sqrt{3}$　　D. 9

8. 一台三相电动机绕组为星形连接，电动机的输出功率为 4kW，效率为 0.8，则电动机的有功功率为（　　）kW。

A. 3.2　　B. 5　　C. 4　　D. 无法确定

9. 对称三相三线制电路，负载为星形连接，对称三相电源的线电压为 380V，测得每相电流均为 5.5A。若在此负载下，装中性线一根，中性线的复阻抗为 $Z_N=(6+j8)\ \Omega$，则此时负载相电流的大小（　　）。

A. 不变　　B. 增大　　C. 减小　　D. 无法确定

10. 日常生活中，照明线路的接法为（　　）。

A. 星形连接三相三线制　　B. 星形连接三相四线制

C. 三角形连接三相三线制　　D. 既可为三线制，又可为四线制

三、判断题（每题 2 分，共 10 分）

1. 三相电路中，在忽略连接导线的阻抗时，电源线电压才等于负载线电压。（　　）

2. 三相电动机的三个线圈组成对称三相负载，因而不必使用中性线，电源可用三相三线制。（　　）

3. 三相星形连接电压源供给三相星形连接负载时，中点偏移电压越大，则负载各相电压越小。（　　）

4. 在相同的线电压作用下，同一三相对称负载作三角形连接时所取用的有功功率为星形连接时的$\sqrt{3}$倍。（　　）

5. 在相同的线电压作用下，三相异步电动机作三角形连接和作星形连接时，所取用的有功功率相等。（　　）

四、计算题（每题 10 分，共 50 分）

1. 对称三相电阻炉作三角形连接，每相电阻为 38Ω，接于线电压为 380V 的对称三相电源上，试求负载相电流 I_P、线电流 I_L 和三相有功功率 P。

2. 对称三相电源，线电压 $U_L=380\text{V}$，对称三相感性负载作三角形连接，若测得线电流 $I_L=17.3\text{A}$，三相功率 $P=9.12\text{kW}$，求每相负载的电阻和感抗。

3. 对称三相电路如图 6.16 所示，已知：$\dot{I}_A=5\angle 30^\circ\ \text{A}$，$\dot{U}_{AB}=380\angle 90^\circ\ \text{V}$。试求：(1) 相电压 $\dot{U}_b$；(2) 每相阻抗 Z；(3) 功率因数；(4) 三相总有功功率 P。

4. 一个对称三相负载，每相为 4Ω 电阻和 3Ω 感抗串联，星形接法，三相电源电压为 380V，求相电流和线电流的大小及三相有功功率 P。

5. 如下图 6.17 所示的三相四线制电路，三相负载连接成星形，已知电源线电压 380V，负载电阻 $R_a=11\Omega$，$R_b=R_c=22\Omega$，试求：负载的各相电压、相电流、线电流和三相总有功功率。

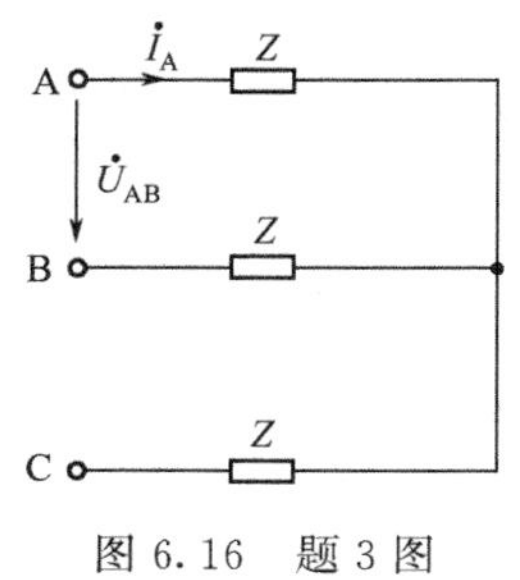

图 6.16　题 3 图

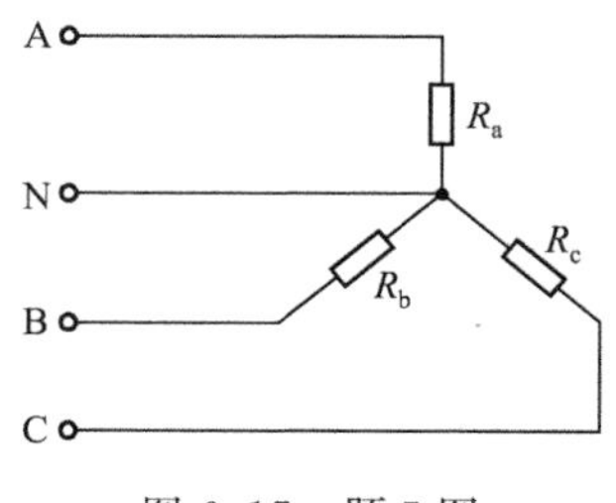

图 6.17　题 5 图

第7单元 UNIT 7 互感耦合电路的分析

模块25 磁路的基本知识

知识回顾

1. *磁路与磁场*

(1) 磁场 磁场是磁体（如磁铁）或带电导体周围存在的一种特殊物质。比如磁铁对磁针的作用力，就是通过磁场进行传递的。磁场具有力和能的特性，磁场是看不见的。

(2) 磁场的方向 磁场具有方向，将小磁针放在磁场中某一点上，当磁针静止时，N极所指的方向即为该点磁场的方向。

(3) 磁力线 用来描绘磁场强弱和方向的曲线叫做磁力线。磁力线是无头无尾的闭合曲线。从磁体外部来看，磁力线是从N极到S极，从磁铁内部来看是由S极到N极。

(4) 电和磁的关系 电和磁是不能分割的，紧密联系在一起，有电流就有磁场，有磁场说明有电流。

(5) 右手螺旋定则 电流方向与磁力线方向之间的关系可以用右手螺旋定则来确定。

① 对于载流直导体所产生的磁场，右手螺旋定则为：用右手握住直导体，让伸直的拇指指向电流方向，四指的指向即为磁力线的方向。

② 对于载流线圈产生的磁场，右手螺旋定则为：用右手握住线圈，四指指向电流方向，拇指指向的就是线圈中磁力线的方向。

(6) 电磁力 通电导体在磁场中受到力的作用，这个力叫电磁力。用符号 F 表示。

(7) 磁路 指用强磁材料构成，在其中产生一定强度的磁场的闭合回路。

2. *磁感应强度 B、磁场强度 H 与磁通*

(1) 磁感应强度 B 表示磁场中各点的磁场强弱和方向，即：在磁场中某一点，与磁场方向垂直的载流导体受到的电磁力 F，与载流导体的电流强度 I 和导体长度 l 的乘积之比，叫做该点的磁感应强度，用符号 B 表示，$B=\dfrac{F}{Il}$，单位是T（特）。

(2) 磁场强度 H 磁场中某点的磁场强度 H 等于该点的磁感应强度 B 与该处介质的导磁系数 μ 的比值。$H=\dfrac{B}{\mu}$，单位是A/m（安培/米）。

(3) 磁通 穿过磁场某一截面积的磁感应强度的通量称为磁通量，简称磁通，用符号 ϕ 表示。$\phi=BS$，单位是韦伯（简称韦），用符号Wb表示。磁通分为主磁通 ϕ 和漏磁通 Φ。

3. 磁通势 F 与磁路欧姆定律

磁路的欧姆定律表达式为：$\Phi=\frac{F_m}{R_m}$

式中，$F_m=NI$ 为磁通势，它指 N 匝线圈的总电流；$R_m=l/\mu_s$ 为磁阻；Φ 为总磁通。

4. 铁磁材料

主要是指铁、镍、钴及其合金等。它们具有高导磁性、磁饱和性、磁滞性、剩磁性、磁化性等基本特性。

（1）磁化　本来不具磁性的物质，由于受磁场的作用而具有磁性的现象称为该物质被磁化。

（2）磁化曲线　在反复交变磁化中，可相应得到一系列大小不一的磁滞回线，连接各条对称的磁滞回线的顶点（H_m，B_m）得到的一条曲线称为基本磁化曲线。

（3）剩磁性　被磁化并去掉外磁场后，铁磁物质中仍能保留一定的剩磁。

（4）磁饱和性　各种铁磁物质的磁感应强度都有一定饱和值。

（5）高导磁性　导磁系数 μ 在一般情况下比非铁磁物质的要大许多倍，且不为常数。

（6）磁滞性　在反复磁化过程中，磁感应强度 B 的变化始终落后磁场强度 H 的变化，且有磁滞损耗。

5. 磁性材料的分类

根据不同磁滞回线，可将铁磁材料分为三类。

（1）软磁材料　剩磁和矫顽力都很小，磁滞回线狭长，导磁系数较大，易磁化，易去磁。常见的软磁物质有硅钢片。

（2）永磁材料（又称硬磁材料）　剩磁大，矫顽力大，磁滞回线宽，不易去磁。常见的硬磁材料有碳钢、钴钢等。

（3）矩磁物质　在很小的外磁场作用下就能磁化，并达到饱和，去掉外磁场时，磁性基本饱和，其特点是磁滞回线呈矩形。常见矩磁物质有锰、镁等。

典型例题

【例 1】 一个空心螺管，管的直径为 10cm，管中心处的磁感应强度 B 为 0.0267T，试求管中的磁通。

解： 管中的磁场可以认为是均匀的，所以管中的磁通为

$$\phi=BS=0.0267\times\pi\times\left(\frac{0.1}{2}\right)^2=21\times10^{-5}\,\text{Wb}$$

【例 2】 制造变压器的材料应选用________，制造计算机的记忆元件的材料应选用________，制造永久磁铁应选用________。

解： 不同磁性材料磁滞回线不同，软磁材料导磁系数较高，磁滞回线窄而长，一般用来做变压器、电机和电工设备的铁芯。

矩磁材料磁滞回线呈矩形，剩磁大，矫顽力小，在很弱的磁场作用下也能磁化并达到饱和，常用来做计算机和自动控制中的记忆元件、开关元件和逻辑元件。

永磁材料剩磁大、矫顽力高，磁滞回线面积大，被磁化后其剩磁不容易消失，可以用来做永久磁铁。

因此，答案为<u>软磁材料</u>，<u>矩磁材料</u>，<u>永磁材料</u>。

模块习题

1. 铁磁物质在反复磁化过程中，B 等于零时的 H_c 叫________。
2. 磁场强度、磁感应强度的单位分别是________、________。
3. 磁性材料的磁性能为：________、________和________。
4. 磁性物质按磁性能可分为：________材料、________材料和________材料。
5. 铁磁材料反复磁化形成的闭合曲线称为________。
6. 铁磁材料的磁导率________非铁磁材料的磁导率。(大于、小于或等于)
7. 铁磁材料的________和________都很大，属于永久磁铁。
8. 磁滞回线________、矫顽力________的铁磁材料属于软磁材料。

模块 26 自感与互感

知识回顾

一、直导体中的感应电势

(1) 电磁感应 变化的磁场能够在导体中感应出电势的现象叫做电磁感应。

(2) 感应电势 由电磁感应产生的电势叫做感应电势。

(3) 感应电流 由感应电势产生的电流叫做感应电流。

(4) 产生感应电势的条件

① 导体与磁场存在相对运动（切割磁力线）。

② 线圈穿过变化的磁通。

(5) 感应电势的大小 当导体在均匀磁场中沿着与磁力线方向垂直运动时，所产生的感应电势的大小与导体的有效长度 l、导线的运动速度 v、磁感应强度 B 成正比，即：

$$e=Blv$$

(6) 感应电势的方向 将右手伸直，拇指与四指相互垂直，让磁力线穿过掌心，拇指指向导体运动方向，则四指所指的方向就是感应电势的方向，即右手定则。

二、线圈中的感应电势

(1) 产生感应电势条件：只有当穿过线圈中的磁通量发生变化时，线圈才会产生感应电势。

(2) 线圈中感应电势 e 的大小与磁通变化的快慢，即磁通的变化率 $\frac{\mathrm{d}\phi}{\mathrm{d}t}$（单位时间内磁通变化的数值叫做磁通变化率）成正比，与线圈的匝数成正比：

$$|e|=\left|N\frac{\mathrm{d}\phi}{\mathrm{d}t}\right|=\left|\frac{\mathrm{d}(N\phi)}{\mathrm{d}t}\right|$$

又可以写成：

$$|e|=\left|\frac{\mathrm{d}\varphi}{\mathrm{d}t}\right|$$

(3) 磁链：$N\phi$ 可以看作是穿过各匝线圈磁通的代数和，称为全磁通或磁链，用符号 φ 表示。

(4) 感应电势方向的确定：

① 首先确定线圈中原磁通的方向及其变化趋势（是增加还是减少）；

② 根据楞次定律的内容判断感应电流所产生新磁通（感应磁通）的方向，如原磁通增加，则新磁通与原磁通方向相反，反之，则方向相同；

③ 根据新磁通方向，应用右手螺旋定则判断出感应电流或感应电势的方向。

三、自感现象

线圈中磁通的变化会在线圈中产生感应电势，因此，当线圈中通以变化的电流时，线圈就会产生感应电势。这种由于线圈本身电流的变化在线圈中产生感应电势的现象叫自感电势。

(1) 自感电势　由自感在线圈中产生的感应电势，即由于通过线圈本身电流的变化而在线圈中产生的感应电势称为自感电势，用符号 e_L 表示。自感电势也是感应电势的一种。

(2) 自感电势的大小　自感电势的大小与线圈中电流的变化率$\frac{di}{dt}$、线圈电感 L 成正比。

$$|e_L|=L\left|\frac{di}{dt}\right|$$

(3) 自感电势的方向　自感电势的方向总是企图阻止电流的变化。

(4) 自感电势的数学表达式

$$e_L=-L\frac{di}{dt}$$

四、同名端的概念

指具有互相耦合的两个线圈同一时刻极性相同的两个端子。同名端用符号“·”或“*”来表示。

五、同名端的测定

通常用直流法和交流法两种实验方法来测定变压器的同名端。

典型例题

【例 1】 已知均匀磁场的磁场强度 $B=0.9\text{T}$，导体的有效长度 $l=0.2\text{m}$，导体垂直于磁力线方向运动的速度 $v=20\text{m/s}$。试计算导体中产生的感应电势的大小。

解： 由感应电势的公式可得：$e=Blv=0.9\times0.2\times20=3.6\text{V}$

【例 2】 有一个线圈匝数为 100 匝，在 0.01s 内穿过线圈的磁通由 0.05Wb 变为零，求线圈中的感应电势。

解： 由已知条件 $\phi_1=0.05\text{Wb}$，$\phi_2=0$，可得：

$$d\phi\approx\phi_2-\phi_1=0-0.05=-0.05\text{Wb}$$

$$dt=0.01$$

$$e=-N\frac{d\phi}{dt}=-100\times\frac{-0.05}{0.01}=500\text{V}$$

【例 3】 如图 7.1 所示电路中：

(1) $\frac{di_2}{dt}>0$ 时，试标出 e_{L2} 与 e_{M1} 的方向；

（2）$\frac{di_2}{dt}<0$ 时，试标出 e_{L2} 与 e_{M1} 的方向。

解：（1）$\frac{di_2}{dt}>0$ 时，i_2 与 e_{L2} 反向，i_2 与 e_{M1} 对同名端的方向相反，则 e_{L2} 与 e_{M1} 的方向如图(a) 所示。

（2）$\frac{di_2}{dt}<0$ 时，i_2 与 e_{L2} 同向，i_2 与 e_{M1} 对同名端的方向一致，则 e_{L2} 与 e_{M1} 的方向如图(b) 所示。

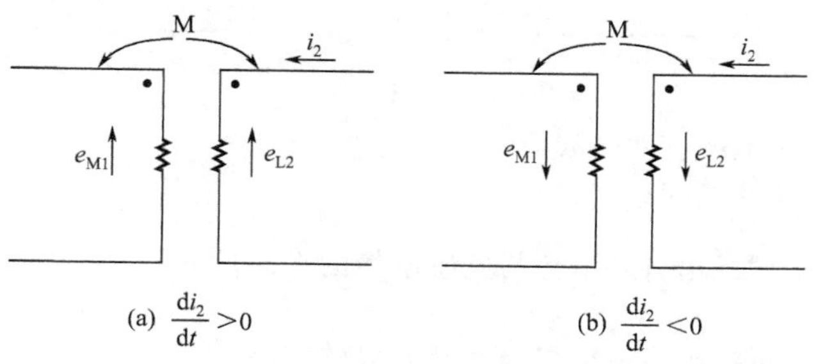

图 7.1　例 3 图

模块习题

1. 图 7.2 所示电路，同名端为（　　）。

A. ABC　　B. BYC

C. AYZ　　D. ABZ

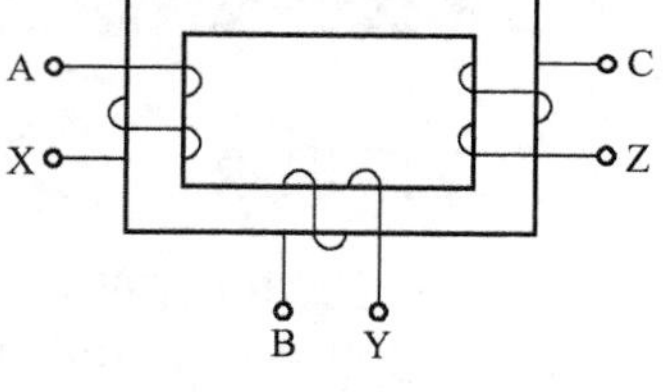

图 7.2　习题 1 图

2. 通过线圈中电磁感应现象我们知道，线圈中磁通变化越快，感应电动势（　　）。

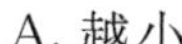

A. 越小　　B. 不变

C. 越大　　D. 不确定

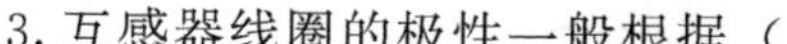

3. 互感器线圈的极性一般根据（　　）来判定。

A. 右手定则　　B. 左手定则

C. 楞次定律　　D. 同名端

4. 涡流在电器设备中（　　）。

A. 总是有害的　　B. 是自感现象

C. 是一种电磁感应现象　　D. 是直流电通入感应炉时产生的感应电流

5. 试应用右手定则，确定图 7.3 各图中感应电势的方向、导体运动方向或磁场方向。图中箭头表示导体运动方向，×、· 表示感应电势方向，N、S 表示磁场方向。

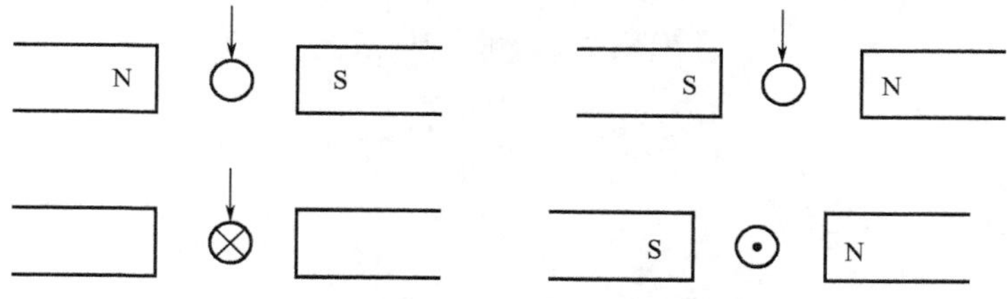

图 7.3　习题 5 图

6. 有人说："自感电势的方向总是企图阻止电流的变化，所以自感电势的方向总是和电流相反。"这种说法对不对？

7. 在图 7.4 中，试分别画出开关 K 闭合和打开瞬间，线圈中自感电势的方向。

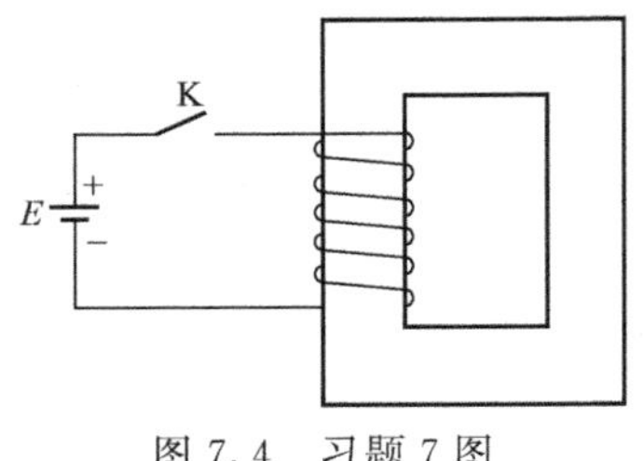

图 7.4　习题 7 图

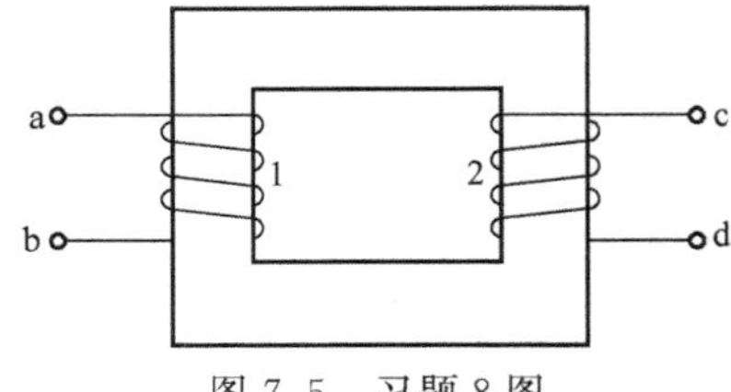

图 7.5　习题 8 图

8. 图 7.5 所示铁芯上绕有两个线圈：

（1）试标出两个线圈的同名端；

（2）如果$\frac{\mathrm{d}i}{\mathrm{d}t}>0$，试标出自感电势与互感电势的方向；

（3）如果$\frac{\mathrm{d}i}{\mathrm{d}t}<0$，试标出自感电势与互感电势的方向。

9. 什么叫同名端？如何判断同名端？

※模块 27　互感电压与互感线圈的串联电路

知识回顾

一、互感现象

由于一个线圈电流变化，使另一个线圈产生感应电势的现象，叫做互感现象。

（1）互感电势　由于互感而产生的感应电势叫做互感电势。能够产生互感电势的两个线圈叫做耦合线圈。

（2）互感电势的数学表达式　一个线圈互感电势的大小和产生它的另一个线圈电流的变化率以及互感成正比。所以互感又反映了磁耦合线圈产生互感电势的能力。

$$e_{M1}=-M\frac{\mathrm{d}i_2}{\mathrm{d}t}$$

$$e_{M2}=-M\frac{\mathrm{d}i_1}{\mathrm{d}t}$$

（3）互感电压的数学表达式　由于互感电势而使线圈两端具有的电压叫互感电压，即：

$$u_{M1}=-e_{M1}=M\frac{\mathrm{d}i_2}{\mathrm{d}t}$$

$$u_{M2}=-e_{M2}=M\frac{\mathrm{d}i_1}{\mathrm{d}t}$$

（4）互感线圈中互感电压

$$u_{21}=\frac{\mathrm{d}\psi_{21}}{\mathrm{d}t}=M_{21}\frac{\mathrm{d}i_1}{\mathrm{d}t}\qquad u_{12}=\frac{\mathrm{d}\psi_{12}}{\mathrm{d}t}=M_{12}\frac{\mathrm{d}i_2}{\mathrm{d}t}$$

（5）耦合线圈　存在互感现象的两个线圈称为互感线圈或耦合线圈。

二、互感线圈端口电压电流关系（伏安关系）

（1）互感线圈中伏安关系

$$u_1=u_{11}+u_{12}=L_1\frac{\mathrm{d}i_1}{\mathrm{d}t}\pm M\frac{\mathrm{d}i_2}{\mathrm{d}t}$$

$$u_2=u_{22}+u_{21}=L_2\frac{\mathrm{d}i_2}{\mathrm{d}t}\pm M\frac{\mathrm{d}i_1}{\mathrm{d}t}$$

（2）自感与互感电压正负规律　电流同时流入同名端时，互感电压与自感电压同号；电流同时流入异名端时，互感电压与自感电压异号；端钮处电压与电流向内部关联时，自感电压取正号；端钮处电压与电流向内部非关联时，自感电压取负号。

三、互感线圈串联的电路

互感线圈串联时可以有两种接法，即顺串和反串。

（1）顺串　两个线圈的异名端接在一起，此时电流从两个线圈的同名端流入，两个互感线圈中互感电压与自感电压方向一致。其顺串电路及等效电路如图7.6(a)、(c) 所示：

（2）反串　两个线圈的同名端接在一起，此时电流从两个线圈的异名端流入，两个互感线圈中互感电压与自感电压方向相反。其反串电路及等效电路如图7.6(b)、(d) 所示：

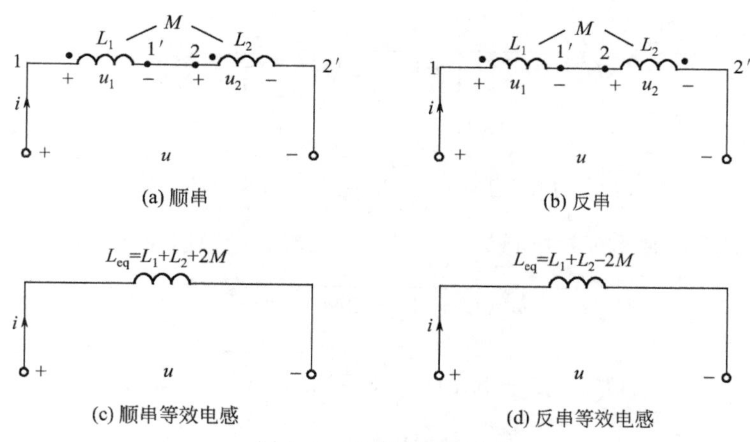

图7.6　互感线圈的串联

典型例题

【例1】 电路如图7.7所示，有两个电感线圈分别测得 $R_1=5\Omega$，$R_2=10\Omega$，将它们串联起来，加上50Hz正弦电压220V，测得电流 I_a 为10A，将其中一个线圈反向后再串联起来，测得电流 I_b 为5A。（1）判别它们的同名端；（2）求互感 M。

解：（1）因 $I_a>I_b$，故前者为反串，后者是顺串，同名端如图7.7所示。

$$|Z_a|=\frac{U}{I_a}=\frac{220}{10}=\sqrt{(R_1+R_2)^2+(\omega L)^2}$$

$$22^2=15^2+(\omega L)^2\Rightarrow L''=\sqrt{\frac{22^2-15^2}{314^2}}=\frac{16.1}{314}=0.0513\mathrm{H}$$

（2） $$|Z_b|=\frac{U}{I_b}=\frac{220}{5}=\sqrt{(R_1+R_2)^2+(\omega L')^2}$$

$$44^2=15^2+(\omega L')^2 \Rightarrow L'=\sqrt{\frac{44^2-15^2}{314^2}}=\frac{41.4}{314}=0.132\text{H}$$

$$M=\frac{L'-L''}{4}=\frac{0.132-0.0513}{4}=0.0202\text{H}$$

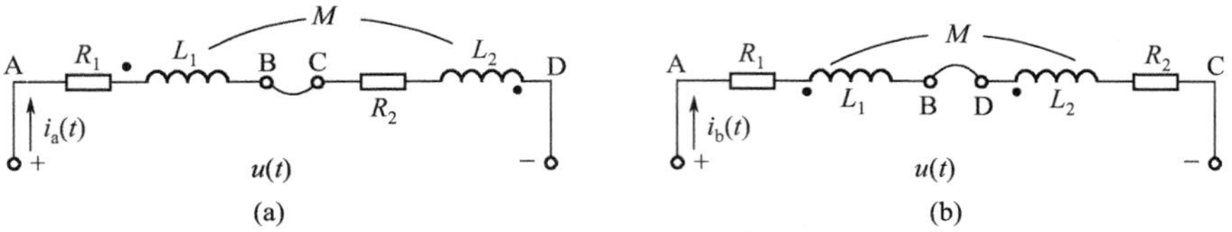

图 7.7 例 1 图

【例 2】 把两个线圈串联起来接到 50Hz、220V 的正弦电源上，顺接时得电流 $I=2.7\text{A}$，吸收的功率为 218.7W；反接时的电流为 7A。求互感 M。

解：按题意知，$U_S=220\text{V}$，$\omega=2\pi f=314\text{rad/s}$，则当两个线圈顺接时，等效电感为：$L_1+L_2+2M$，等效电阻为

$$R=\frac{P}{I^2}=\frac{218.7}{2.7^2}=30\Omega$$

则总阻抗为

$$\sqrt{R^2+\omega^2(L_1+L_2+2M)^2}=\frac{U_S}{I}=\frac{220}{2.7}$$

故

$$\omega(L_1+L_2+2M)=\sqrt{\left(\frac{220}{2.7}\right)^2-30^2}=75.758$$

而当两个线圈反接时，等效电感为：L_1+L_2-2M，则总阻抗为

$$\sqrt{R^2+\omega^2(L_1+L_2-2M)^2}=\frac{U_S}{I}=\frac{220}{7}$$

故 $$\omega(L_1+L_2-2M)=\sqrt{\left(\frac{220}{7}\right)^2-30^2}=9.368$$

则 $$M=\frac{75.758-9.368}{4\omega}=52.86\text{mH}$$

模块习题

1. 当端口电压、电流为________参考方向时，自感电压取正；若端口电压、电流的参考方向________，则自感电压为负。

2. 互感电压的正负与电流的________及________端有关。

3. 两个具有互感的线圈顺向串联时，其等效电感为________；它们反向串联时，其等效电感为________。

4. 两个具有互感的线圈同侧相并时，其等效电感为________；它们异侧相并时，其等效电感为________。

5. 如果误把顺串的两互感线圈反串，会发生什么现象？为什么？

单元自测题（一）

一、填空题（每空 2 分，共 30 分）

1. 定量描述磁场中各点磁场强弱和方向的物理量是________，表示符号________，它的单位是________，表示符号________。

2. 磁滞是指磁材料在反复________过程中________的变化总是滞后于________的变化现象。

3. 根据磁滞回线的形状，常把铁磁材料分成：________、________、________三种。

4. 铁磁材料的磁化特性为________、________、________三类。

5. 如图 7.8 所示的电路 L 为自感线圈，R 是一个灯泡，E 是电源，在 K 闭合瞬间，通过电灯的电流方向是________，在 K 切断瞬间，通过电灯的电流方向是________。

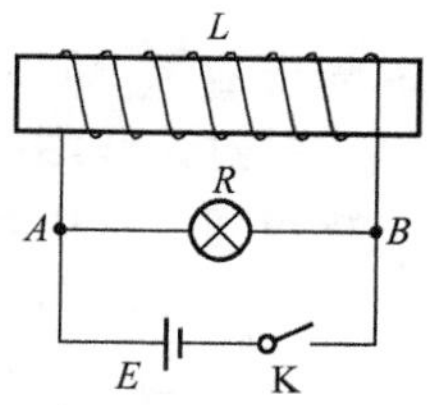

图 7.8 填空题第 5 题

二、判断题（每题 2 分，共 20 分）

1. 硬磁材料的磁滞回线比较窄，磁滞损耗较大。（ ）
2. 若要消除铁磁材料中的剩磁必须在原线圈中加以反向电流。（ ）
3. 铁磁性物质磁化后的磁场强度可趋于无穷大。（ ）
4. 铁磁物质在反复磁化过程中 H 的变化总是滞后于 B 的变化。（ ）
5. 磁路的欧姆定律只适用一种媒介的磁路。（ ）
6. 磁场强度的大小与磁导率有关。（ ）
7. 在相同条件下，磁导率小的通电线圈产生的磁感应强度大。（ ）
8. 对比电路与磁路，可认为电流对应于磁通。（ ）
9. 铁磁性物质磁化后的磁场强度可趋于无穷大。（ ）
10. 硬磁材料的磁滞回线比较窄，磁滞损耗较大。（ ）

三、选择题（每题 2 分，共 14 分）

1. 与磁介质的磁导率无关的物理量是（ ）。

A. 磁通　　B. 磁感应强度　　C. 磁场强度　　D. 无法确定

2. 铁磁材料在磁化过程中，当外加磁场 H 不断增加，而测得的磁感强度几乎不变的性质称为（ ）。

A. 磁滞性　　B. 剩磁性　　C. 高导磁性　　D. 磁饱和性

3. 制造变压器的材料应选用（ ），制造计算机的记忆元件的材料应选用（ ），制造永久磁铁应选用（ ）。

A. 软磁材料　　B. 硬磁材料　　C. 矩磁材料　　D. 铁磁材料

4. 铁磁性物质在反复磁化过程中，一次反复磁化的磁滞损耗与磁滞回线的面积（ ）。

A. 成正比　　B. 成反比　　C. 无关　　D. 无法确定

5. 铁磁性物质在反复磁化过程中的 B-H 关系是________。

A. 起始磁化曲线　　B. 磁滞回线

C. 基本磁化曲线　　D. 局部磁滞回线

6. 铁磁材料在磁化过程中，当外加磁场 H 不断增加，而测得的磁感强度几乎不变的性质称为（　　）。

A. 磁滞性　　B. 剩磁性　　C. 高导磁性　　D. 磁饱和性

7. 永久磁铁是用剩磁（　　）的磁性材料制成。

A. 很大　　B. 很小　　C. 不能确定　　D. 恒定

四、计算题与问答题（共计 36 分）

1. 基本磁化曲线是怎样作出来的？它主要有何作用？（6 分）

2. 自感是线圈中电流变化而产生电动势的一种现象，因此不是电磁感应现象，对吗？（5 分）

3. 一个边长 10cm 的正方形线圈放在 $B=0.8T$ 的均匀磁场中，线圈平面与磁场方向垂直。试求穿过该线圈的磁通。（10 分）

4. 标出图 7.9 中互感线圈的同名端。（15 分）

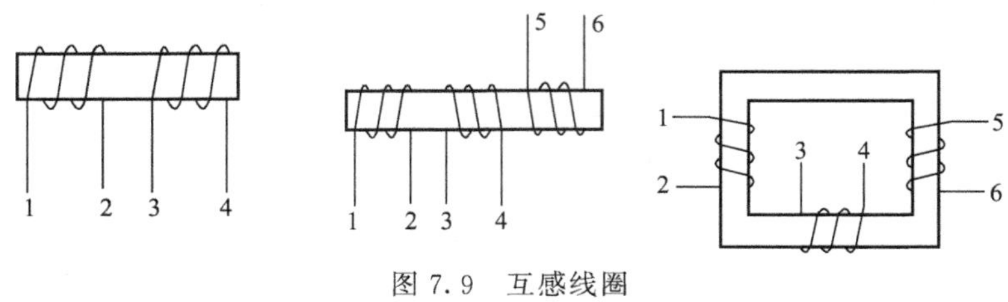

图 7.9　互感线圈

单元自测题（二）

一、填空题（每空 2 分，共 40 分）

1. 直流磁路中的磁通________，交流磁路中的磁通________。

2. 电机和变压器常用的铁芯材料为________。

3. 铁磁材料的磁导率________非铁磁材料的磁导率。

4. 在磁路中与电路中的电势源作用相同的物理量是________。

5. 当外加电压大小不变而铁芯磁路中的气隙增大时，对直流磁路，则磁通________，电感________，电流________；对交流磁路，则磁通________，电感________，电流________。

6. 用铁磁材料作电动机及变压器铁芯，主要是利用其中的________特性，制作永久磁铁是利用其中的________特性。

7. 铁磁材料被磁化的外因是________，内因是________。

8. 在外磁场作用下，使原来没有磁的物质产生磁性的现象称为________。

9. 不计线圈电阻、漏磁通影响时，线圈电压与电源频率成________比，与线圈匝数成________比，与主磁通最大值成________比。

10. 磁力线线条稀疏处表示磁场________。（强、弱）

二、选择题（每题 2 分，共 14 分）

1. 恒压直流铁芯磁路中，如果增大空气气隙，则磁通（　　）。

A. 增加　　B. 减小　　C. 基本不变

2. 若硅钢片的叠片接缝增大，则其磁阻（　　）。

A. 增加 B. 减小 C. 基本不变

3. 在电机和变压器铁芯材料周围的气隙中（ ）磁场。

A. 存在 B. 不存在 C. 不好确定

4. 磁路计算时如果存在多个磁动势，则对（ ）磁路可应用叠加原理。

A. 线形 B. 非线性 C. 所有的

5. 铁芯叠片越厚，其损耗（ ）。

A. 越大 B. 越小 C. 不变

6. 在制作精密电阻时，为了消除使用过程中由于电流变化而引起的自感现象，采用双线并绕的方法，如图 7.10 所示。其道理是（ ）。

A. 当电路中的电流变化时，两股导线产生的自感电动势相互抵消

B. 当电路中的电流变化时，两股导线产生的感应电流相互抵消

C. 当电路中的电流变化时，两股导线中原电流的磁通量相互抵消

D. 以上说法都不对

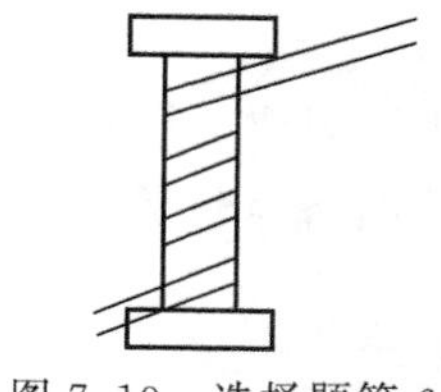

图 7.10 选择题第 6 题

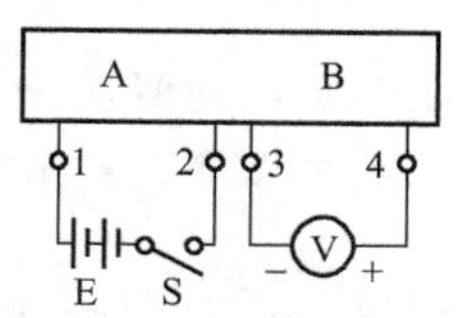

图 7.11 选择题第 7 题

7. 两互感线圈 A、B 如图 7.11 所示，它们的接线端子分别为 1 和 2、3 和 4，当 S 闭合瞬间，发现伏特表的指针反偏，则与 1 相应的同名端是（ ）。

A. 2 B. 3 C. 4 D. 不能确定

三、问答题与计算题（共计 46 分）

1. 电机和变压器的磁路常采用什么材料制成？这种材料有哪些主要特性？（5 分）

2. 磁滞损耗和涡流损耗是什么原因引起的？它们的大小与哪些因素有关？（10 分）

3. 什么是软磁材料？什么是硬磁材料？（10 分）

4. 在图 7.12 中，当给线圈外加正弦电压 u_1 时，线圈内为什么会感应出电势？当电流 i 增加和减小时，分别算出感应电势的实际方向。（10 分）

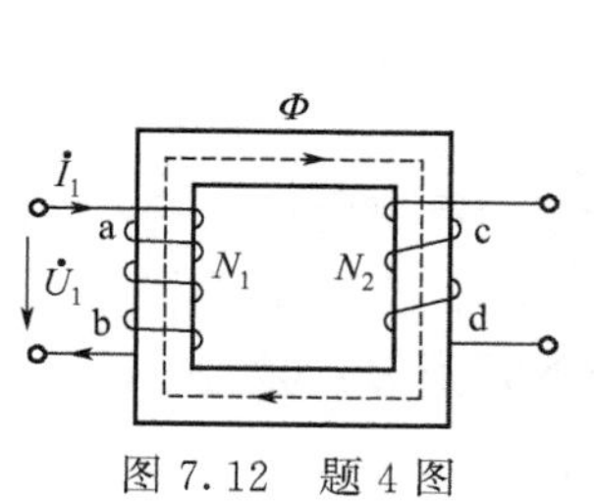

图 7.12 题 4 图

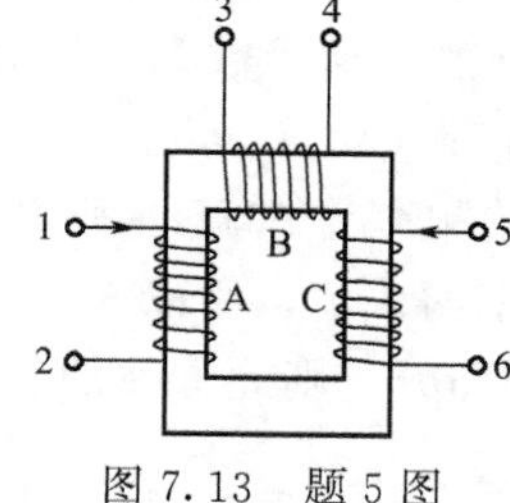

图 7.13 题 5 图

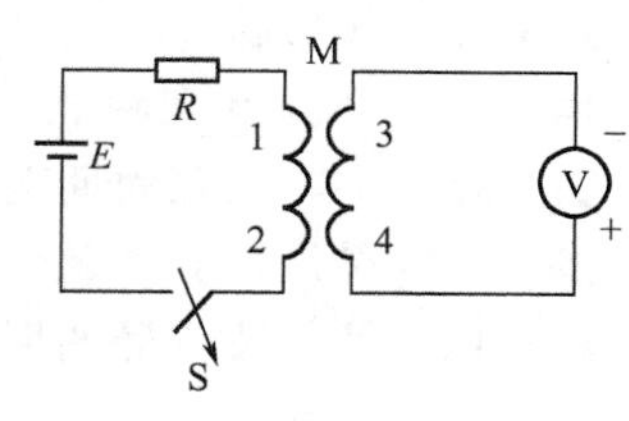

图 7.14 题 6 图

5. 请判断图 7.13 中线圈 A、B、C 的同名端。（5 分）

6. 标出图 7.14 中互感线圈的同名端当开关 S 断开瞬间电压表反偏。（6 分）

第 8 单元 UNIT 8 非正弦周期电流电路

模块 28　非正弦周期信号

知识回顾

一、非正弦周期量信号的概念

（1）非正弦周期信号：幅值随时间周期变化但不遵循正弦规律的信号。

（2）若电源是非正弦周期量的电压源或电流源，则称该电路为非正弦周期电流电路。

二、非正弦周期信号的分析方法：谐波分析法

（1）满足狄里赫利条件的周期函数可分解为傅里叶级数。

傅里叶级数包含一个恒定分量和无穷多个正弦谐波分量，谐波频率为非正弦周期信号频率的整数倍，$k=1$ 项为基波分量（基波分量的频率与非正弦周期信号的频率相同），$k\geqslant 2$ 各项称为高次谐波分量。

（2）傅里叶级数是一个收敛的无穷级数，在工程计算时往往视工程所需精度的要求取有限几项。

（3）谐波分析法。利用傅里叶级数，将非正弦周期电压、电流分解成一系列不同频率的正弦量，也就是分解成了一个直流电路和一系列不同频率的正弦电路，对这些电路进行分析，然后利用叠加原理求得各响应的和。

典型例题

【例 1】 凡是满足__________条件的周期函数都可以分解为傅里叶级数。

解： 凡是满足<u>狄里赫利</u>条件的周期函数都可以分解为傅里叶级数。

【例 2】 一非正弦周期电流的基波频率为 50Hz，则其 5 次谐波的频率为__________。

解： k 次谐波的频率就是基波频率的 k 倍，所以 5 次谐波的频率为<u>250Hz</u>。

【例 3】 某方波信号的周期 $T=0.5\mu s$，则此方波的三次谐波的频率为：<u>6×10^{6}</u> Hz。

解： 方波信号的周期已知，可得其频率 $f=\dfrac{1}{T}=2\times10^{6}$ Hz，这个频率就是基波的频率，三次谐波的频率为基波频率的 3 倍，即为：6×10^{6} Hz。

【例 4】 什么叫非正弦周期信号？你能举出几个实际中的非正弦周期信号的例子吗？

解： 幅值随时间周期变化但不遵循正弦规律的信号叫非正弦周期信号。脉冲波、方波、锯齿波、半波整流波和全波整流波都是非正弦周期信号。

【例 5】 什么是基波？什么是高次谐波？

解：频率与非正弦周期信号相同的谐波称为基波，它是非正弦量的基本成分，二次以上的谐波均称为高次谐波。

模块习题

1. 一个非正弦周期波可分解为无限多项谐波成分，这个分解过程称为__________分析，其数学基础是__________。

2. 一个非正弦周期电流的基波频率为 120Hz，则其 3 次谐波的频率为__________ Hz。

3. 某矩形波信号的周期 $T=10\mu s$，则此方波的五次谐波的频率为__________ Hz。

4. 非正弦周期性信号的傅里叶级数展开式中，谐波的频率越高，其幅值越__________（大/小）。

5. 电路中，只要电源是正弦的，那么电路中各部分的电压和电流都是正弦的，这种说法对吗？为什么？

6. 非正弦信号都是周期性的吗？

※模块 29 非正弦周期电路的有效值和平均功率

知识回顾

一、非正弦周期量的有效值和平均值

（1）有效值：非正弦周期性电流的有效值等于直流分量及各次谐波分量的有效值的平方和的平方根。

（2）平均值：平均值就是非正弦周期性电流的直流分量。

（3）注意，不同类型的仪表测量同一非正弦周期电流会得到不同结果：磁电系仪表（直流仪表）测量的是电流的恒定分量（平均值）；电磁系或电动系仪表测量的是电流的有效值；用全波整流磁电系仪表测量，得到的是电流的绝对值的平均值（整流平均值）。

二、非正弦周期量的平均功率

（1）非正弦周期电路的平均功率等于直流分量和各次谐波分量各自产生的平均功率的和，即平均功率守恒。

（2）不同频率的电压和电流只构成瞬时功率，不能构成平均功率；只有同频率的电压和电流才能构成平均功率。

典型例题

【例 1】 非正弦周期量的有效值等于它各次谐波有效值的__________。

解：非正弦周期量的有效值等于它各次谐波有效值的平方和的平方根。

【例 2】 已知一个非正弦电流 $i(t)=(10+10\sqrt{2}\sin 2\omega t)$A，它的有效值为__________ A。

解：$I=\sqrt{I_0^2+I_2^2}=\sqrt{10^2+10^2}=10\sqrt{2}$A，它的有效值为$\underline{10\sqrt{2}}$A。

【例 3】 $i(t)=10+10\sqrt{2}\sin(3t+35°)+10\sqrt{2}\sin(9t+35°)$A，$\omega=3$rad/s，因此该电流的直流分量是__________A，基波有效值是__________A，3 次谐波有效值是__________A，该电流的有效值为__________A。

解：$i(t)=10+10\sqrt{2}\sin(3t+35°)+10\sqrt{2}\sin(9t+35°)$A，$\omega=3$rad/s，直流分量为$\underline{10}$A，$10\sqrt{2}\sin(3t+35°)$ 为基波分量，有效值为$\underline{10}$A，$10\sqrt{2}\sin(9t+35°)$ 为 3 次谐波分量，有效值为$\underline{10}$A，该电流的有效值为 $I=\sqrt{I_0^2+I_1^2+I_3^2}=\sqrt{10^2+10^2+10^2}=\underline{10\sqrt{3}}$A。

【例 4】 非正弦波的平均功率等于它的____________________平均功率的和。其中，只有__________的谐波电压和电流才能构成平均功率，不同__________的电压和电流是不能产生平均功率的。

解：非正弦波的平均功率等于它的<u>直流分量和各次谐波分量各自产生的</u>平均功率的和。其中只有<u>同频率</u>的谐波电压和电流才能构成平均功率，不同<u>频率</u>的电压和电流是不能产生平均功率的。

【例 5】 二端网络的端口电压、电流分别为：$u(t)=5+4\sin\omega t+10\sin3\omega t$V，$i(t)=2+10\sin(\omega t-60°)+5\sin4\omega t$A。电压、电流为关联参考方向，则二端网络吸收的平均功率为多少？

解：3 次谐波的电流为零，4 次谐波的电压为零，所以该二端网络的 3 次谐波、4 次谐波的平均功率为零。

$$P=5\times2+\frac{4}{\sqrt{2}}\times\frac{10}{\sqrt{2}}\cos[0-(-60°)]=20\text{W}$$

【例 6】 如图 8.1 所示，电路中 $R=10\Omega$，$\omega L=10\Omega$，$u(t)=[60+40\sqrt{2}\sin\omega t+20\sqrt{2}\sin(2\omega t)]$V，求电流的有效值及电路消耗的平均功率。

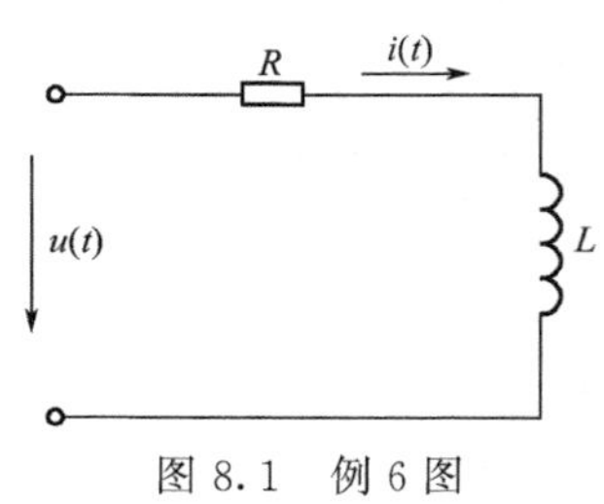

图 8.1 例 6 图

解：直流分量单独作用时，电感相当于短路，$I_0=\frac{60}{10}=6$A。

基波单独作用时，$I_1=\frac{40}{\sqrt{10^2+10^2}}=2\sqrt{2}A=2.83$A，阻抗角 $\psi_1=45°$

二次谐波单独作用时，$2\omega L=20\Omega$，$I_2=\frac{20}{\sqrt{10^2+20^2}}=\frac{2\sqrt{5}}{5}$A，阻抗角 $\psi_2=\arctan\frac{20}{10}=63.4°$

所以电流的有效值 $I=\sqrt{6^2+(2\sqrt{2})^2+\left(\frac{2\sqrt{5}}{5}\right)^2}=\sqrt{44.8}\approx6.7$A

直流分量的功率：　$P_0=60\times6=360$W

一次谐波分量的功率：　$P_1=40\times2\sqrt{2}\times\cos45°=80$W

二次谐波分量的功率：　$P_2=20\times\frac{2\sqrt{5}}{5}\times\cos63.4°=8$W

电路消耗的平均功率：　$P=360+80+8=448$W

模块习题

1. 已知某一电压 $u(t)=[40\sin\omega t+20\sin(3\omega t+45°)+10\sin5\omega t]$V，求电压的有效值 U。

2. $i(t)=[10+5\sqrt{2}\sin(5t+35°)+3\sqrt{2}\sin(15t+35°)]$A，$\omega=5$rad/s，因此该电流的直流分量是________ A，基波有效值是________ A，3 次谐波有效值是________ A，该电流的有效值为________ A。

3. 应用不同的测量仪表测量同一个非正弦电压 $u(t)=[50+60\sin\omega t+70\sin(3\omega t+30°)]$V，读数分别为：应用磁电式电压表达时为________ V，应用电磁电压表达时为________ V。

4. 已知一无源二端网络的外加电压及输入电流分别为 $u=311\sin\omega t$V，$i=[0.8\sin(\omega t-85°)+0.5\sin(3\omega t+45°)]$A。求该网络的吸收功率。

5. 已知某电路的电压、电流分别为 $u(t)=[10+20\sin(\omega t-30°)+8\sin(3\omega t-30°)]$V，$i(t)=[3+6\sin(\omega t+30°)+2\sin5\omega t]$A。

求该电路的电压、电流有效值和平均功率。

单元自测题（一）

一、填空题（每空 2 分，共 40 分）

1. 一个线性电路中，如果电源电压是非正弦的，那么电路中产生的电流为________。

2. 一个直流电压 $U=5$V 和一个正弦电压 $u=6\sin\omega t$V，则串联叠加合成的电压的表达式为 $u=$______________。

3. 一个对称方形波的周期 $T=5\mu s$，则此方形波的基波频率为________、三次谐波频率为________、五次谐波频率为________。

4. 已知某一电流表达式 $i=[20\sqrt{2}\sin\omega t+20\cos3\omega t+10\sqrt{2}\sin(5\omega t+60°)]$A，其中 $\omega=314$rad/s，则此电流的周期 $T=$________ s，其中基波分量 $i_1=$________ A，频率 $f_1=$________ Hz，初相位 $\psi_1=$________，振幅值 $I_{1m}=$________ A；三次谐波分量 $i_3=$________ A，频率 $f_3=$________ Hz，初相位 $\psi_3=$________，振幅值 $I_{3m}=$________ A；五次谐波分量 $i_5=$________ A，频率 $f_5=$________ Hz，初相位 $\psi_3=$________，振幅值 $I_{5m}=$________ A。

※5. 某一非正弦周期电压只有基波、三次谐波、五次谐波，且它们的最大值分别为 30V、8V、2V，则此电压有效值为________ V。

6. 基波为谐波中与非正弦周期波具有________频率的正弦分量。

二、选择题（每空 4 分，共 20 分）

1. 一非正弦周期电流的基波频率为 30Hz，则其 7 次谐波的频率为（　　）。

A. 150Hz　　B. 210Hz　　C. 300Hz　　D. 600Hz

※2. 因非正弦周期量分解后的各次谐波都是正弦量，所以其有效值与最大值之间存在（　　）关系。

A. 2　　B. $\sqrt{2}$　　C. $2\sqrt{2}$　　D. 4

3. 下列表达式中，（　　）属于非正弦电流。

A. $i(t)=[7\sin\omega t+3\sin(\omega t+30°)]$A　　B. $i(t)=[10\sin\omega t+10\cos\omega t]$A

C. $i(t)=[5\sin\omega t+\frac{5}{3}\sin3\omega t]$A　　D. $i(t)=[10\sin\omega t-5\cos(\omega t+150°)]$A

※4. 已知某二端网络的端口电压为 $u=[10+10\sqrt{2}\sin(\omega t+45°)]$V，流入的电流为 $i=[2+\sqrt{2}\sin\omega t]$A，电压和电流为关联参考方向。求该二端网络消耗的平均功率为(　　)。

A. 40W　　B. $(20+10\sqrt{2})$W　　C. $(20+5\sqrt{2})$W　　D. $(10+5\sqrt{2})$W

※5. 用电磁系或电动系仪表测量电流，得到的均是电流的（　　）。

A. 有效值　　B. 最大值　　C. 瞬时值　　D. 恒定分量

三、判断题（每空 4 分，共 20 分）

1. $u=(30+40\sin\omega t)$V 是正弦周期电压。（　　）

※2. 磁电系仪表测量的是非正弦周期电流的有效值。（　　）

3. 只要电源为正弦，电路中各部分电流及电压都为正弦。（　　）

4. 傅里叶级数是一个收敛级数，谐波的项数取得越多，合成的波形就越接近原来的波形。（　　）

5. 谐波分析法是解决非正弦周期电流电路的有效方法。（　　）

四、计算题（每题 10 分，共 20 分）

※1. 有一个二端网络的端口电压为 $u(t)=[100+40\sqrt{2}\sin(\omega t+30°)+12\sqrt{2}\sin(2\omega t+90°)]$V，试求电压的有效值和平均值。

※2. 某一非正弦电压、电流分别为 $u(t)=[50+60\sqrt{2}\sin(\omega t+30°)+40\sqrt{2}\sin(2\omega t+10°)]$V，$i(t)=[1+0.5\sqrt{2}\sin(\omega t-30°)+0.3\sqrt{2}\sin(2\omega t+40°)]$A。电压和电流为关联参考方向，求平均功率。

单元自测题（二）

一、填空题（每空 2 分，共 40 分）

1. 正弦电压作用于含有非线性元件的电路时，电路中产生的电流是__________。

2. 一个对称方形波的周期 $T=10\mu s$，则此方形波的基波频率为__________Hz、三次谐波频率为__________Hz、六次谐波频率为__________Hz。

※3. 若电压 $u(t)=[30\sqrt{2}\sin\omega t+40\sqrt{2}\sin(3\omega t-60°)+70\sqrt{2}\sin(5\omega t+120°)]$V，则各次谐波的有效值：$U_0=$__________V，$U_1=$__________V，$U_3=$__________V，$U_5=$__________V，$U=$__________V。

4. 非正弦信号可分为__________和__________两种。

※5. 非正弦周期电流电路的平均功率等于__________。

6. 凡是满足狄里赫利条件的周期函数都可以分解为__________。

※7. 有一电流 $i=\left[\frac{I_m}{2}-\frac{I_m}{\pi}\left(\sin\omega t+\frac{1}{2}\sin2\omega t+\frac{1}{3}\sin3\omega t+\cdots\right)\right]$A，则其恒定分量 $I_0=$__________；基波分量 $i_1=$__________，基波分量有效值 $I_1=$__________；二次谐波分量 $i_2=$__________，二次谐波分量有效值 $I_2=$__________。

※8. __________频率的电压与电流只构成瞬时功率，不能构成平均功率；__________频率的电压与电流才构成平均功率。

二、选择题（每题4分，共20分）

※1. 因非正弦周期量分解后的各次谐波都是正弦量，所以其有效值与最大值之间存在（　　）关系。

A. 2　　B. $\sqrt{2}$　　C. $2\sqrt{2}$　　D. 4

2. 图8.2中，图（　　）不属于非正弦周期波。

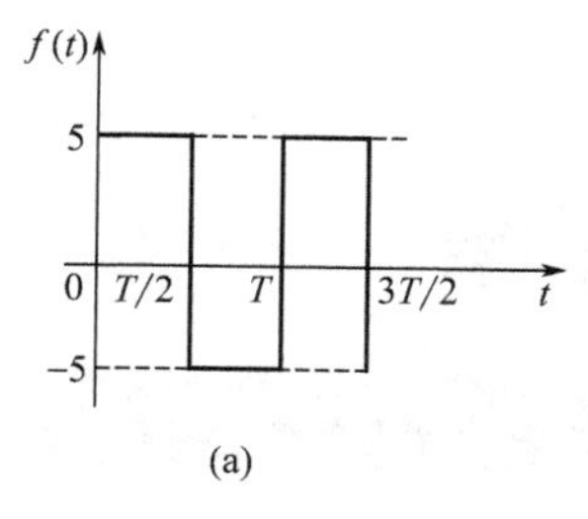

(a)

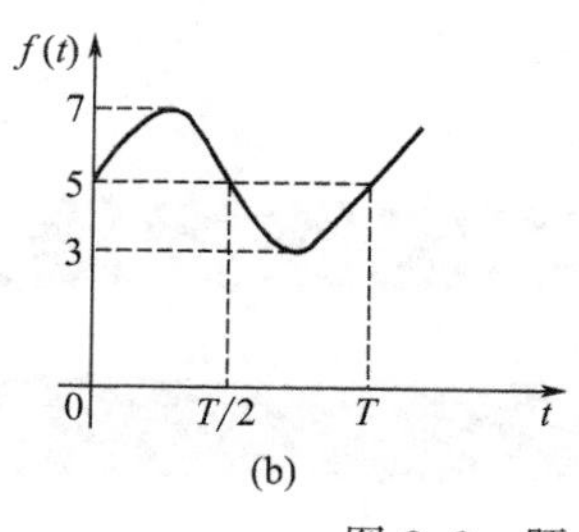

(b)

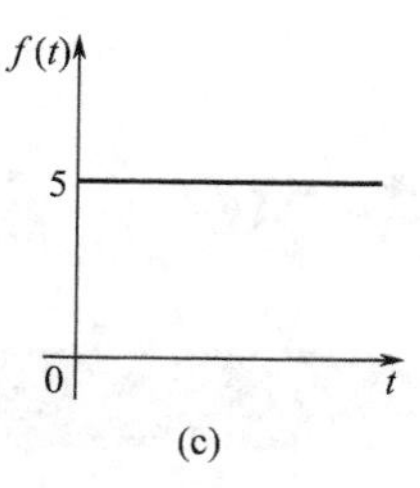

(c)

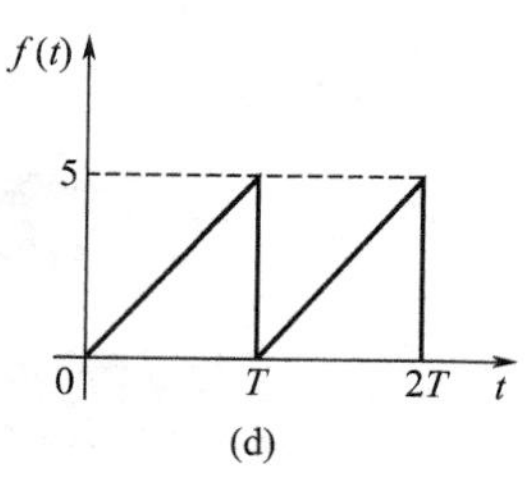

(d)

图8.2　题2图

3. 若一个非正弦周期电流的三次谐波分量为 $i_3=30\sin(3\omega t+60°)$A，则其三次谐波分项的有效值 I_3 为（　　）A。

A. 30　　B. $3\sqrt{2}$　　C. $15\sqrt{2}$　　D. $7.5\sqrt{2}$

※4. 周期电流 $i(t)=[2+8\sin(\omega t-15°)+6\sin(3\omega t+40°)]$A 的有效值为（　　）。

A. 2A　　B. 8A　　C. 7A　　D. $3\sqrt{6}$A

※5. 已知一个无源二端网络的外加电压 $u(t)=(200+20\sqrt{2}\sin\omega t)$V，关联方向下端口电流 $i(t)=(10+2\sqrt{2}\sin\omega t)$A，则视在功率 $S=$________ V·A。

A. $200\times100+20\times2\sqrt{2}$　　B. $200\times10+20\times2$

C. $\frac{200}{\sqrt{2}}\times\frac{100}{\sqrt{2}}+20\times2$　　D. $\sqrt{200^2+20^2}\times\sqrt{10^2+2^2}$

三、判断题（每题4分，共20分）

※1. 非正弦周期电源的平均功率等于直流分量和各次谐波各自产生的平均功率的代数和。（　　）

2. 若电路中存在非线性元件，即使在正弦电源的作用下，电路中也将产生非正弦周期的电压和电流。（　　）

※3. 非正弦周期性电流的有效值等于其各次谐波分量有效值的平方和。（　　）

※4. 在测量非正弦周期电流和电压时，不需要选择合适的仪表。（　　）

5. 谐波分析法是解决所有非正弦电流电路的有效方法。（　　）

四、计算题（每题10分，共20分）

※1. 已知某二端网络的端电压为 $u(t)=(100+100\sin t+50\sin 2t+30\sin 3t)$V，流入端钮的电流为 $i(t)=[10\sin(t-60°)+2\sin(3t-45°)]$A，求二端网络吸收的平均功率。

※2. 已知一个非正弦周期电流 $i(t)=[8+6\sqrt{2}\sin(\omega t+30°)+4\sqrt{2}\sin(2\omega t+90°)]$A，求该电流的有效值。

第9单元 UNIT 9 动态电路分析

模块30　动态电路换路定律

知识回顾

一、概念

（1）稳态　电压或电流为稳定（恒定不变或随时间按周期规律变化）的状态。

（2）暂态（过渡过程）　电路的过渡过程又称暂态过程，指电路从一种稳态到达另一种稳态所经历的中间过程。

二、过渡过程产生的原因

（1）换路（电路的通断、改接、电路参数的突然变化等都叫做换路）。

（2）电路中含有储能元件电容或电感。能量的积蓄和释放都需要一定时间，称为能量不能跃变，而耗能元件电阻则不然。

三、换路定律

本质是：储能元件的能量不能跃变，体现为电容电压不能跃变，电感电流不能跃变。

即
$$\begin{cases}u_C(0_+)=u_C(0_-)\\ i_L(0_+)=i_L(0_-)\end{cases}$$

四、注意

本单元对于一阶动态电路的研究和分析都建立在直流激励的前提下。如果激励为正弦交流，那么分析方法基本相同，但本书不做要求。

典型例题

【例1】 ________是产生过渡过程的内因，________是产生过渡过程的外因。

解：过渡过程产生的原因有两个，一是由于电路中含有储能元件，这是内因；二是因为换路，这是外因。

【例2】 所有的电路在换路时都会产生过渡过程吗？

解：不会，只有含储能元件的电路在换路时才会产生过渡过程。

模块习题

1. 换路定律的本质是储能元件的________不能跃变，体现为________电压不能跃变，__________电流不能跃变。

2. 在电路中，电源的突然接通或断开，电源瞬时值的突然跳变，某一元件的突然接入或被移去等，统称为__________。

3. 电路从一种稳态到达另一种稳态所经历的中间过程称为__________。

4. 换路定律用公式可表示为__________和__________。

模块 31　动态电路的初始值

知识回顾

一、确定初始值的步骤

(1) 按换路前的电路计算 $u_C(0_-)$ 和 $i_L(0_-)$。

(2) 根据换路定律，确定 $u_C(0_+)$ 和 $i_L(0_+)$。

(3) 根据 $u_C(0_+)$ 和 $i_L(0_+)$ 的值，确定电容和电感的状态，并画出 $t=0_+$ 时的等效电路图。

(4) 按换路后等效电路，应用电路的基本定律和基本分析方法，计算各元件的电压和电流的初始值。

二、画 $t=0_+$ 时的等效电路图

(1) 零初始状态，即 $u_C(0_+)=0$，$i_L(0_+)=0$。

画 $t=0_+$ 时的等效电路图时，视电容为短路，电感为开路。

(2) 非零初始状态，即 $u_C(0_+)=U_0$，$i_L(0_+)=I_0$。

画 $t=0_+$ 时的等效电路图时，电容用 $U_S=U_0$ 的电压源替代，电感用 $I_S=I_0$ 的电流源替代。

典型例题

【例 1】 在换路后，若 $t=0_+$ 时 $i_L(0_+)=0\text{A}$，则该电感视为__________；若 $i_L(0_+)=2\text{A}$，则该电感视为__________。

解： 换路后，若 $t=0_+$ 时 $i_L(0_+)=0\text{A}$，则该电感视为开路；若 $i_L(0_+)=2\text{A}$，则该电感视为2A的电流源。

【例 2】 在换路后，若 $t=0_+$ 时 $u_L(0_+)=0\text{V}$，则该电容视为__________；若 $u_L(0_+)=2\text{V}$，则该电容视为__________。

解： 换路后，若 $t=0_+$ 时 $u_L(0_+)=0\text{V}$，则该电容视为短路；若 $u_L(0_+)=2\text{V}$，则该电容视为2V的电压源。

【例 3】 电路如图 9.1(a) 所示，$t=0$ 时开关闭合，则 $u_C(0_+)=$__________V。

解： 换路前，电路图如 9.1(b) 所示，电容在直流激励下为开路，因此 $u_C(0_-)=2\text{V}$。由换路定律可得 $u_C(0_+)=u_C(0_-)=2\text{V}$。

【例 4】 图 9.2 所示电路，原已达到稳定状态，$t=0$ 时，闭合开关 S，则 $i_L(0_+)=$__________A。

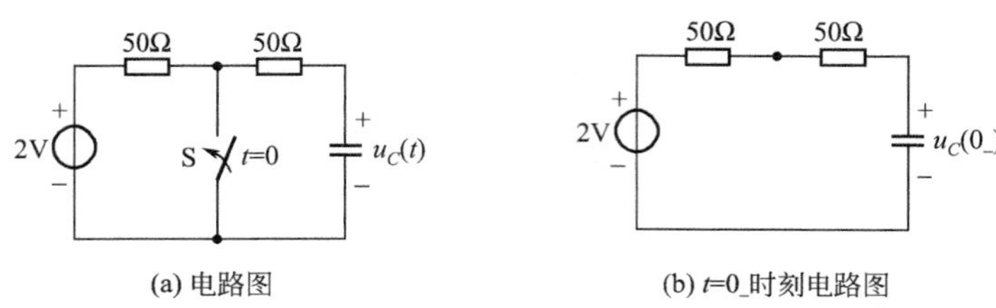

(a) 电路图　　(b) $t=0_-$时刻电路图

图 9.1　例 3 图

解：换路前电路中没有电源，所以 $i_L(0_-)=0$，由换路定律，换路前后电感电流不能跃变，得到 $i_L(0_+)=0$A。

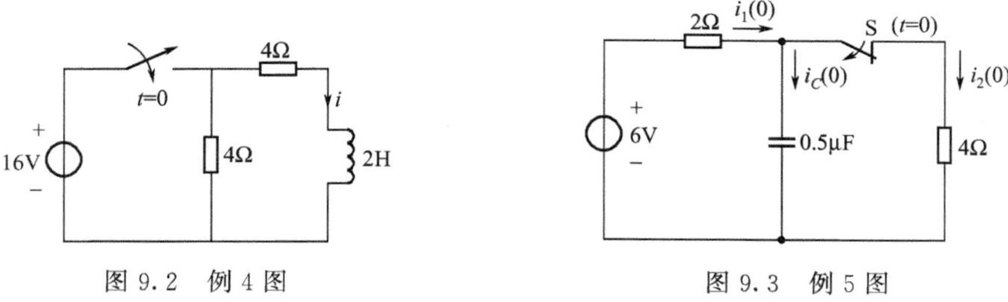

图 9.2　例 4 图　　图 9.3　例 5 图

【例 5】 如图 9.3 所示电路，换路前已达稳态，在 $t=0$ 时将开关 S 断开，试求换路瞬间各支路电流及储能元件上的电压初始值。

解：换路前电容在直流激励下相当于开路，等效电路图如图 9.4(a) 所示。电路中的电流 $i_1(0_-)=i_2(0_-)=\dfrac{6}{2+4}=1\text{A}$，电容的电压就是 4Ω 电阻两端的电压，因此 $u_C(0_-)=1\times4=4\text{V}$，由换路定律 $u_C(0_+)=4\text{V}$。

画出 $t=0_+$ 时的等效电路图如图 9.4(b) 所示。

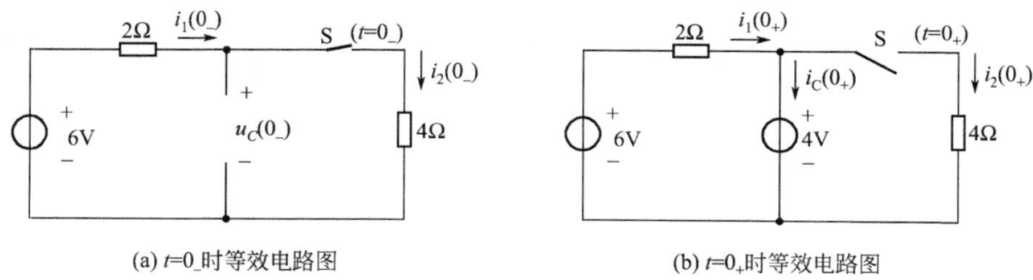

(a) $t=0_-$时等效电路图　　(b) $t=0_+$时等效电路图

图 9.4　等效电路图

可得：$i_1(0_+)=i_C(0_+)=\dfrac{6-4}{2}=1\text{A}$，$i_2(0_+)=0\text{A}$。

【例 6】 图 9.5(a) 所示电路中的开关，在 $t=0$ 打开之前已经关闭长时间。

(1) 求 $i_1(0_-)$ 和 $i_2(0_-)$；(2) 求 $i_1(0_+)$ 和 $i_2(0_+)$；

解：(1) 换路前电路处于稳态，电感相当于短路，等效电路图如 9.5(b) 所示，此时电流

$$i_1(0_-)=i_2(0_-)=\frac{9}{15+\dfrac{15\times15}{15+15}}\times\frac{15}{15+15}=0.2\text{A}$$

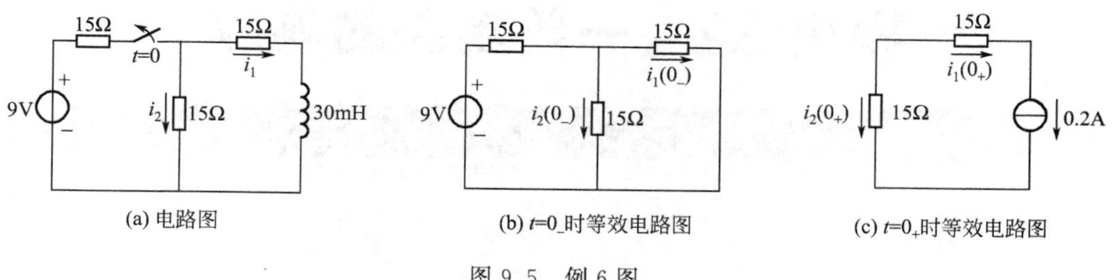

图 9.5 例 6 图

由换路定律可得 $i_1(0_+)=i_1(0_-)=0.2\text{A}$。

(2) 画出 $t=0_+$ 时的等效电路图如图 9.5(c) 所示，

由图可以看出 $i_2(0_+)=-0.2\text{A}$，$i_1(0_+)=0.2\text{A}$。

模块习题

1. 画 $t=0_+$ 时的等效电路图时，如果电容和电感是零初始状态，即 $u_C(0_+)=0$，$i_L(0_+)=0$，那么在等效电路图中，视电容为__________，电感为__________。

2. 画 $t=0_+$ 时的等效电路图时，如果 $u_C(0_+)=U_0$，$i_L(0_+)=I_0$。那么在等效电路图中，电容用________________替代，电感用________________替代。

3. 电路如图 9.6 所示，$u_C(0_-)=0\text{V}$，$t=0$ 时开关闭合，那么 $u_C(0_+)$ 等于多少?

4. 图 9.7 所示电路中，$t=0$ 时开关打开，那么 $u(0_+)$ 等于多少?

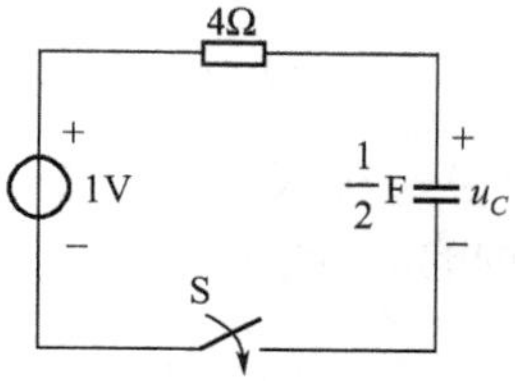

图 9.6 习题 3 图

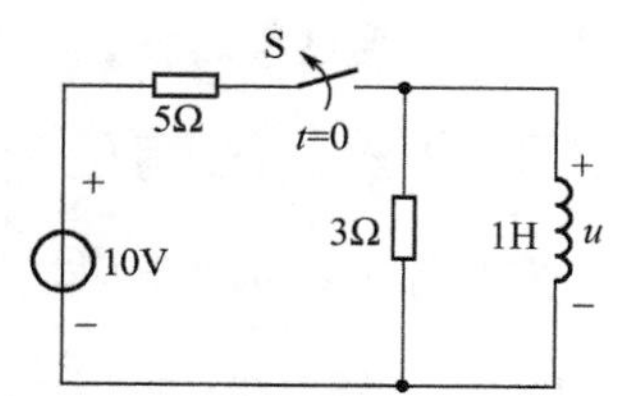

图 9.7 习题 4 图

5. 电路如图 9.8 所示，已知 $U_S=12\text{V}$，$R_1=R_2=30\Omega$，试求 S 闭合时，$u_C(0_+)$、$u_{R_2}(0_+)$、$i_1(0_+)$、$i_2(0_+)$。

6. 在图 9.9 所示电路中，$U_S=10\text{V}$，$R_1=2\Omega$，$R_2=R_3=4\Omega$，$L=0.2\text{H}$，开关 S 未打开前电路已处于稳态，$T=0$ 时把开关 S 打开。试 $i_L(0_+)$、$u_L(0_+)$、$u_{R_2}(0_+)$。

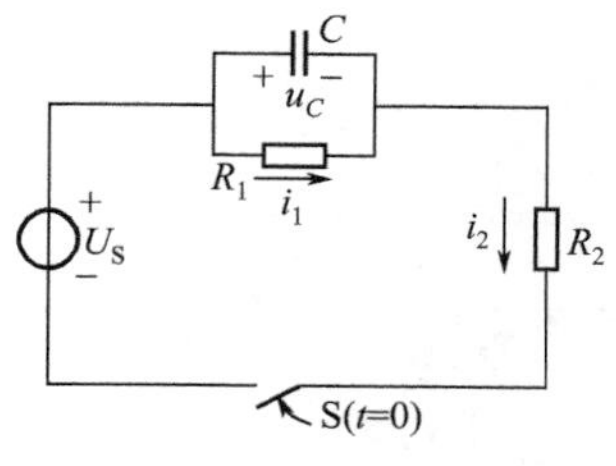

图 9.8 习题 5 图

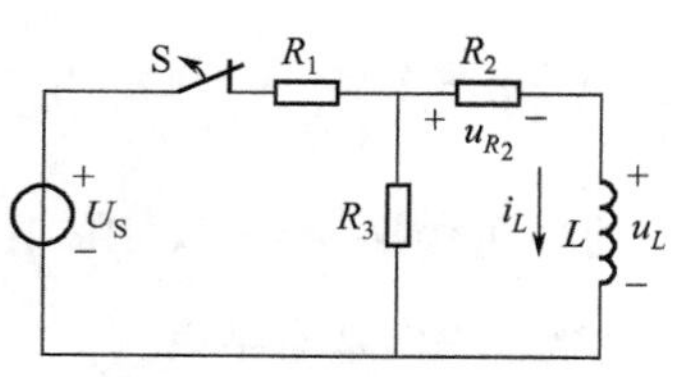

图 9.9 习题 6 图

模块32　一阶电路的响应

知识回顾

一、一阶电路

只含有一个储能元件的电路称为一阶电路。

二、RC电路的零输入响应

（1）概念：RC电路的零输入响应，是指输入信号为零的响应。也就是电容元件的放电过程。

（2）公式：$\left.\begin{array}{l} u_C=U_C(0_+)\mathrm{e}^{-\frac{t}{\tau}} \\ i=-\dfrac{U_C(0_+)}{R}\mathrm{e}^{-\frac{t}{\tau}} \end{array}\right\}$，$\tau=RC$，为RC电路的时间常数。时间常数 τ 越大，放电所需时间越长，过渡过程越慢。

三、RL电路的零输入响应

（1）概念：RL电路的零输入响应，是指输入信号为零的响应。也就是电感元件的放电过程。

（2）公式：$\left.\begin{array}{l} i=i_L(0_+)\mathrm{e}^{-\frac{t}{\tau}} \\ u_L=-i_L(0_+)R\mathrm{e}^{-\frac{t}{\tau}} \end{array}\right\}$，$\tau=\dfrac{L}{R}$，为RL电路的时间常数。时间常数 τ 越大，放电所需时间越长，过渡过程越慢。

四、RC电路的零状态响应

（1）概念：RC电路的零状态响应，是指初始条件为零的响应，也就是电容元件的充电过程。

（2）公式：$\left.\begin{array}{l} u_C=U_S(1-\mathrm{e}^{-\frac{t}{\tau}}) \\ i=\dfrac{U_S}{R}\mathrm{e}^{-\frac{t}{\tau}} \end{array}\right\}$，时间常数 $\tau=RC$，与RC电路的零输入响应相同。

五、RL电路的零状态响应

（1）概念：RL电路的零状态响应，是指初始条件为零的响应，也就是电感元件的充电过程。

（2）公式：$\left.\begin{array}{l} i=\dfrac{U_S}{R}(1-\mathrm{e}^{-\frac{t}{\tau}}) \\ u_L=U_S\mathrm{e}^{-\frac{t}{\tau}} \end{array}\right\}$，时间常数 $\tau=\dfrac{L}{R}$，与RL电路的零输入响应相同。

六、时间常数 τ

RC电路中的时间常数 $\tau=RC$，RL电路中的时间常数 $\tau=\dfrac{L}{R}$，工程上一般认为经过（4～5)τ_C 的时间，过渡过程已基本结束。

换路后，电路中只有一个储能元件时，将储能元件以外的电路视为有源二端网络，然后求其无源二端网络的等效内阻 R，这个内阻 R 就是时间常数 τ 中的电阻 R。

典型例题

【例 1】 如图 9.10(a) 所示，电路原已达稳态，$t=0$ 时，打开开关 S，则电路的时间常数 $\tau=$__________ s。

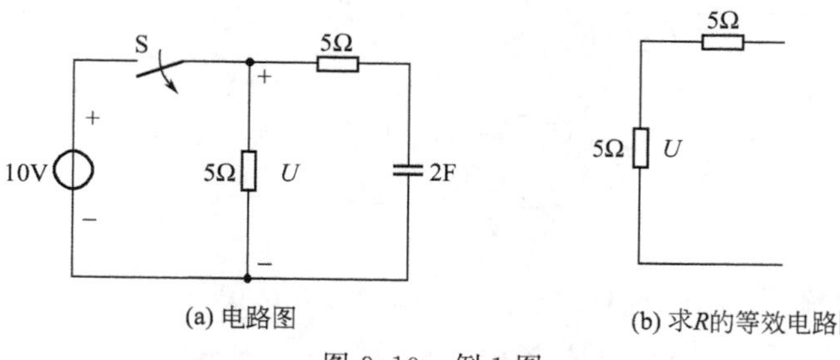

(a) 电路图　　(b) 求R的等效电路图

图 9.10　例 1 图

解： 换路后，将储能元件以外的电路除去电源后求等效内阻。本题换路后已无电源，等效电路如图 9.10(b) 所示：

可见电阻 $R=5+5=10\Omega$，因此时间常数 $\tau=RC=10\times2=\underline{20}\text{s}$。

【例 2】 求图 9.11(a) 所示电路换路后的时间常数。

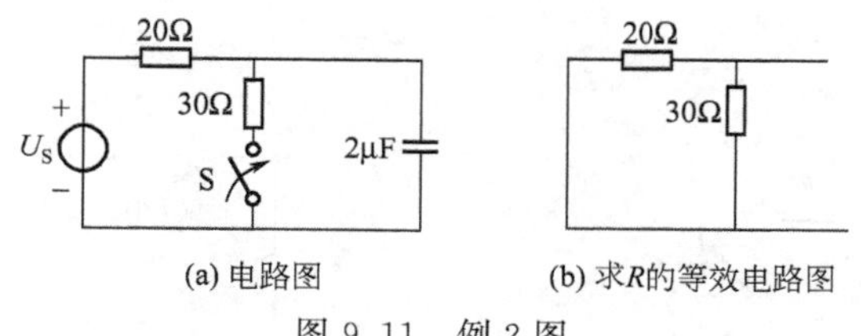

(a) 电路图　　(b) 求R的等效电路图

图 9.11　例 2 图

解： 换路后计算电阻的等效电路图如图 9.11(b) 所示。

所以 $R=\dfrac{20\times30}{20+30}=12\Omega$，因此时间常数 $\tau=RC=12\times2\times10^{-6}=2.4\times10^{-5}\text{s}$。

【例 3】 电路如图 9.12 所示，已知 $U_S=10\text{V}$，$R_1=2\Omega$，$R_2=3\Omega$，$C=1\text{F}$，在 $t=0$ 时开关 S 打开，S 打开前电路已达稳态。试求 S 打开后，电阻 R_2 的电流 $i_2(t)$。

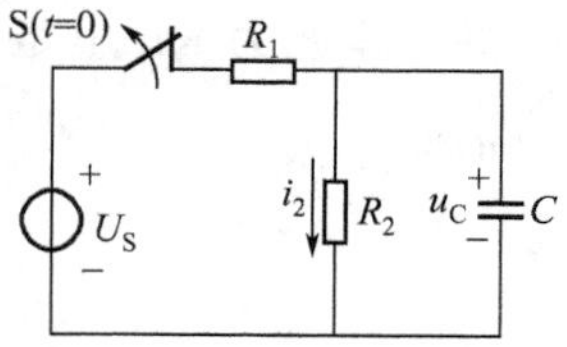

图 9.12　例 3 图

解： 本题为 RC 电路的零输入响应。

换路前，由于电容在直流激励下视同开路，所以 $U_C(0_-)=\dfrac{R_2}{R_1+R_2}U_S=6\text{V}$。

由换路定律得 $U_C(0_+)=U_C(0_-)=6\text{V}$。

时间常数 $\tau=RC=R_2C=3\times1=3\text{s}$。

因此换路后电容的电压 $u_C(t)=U_C(0_+)\ e^{-\frac{t}{\tau}}=6e^{-\frac{t}{3}}\text{V}$，电阻 R_2 的电流 $i_2(t)=\dfrac{u_C(t)}{R_2}=\dfrac{6e^{-\frac{1}{3}}}{3}=2e^{-\frac{1}{3}}\text{A}$

【例 4】 图 9.13 所示电路中，已知，$U_S=9\text{V}$，$R_1=2\Omega$，$R_2=3\Omega$，$L=5\text{H}$，在 $\tau=0$

时打开开关 S，在要打开前电路已处于稳态，求换路后的电感电流 $i_L(t)$、$U_{R_2}(t)$。

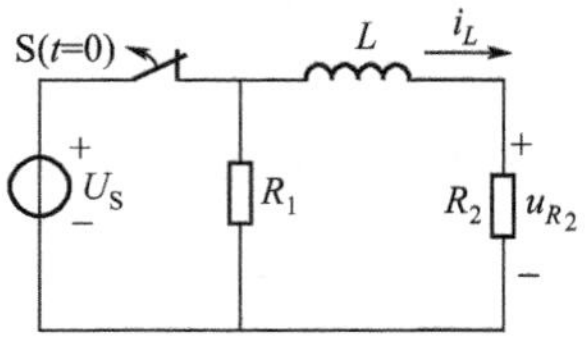

图 9.13　例 4 图

解：本题为 RL 电路的零输入响应。

换路前，电感在直流激励下相当于短路。

$$i_L(0_-)=\frac{U_S}{\dfrac{R_1\times R_2}{R_1+R_2}}\times\frac{R_1}{R_1+R_2}=\frac{9}{1.2}\times\frac{2}{5}=3A$$

由换路定律得　$i_L(0_+)=i_L(0_-)=3A$

时间常数　$\tau=\dfrac{L}{R}=\dfrac{5}{2+3}=1s$

换路后电感的电流　$i_L(t)=i_L(0_+)e^{-\frac{t}{1}}=3e^{-t}A$

$$U_{R_2}(t)=R_2\times i_L(t)=3\times 3e^{-t}=9e^{-t}V$$

【例 5】 如图 9.14 所示，已知 $U_S=12V$，$R=1\Omega$，$U_C(0_-)=0V$，$C=5F$。在 $t=0$ 时，合上开关 S。试求换路后的电容电压 $U_C(t)$ 和电流 $i_C(t)$。

解：本题为 RC 电路的零状态响应。

时间常数　$\tau=RC=1\times 5=5s$

$$U_C(t)=U_S(1-e^{-\frac{t}{\tau}})=12(1-e^{-\frac{t}{5}})V$$

$$i_C(t)=\frac{U_S}{R}e^{-\frac{t}{\tau}}=\frac{12}{1}e^{-\frac{t}{5}}=12e^{-\frac{t}{5}}A$$

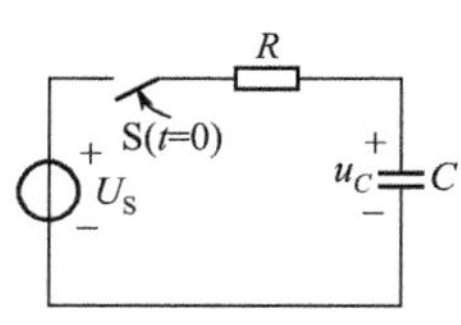
图 9.14　例 5 图

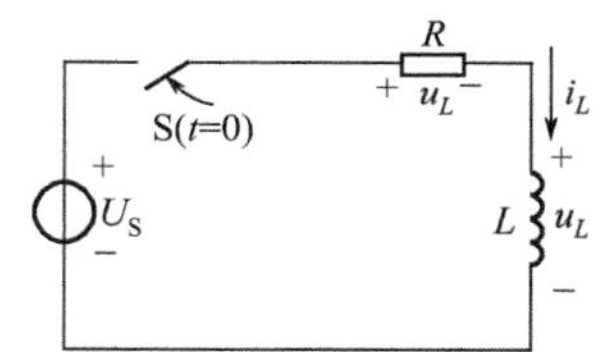
图 9.15　例 6 图

【例 6】 如图 9.15 所示电路中，已知：$U_S=15V$，$R=5\Omega$，$L=10H$。在 $t=0$ 时合上开关 S，试求 S 合上后的 $i_L(t)$、$u_L(t)$、$u_R(t)$。[设 $i_L(0_-)=0$]

解：本题为 RL 电路的零状态响应。

时间常数　$\tau=\dfrac{L}{R}=\dfrac{10}{5}=2s$

$$i_L(t)=\frac{U_S}{R}(1-e^{-\frac{t}{\tau}})=\frac{15}{5}(1-e^{-\frac{t}{2}})=3(1-e^{-\frac{t}{2}})A$$

$$u_R(t)=i_L(t)\times R=15(1-e^{-\frac{t}{2}})V$$

$$u_L(t)=U_Se^{-\frac{t}{\tau}}=15e^{-\frac{t}{2}}V$$

模块习题

1. 如图 9.16 所示，已知 $U_S=10V$，$R=5\Omega$，$C=2F$。$t<0$ 时电路处于稳态，在 $t=0$ 时，合上开关 S。试求换路后的电容电压 $u_C(t)$ 和电流 $i_C(t)$。

2. 在图 9.17 所示的电路中，已知 $U_S=15V$，$R_1=2\Omega$，$R_2=3\Omega$，$C=2F$，$t<0$ 时电路处于稳定状态，$t=0$ 时开关 S 由 1 扳向 2，求 $t>0$ 时电压 $u_C(t)$ 和电流 $i_C(t)$。

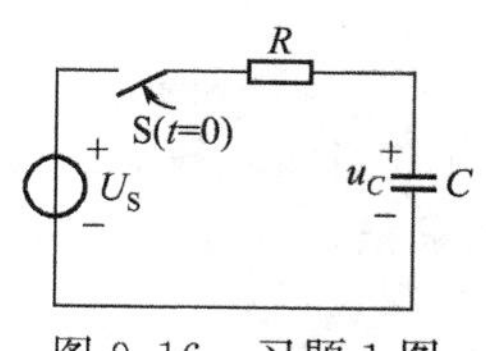

图 9.16 习题 1 图

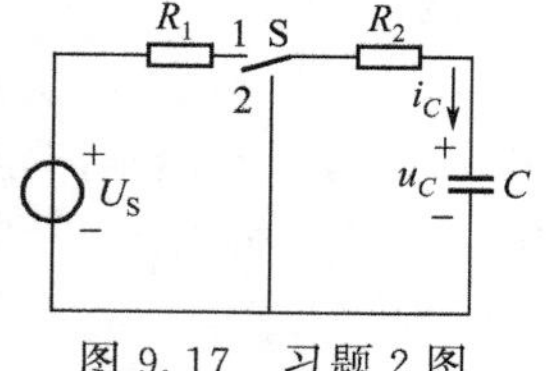

图 9.17 习题 2 图

3. 如图 9.18 所示，$U_S=10V$，$R_1=2\Omega$，$R_2=2\Omega$，$L=0.2H$，开关 S 未打开前电路已处于稳态，$t=0$ 时把开关 S 打开。试求 $i_L(t)$、$u_L(t)$。

4. 在图 9.19 所示电路中，已知 $U_S=40V$，$R_1=20\Omega$，$R_2=20\Omega$，$L=2H$，开关 S 在 $t=0$ 时闭合，在闭合前，电路已处于稳态。试求 S 闭合后的 $u_L(t)$、$i_L(t)$。

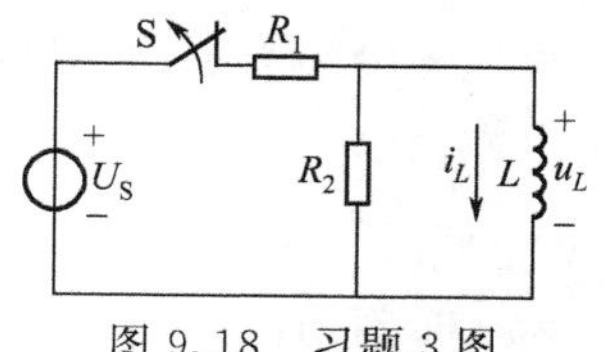

图 9.18 习题 3 图

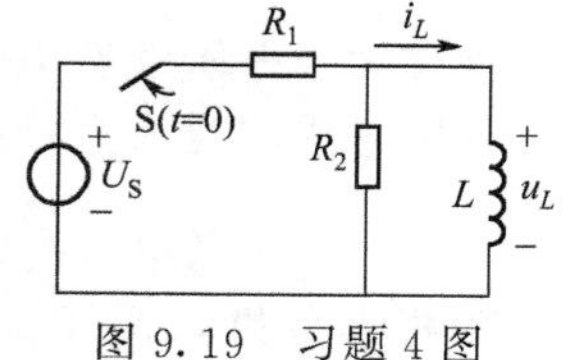

图 9.19 习题 4 图

模块 33 一阶电路分析方法

知识回顾

一、微分方程法

1. 概念

一阶电路的初始条件不为零，且又有电源作用，此时电路的响应称为一阶电路的全响应。

2. RC 电路的全响应

$u_C=U_S+(U_0-U_S)e^{-\frac{t}{\tau}}$ 可以分解成全响应＝稳态分量＋暂态分量；

或 $u_C=U_0e^{-\frac{t}{\tau}}+U_S(1-e^{-\frac{t}{\tau}})$ 可以分解成全响应＝零输入响应＋零状态响应。

3. RL 电路的全响应

$i_L=\frac{U_S}{R}+\left(I_0-\frac{U_S}{R}\right)e^{-\frac{t}{\tau}}$ 同样可以分解成全响应＝稳态分量＋暂态分量；

$i_L=I_0e^{-\frac{t}{\tau}}+\frac{U_S}{R}(1-e^{-\frac{t}{\tau}})$ 同样可以分解成全响应＝零输入响应＋零状态响应。

二、三要素法

一阶电路过渡过程解的形式：$f(t)=f(\infty)+[f(0_+)-f(\infty)]e^{-\frac{t}{\tau}}$，其中 $f(t)$ 表示一阶电路过渡过程中的电压和电流；$f(0_+)$、$f(\infty)$、τ 表示过渡过程中电压和电流的初始

值、稳态值和时间常数。

解题步骤如下。

(1) 求初始值 $f(0_+)$：利用换路定律和 $t=0_+$ 的等效电路图求解。

(2) 求稳态值 $f(\infty)$：可由 $t=\infty$ 时刻的等效电路来求出。对于直流电路，电容相当于开路，电感相当于短路。

(3) 求时间常数 τ。

对于 RC 电路，时间常数 $\tau=RC$；对于 RL 电路，时间常数 $\tau=L/R$。这里的电阻 R 指一阶电路换路后，将储能元件以外的电路视为有源二端网络，然后将其电源不作用时的等效内阻。与上一节提到的内容相同。

三、正弦交流激励

本单元前面所有对于一阶动态电路的分析都是基于直流激励的前提，如果电路的激励是正弦交流，那么分析方法与直流激励基本相同。其全响应为：

$$f(t)=f'(t)+[f(0_+)-f'(0_+)]e^{-\frac{t}{\tau}}$$

其中 $f'(t)$ 为稳态分量，$f'(0_+)$ 为稳态分量在 $t=0_+$ 时刻的值，$f(0_+)$ 为初始值，τ 为时间函数。

典型例题

【例 1】 什么是一阶动态电路的三要素？

解：一阶动态电路的三要素公式为 $f(t)=f(\infty)+[f(0_+)-f(\infty)]e^{-\frac{t}{\tau}}$，可知只要确定初始值、稳态值和时间常数就能得出过渡过程的方程，因此初始值、稳态值和时间常数又被称为一阶动态电路的三要素。

【例 2】 若某一阶电路响应 $i(t)=1-\frac{1}{3}e^{-20t}$，则其零状态响应是什么？零输入响应是什么？

解：一阶动态电路的全响应为 $f(t)=f(\infty)+[f(0_+)-f(\infty)]e^{-\frac{t}{\tau}}$，本题一阶电路响应为 $i(t)=1-\frac{1}{3}e^{-20t}$，对比公式可知 $i(\infty)=1A$，$i(0_+)-i(\infty)=-\frac{1}{3}$，得出 $i(0_+)=\frac{2}{3}$。因此零状态响应 $i(t)=i(\infty)(1-e^{-20t})=1-e^{-20t}A$，零输入响应 $i(t)=i(0_+)e^{-\frac{t}{\tau}}=\frac{2}{3}e^{-20t}A$。

【例 3】 电路如图 9.20 所示，$t=0$ 时开关 S 闭合，已知 $U_S=10V$，$R=2\Omega$，$C=1F$，电容无初始值。请使用三要素法求解换路后的 $u_C(t)$。

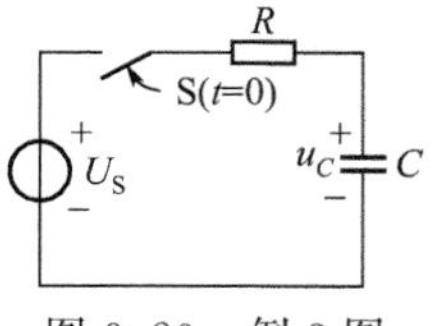

图 9.20 例 3 图

解：初始值 $u_C(0_+)=0V$

稳态值：达到稳态后电容在直流激励下相当于开路，$u_C(\infty)=10V$

时间常数 $\tau=RC=2\times1=2s$

因此 $u_C(t)=u_C(\infty)+[u_C(0_+)-u_C(\infty)]e^{-\frac{t}{\tau}}=10-10e^{-\frac{t}{2}}V$。

【例 4】 图 9.21(a)所示电路，原电路已达稳态，设 $t=0$ 时，开关 S 从 a 打到 b，试用三要素法求 $t\geqslant0$ 时的电压 $u_C(t)$。

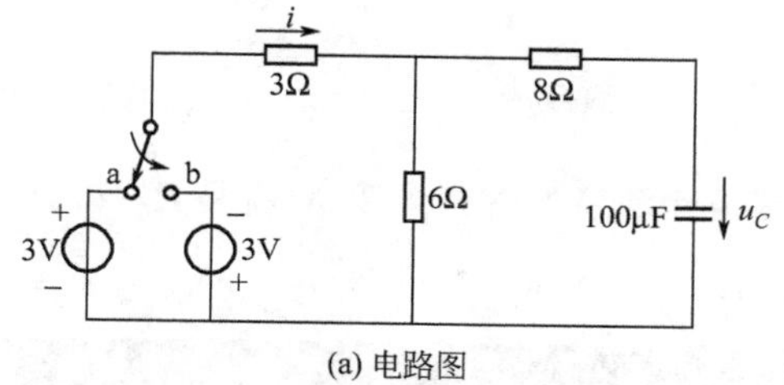

(a) 电路图

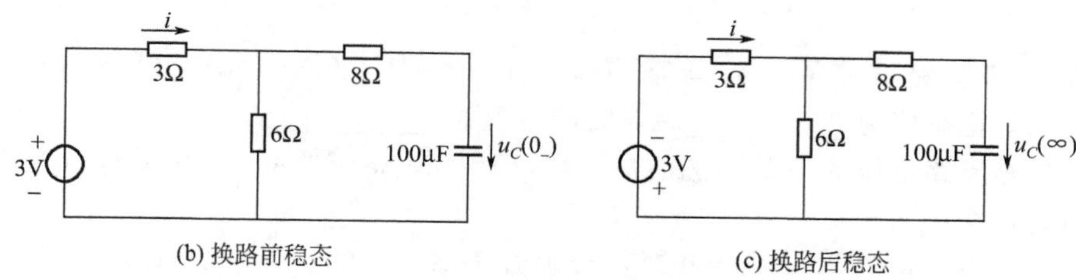

(b) 换路前稳态　　(c) 换路后稳态

图 9.21　例 4 图

解：(1)换路前的电路图如图 9.21(b)所示

$$u_C(0_+)=u_C(0_-)=\frac{6}{6+3}\times 3=2\text{V}$$

(2) 换路后达到新的稳态后的电路如图 9.21(c) 所示

$$u_C(\infty)=u=\frac{6}{6+3}\times(-3)=-2\text{V}$$

(3) 时间常数　　$\tau=RC=\left(\frac{3\times 6}{3+6}+8\right)\times 100\times 10^{-6}=1\times 10^{-3}\text{s}$

(注意求取时间常数时，电阻 R 是换路后，将除电容外的电路看成是一个有源二端网络，然后再将该有源二端网络除源即电压源短路后的等效内阻。R 等于 3Ω 和 6Ω 的电阻并联后再与 8Ω 的电阻串联)

由三要素法可得：$u_C(t)=u_C(\infty)+[u_C(0_+)-u_C(\infty)]\text{e}^{-\frac{t}{\tau}}=-2+4\text{e}^{-1000t}\text{V}$。

【例 5】 图 9.22 所示电路中，开关闭合之前电路已处于稳定状态，已知 $R_1=R_2=4\Omega$，请用三要素法求解开关闭合后电感电流 i_L 的全响应表达式。

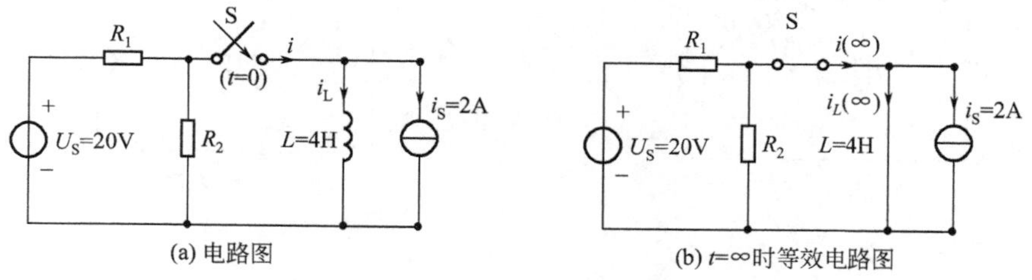

(a) 电路图　　(b) $t=\infty$时等效电路图

图 9.22　例 5 图

解：初始值：开关闭合之前电路已经处于稳态，$i_L(0_+)=i_L(0_-)=-2\text{A}$

稳态值：换路达到稳态后等效电路图如图 9.22(b) 所示，电感在直流激励下相当于短路。

$$i_L(\infty)=\frac{U_S}{R_1}-I_S=\frac{20}{4}-2=3\text{A}$$

时间常数 $$\tau=\frac{L}{R}=\frac{4}{\frac{4\times4}{4+4}}=2\text{s}$$

（除电感外的有源二端网络除源后的等效电阻 R 就是 R_1 和 R_2 的并联）

由三要素法可得：$i_L(t)=i_L(\infty)+[i_L(0_+)-i_L(\infty)]\text{e}^{-\frac{t}{\tau}}=3-5\text{e}^{-\frac{t}{2}}\text{A}$

模块习题

1. 若某电路支路电流的一阶动态响应为 $i(t)=1+0.4\text{e}^{-\frac{t}{3}}\text{A}$，则电流的初始值为__________ A，稳态值为__________ A，时间常数为__________ s。

2. 若某电路支路电压的一阶动态响应为 $u(t)=5+8\text{e}^{-100t}\text{A}$，则其零状态响应是什么？零输入响应是什么？

3. 电路如图 9.23 所示，在 $t=0$ 时，合上开关 S，$i_L(0_-)=1\text{A}$，$U_S=10\text{V}$，$L=1\text{H}$、$R_1=R_2=R_3=1\Omega$，求换路后的 $i_L(t)$ 和 $u_L(t)$。

4. 电路如图 9.24 所示，$t=0$ 时开关 S 闭合，已知 $U_S=10\text{V}$，$R=2\Omega$，$C=1\text{F}$，电容初始值 $u_C(0_-)=2\text{V}$。求换路后的 $u_C(t)$。

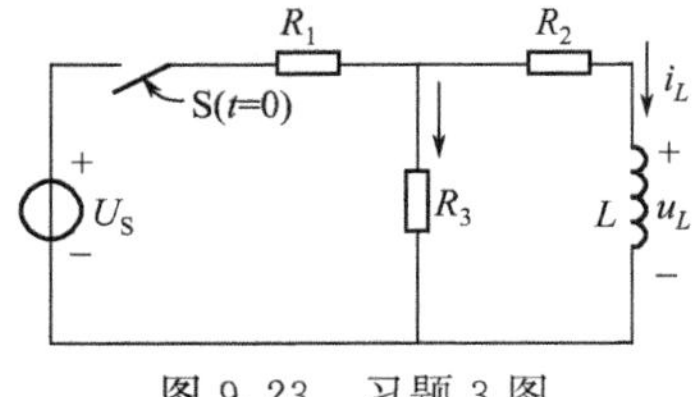

图 9.23 习题 3 图

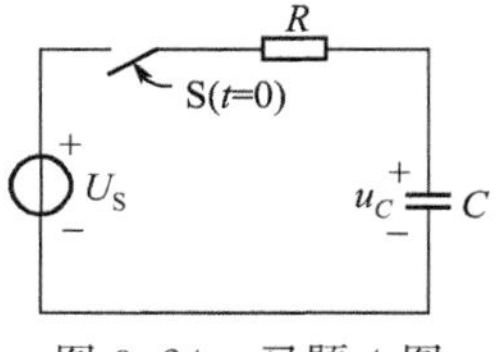

图 9.24 习题 4 图

5. 电路如图 9.25 所示，$t=0$ 时开关 S 闭合。已知 $I_S=20\text{A}$，$R=4\Omega$，$L=4\text{H}$。换路前 $i_L(0_-)=1\text{A}$。试求换路后的电流 $i_L(t)$。

6. 电路如图 9.26 所示，开关 S 闭合前电路已经处于稳态，试用三要素法求 $t>0$ 时的 i_1、i_2 和 i_L。

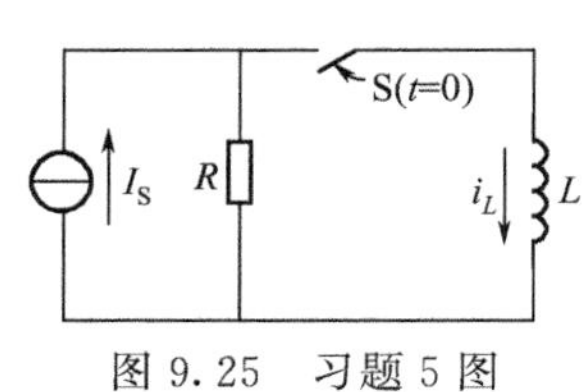

图 9.25 习题 5 图

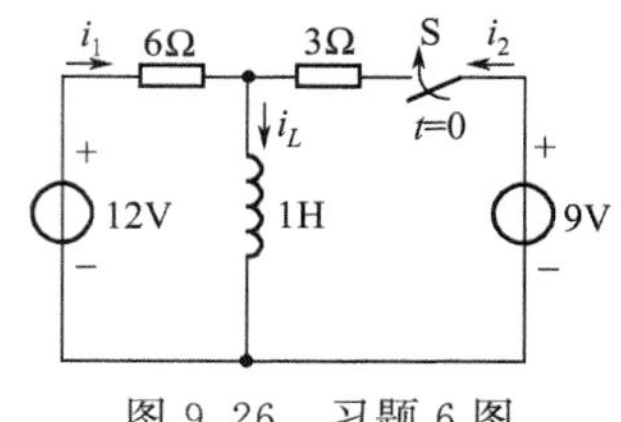

图 9.26 习题 6 图

单元自测题（一）

一、填空题（每空 2 分，共 40 分）

1. 一阶电路是指用__________阶微分方程来描述的电路。

2. 动态电路在没有独立源作用的情况下，由初始储能励而产生的响应叫__________。

3. 非零状态的动态电路在独立源作用下的响应叫__________。

4. 一阶电路的三要素是：__________、__________、__________。三要素的公式是__________________。

5. 在换路后，若 $t=0_+$ 时 $i_L(0_+)=0\text{A}$，则该支路代之以__________。

6. 在换路后，若 $t=0_+$ 时 $u_C(0_+)=0\text{V}$，则该支路代之以__________。

7. 动态电路中，换路定律用公式表示为：__________和__________。

8. RL 串联电路全响应等于零输入响应与__________之和。

9. 一阶 RC 电路的时间常数 $\tau=$__________；一阶 RL 电路的时间常数 $\tau=$__________；

10. 电路如图 9.27 所示，$C=1\text{F}$，$t=0$ 时开关闭合，则 $u_C(0_+)$__________V，$u_C(\infty)=$__________V，时间常数 $\tau=$__________s。

11. 图 9.28 所示电路，原已达稳定状态，$t=0$ 时开关 K 闭合，则稳态值 $u_C(\infty)=$__________V，$i_L(\infty)=$__________A。

12. 图 9.29 所示电路，求其时间常数 $\tau=$__________。

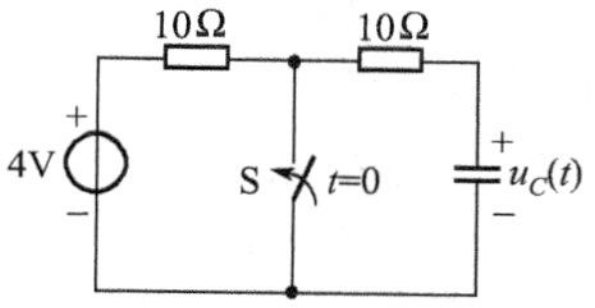

图 9.27 题 10 图

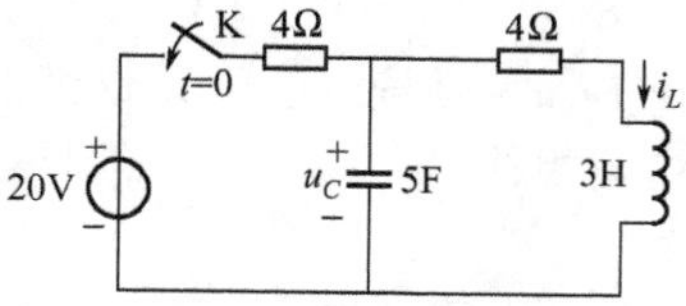

图 9.28 题 11 图

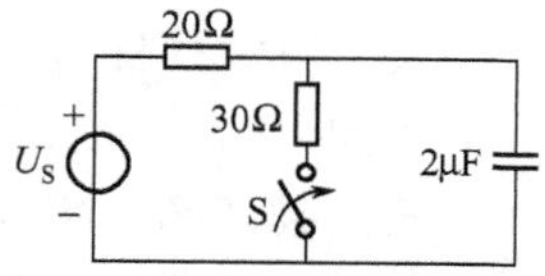

图 9.29 题 12 图

二、选择题（每题 2 分，共 20 分）

1. 下列各变化量中（　　）可能发生跃变。

A. 电容电压　　B. 电感电流　　C. 电容电荷　　D. 电感电压

2. 动态过程中，时间常数越大，放电过程进行得（　　）。

A. 越慢　　B. 越小　　C. 越剧烈　　D. 越快

3. 图 9.30 电路换路前已达稳态，$t=0$ 时断开开关，则该电路（　　）。

A. 电路有储能元件 L，要产生过渡过程

B. 因为换路时元件 L 的电流储能不发生变化，所以该电路不产生过渡过程

C. 电路有储能元件且发生换路，因此产生了过渡过程

D. 以上均不对

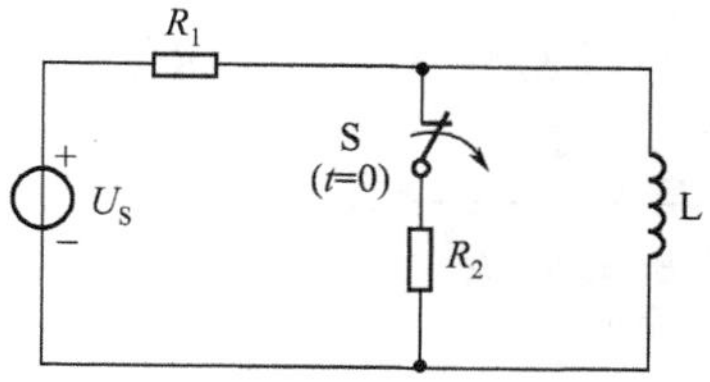

图 9.30 题 3 图

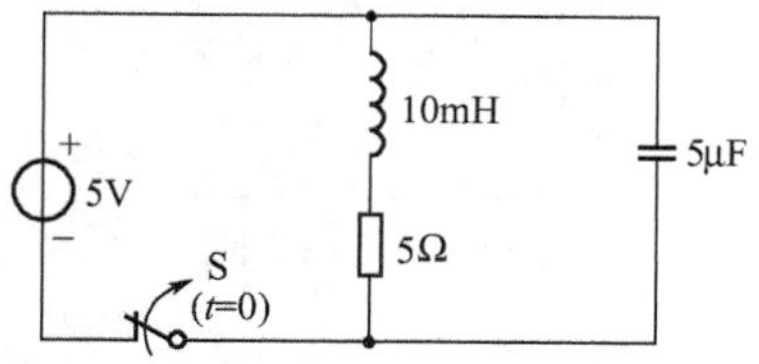

图 9.31 题 4 图

4. 图 9.31 所示电路，在开关 S 断开的瞬间，电容 C 两端的电压为（　　）。

A. 按指数规律增加　　B. 0V　　C. 5V　　D. 不能确定

5. 实际应用中，电路的过渡过程经（　　）时间，可认为过渡过程基本结束。

A. τ　　B. 2τ　　C. ∞　　D. $(4\sim5)\tau$

6. 对于 RL 串联电路，若 L 值一定，增大 R 值，则过渡过程（　　）。

A. 变长　　B. 变短　　C. 不变　　D. 不能确定

7. 电路的（　　）方程可以用来分析动态电路的变化过程。

A. 微分　　B. 一次　　C. 解析　　D. 二次

8. 图 9.32 所示电路的时间常数为（　　）。

A. 2s　　B. 0.5s　　C. 50s　　D. 10s

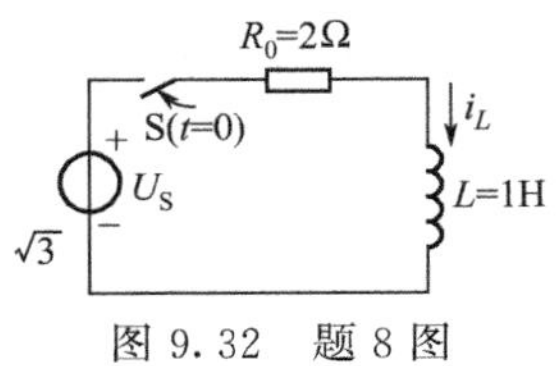

图 9.32　题 8 图

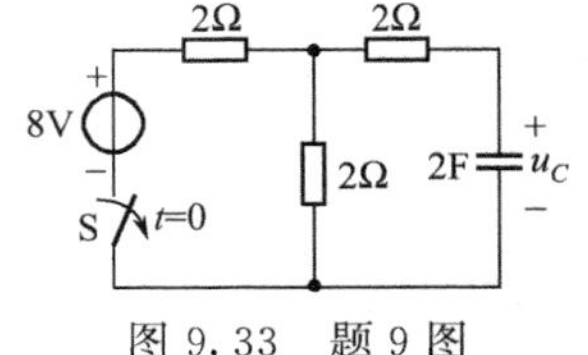

图 9.33　题 9 图

9. 图 9.33 所示电路 $t=0$ 时开关打开，电路的时间常数为（　　）。

A. 1/2s　　B. 1/8s　　C. 2s　　D. 8s

10. RC 串联电路的零输入响应 u_C 是按（　　）逐渐衰减到零。

A. 正弦量　　B. 指数规律　　C. 线性规律　　D. 正比

三、判断题（每题 2 分，共 10 分）

1. 只要电路中含有储能元件，在换路时就一定会产生过渡过程。（　　）

2. 电路在换路后，若无独立电源作用时，则电路中所有的响应均为零。（　　）

3. 对于一阶 RL 电路，放电过程中消耗的是电阻和电感所储存的能量。（　　）

4. 电路微分方程可以用来分析动态电路的变化过程。（　　）

5. 同一电路各处的电压和电流变化的时间常数 τ 都是相同的。（　　）

四、计算题（每题 15 分，共 30 分）

1. 在图 9.34 所示的电路中，已知 $u_C(0_-)=10\text{V}$，$R=10\Omega$，$C=10\mu\text{F}$，$I_S=2\text{A}$，在 $t=0$ 时，合上 S，试求 S 合上后，电容电压 u_C(t)。

2. 在图 9.35 所示的电路中，已知 $U_S=20\text{V}$，$L=1\text{H}$，在 $t=0$ 时，把 S 从 1 打向 2，试求 S 合上后，电感电压和电流 $u_L(t)$、$i_L(t)$。

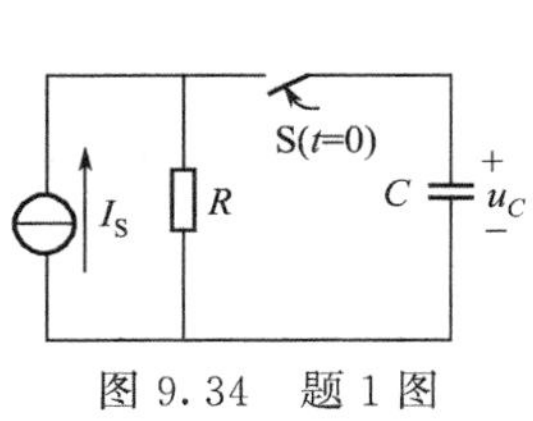

图 9.34　题 1 图

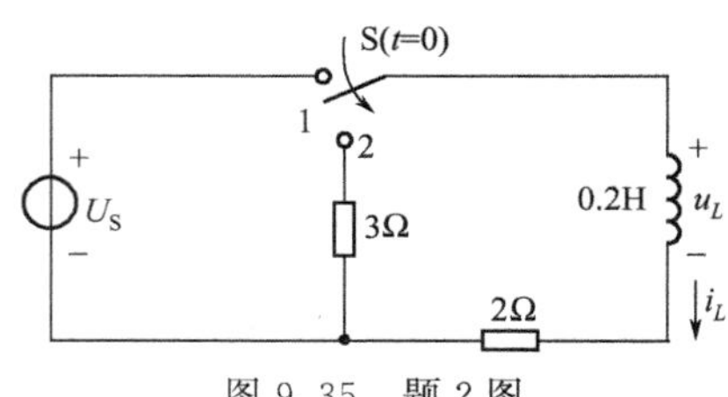

图 9.35　题 2 图

单元自测题（二）

一、填空题（每空 2 分，共 40 分）

1. 初始值是指动态电路在换路后__________的值。

2. 动态电路在没有初始储能的情况下，由独立电源激励而产生的响应叫__________。

3. 换路定律是指在换路时刻电容电压和电感电流都为有限值的前提下，__________以及__________在换路时刻不能跃变。

4. 电压或电流达到稳定之前的不稳定状态被称为__________。

5. 在换路后，若 $t=0_+$ 时 $i_L(0_+)=10\text{A}$，则该支路代之以__________。

6. 在换路后，若 $t=0_+$ 时 $u_C(0_+)=5\text{V}$，则该支路代之以__________。

7. 电路的工作状态由原来的稳态转变到另一个稳态期间的过程，被称为__________。

8. 对于一阶 RL 电路，放电过程中流过电感的电流 i_L 逐渐__________。(减小或增大)

9. 在一阶电路的动态过程中，只要确定__________、__________和__________就能得出过渡方程。

10. 利用__________和__________时的等效电路可以求得各电流、电压的初始值。

11. 如图 9.36 所示，仅含电源和线性电阻一端口 N，在 $t=0$ 时换路，$t\geqslant 0$ 时电容电压为 $u_C(t)=8+2e^{-2t}\text{V}$，则电容电压的初始值 $u_C(0_+)$ 为__________V，稳态值 $u_C(\infty)$ 为__________V，时间常数 τ 为__________s。零输入响应为__________V，零状态响应为__________V。

12. 图 9.37 所示电路，求其时间常数 $\tau=$__________。

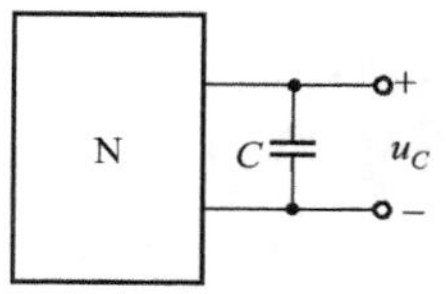

图 9.36 题 11 图

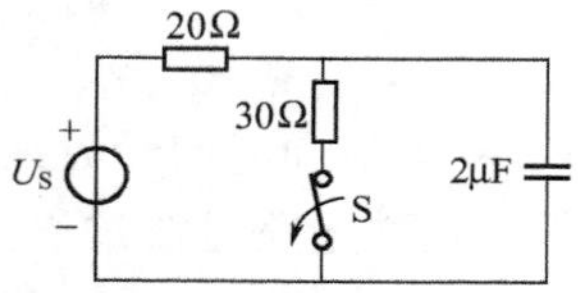

图 9.37 题 12 图

二、选择题（每题 2 分，共 20 分）

1. 在换路后，若 $t=0_+$ 时 $u_C(0_+)=0\text{V}$，则该支路代之以（　　）。

A. 短路　　B. 电压源　　C. 开路　　D. 电流源

2. 在换路后，若 $t=0_+$ 时 $i_L(0_+)=0\text{A}$，则该支路代之以（　　）。

A. 短路　　B. 电压源　　C. 开路　　D. 电流源

3. 图 9.38 所示电路换路前已达稳态，$t=0$ 时，开关 S 由断开到闭合时，电路时间常数为（　　）s。

A. 0.2　　B. 0.5　　C. 2　　D. 1

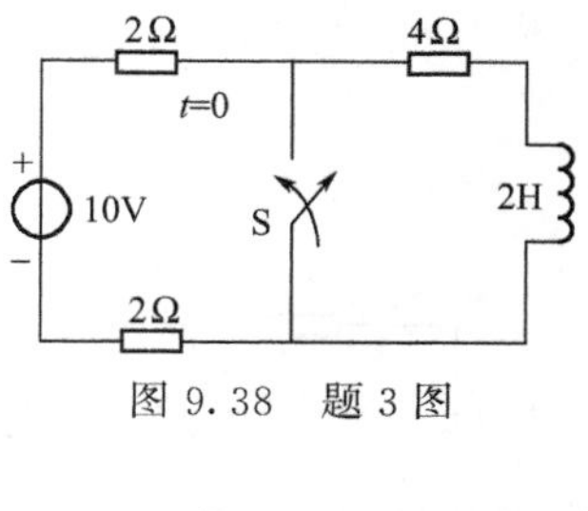

图 9.38 题 3 图

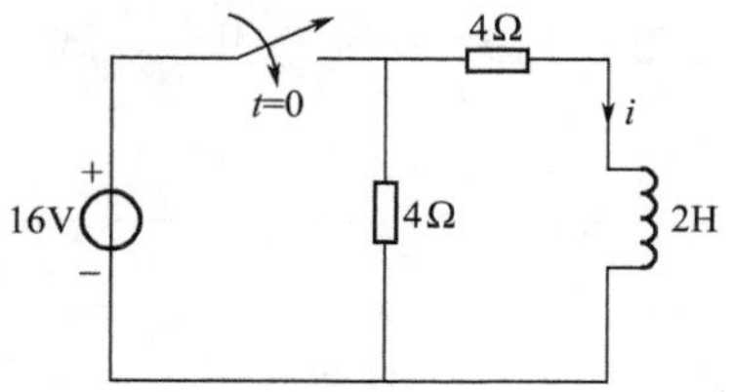

图 9.39 题 4 图

4. 图 9.39 所示电路，原已达到稳定状态，$t=0$ 时，闭合开关 S，则 $t>0$ 时，电流 $i=$（　　）A。

A. $4e^{-2t}$　　B. $4e^{-t/2}$　　C. $4(1-e^{-2t})$　　D. $4(1-e^{-t/2})$

5. 对于 RL 串联电路，若 R 值一定，增大 L 值，则过渡过程（　　）。

A. 变长　　B. 变短　　C. 不变　　D. 不能确定

6. RC 串联电路的时间常数与（　　）成正比。

A. C、U_0　　B. R、I_0　　C. C、R　　D. U_0、I_0

7. RC 串联电路在直流激励下的零状态响应是指按指数规律变化，其中（　　）按指数规律随时间逐渐增长。

A. 电容电压　　B. 电容电流　　C. 电阻电流　　D. 电阻电压

8. 如图 9.40 所示，当开关闭合时电路的时间常数为（　　）。

A. 0.01s　　B. 2.4s　　C. 24s　　D. 0.1s

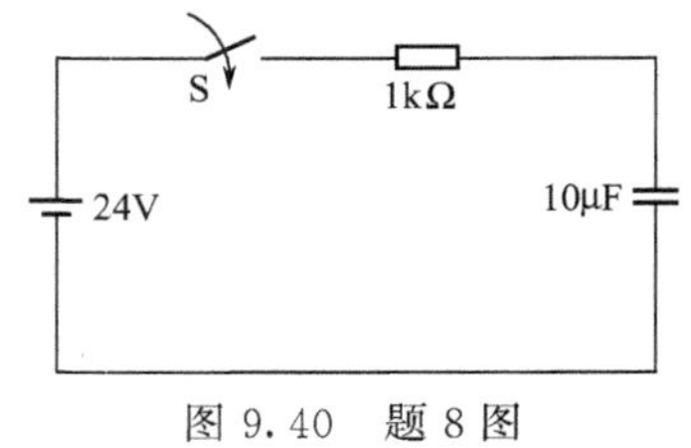

图 9.40　题 8 图

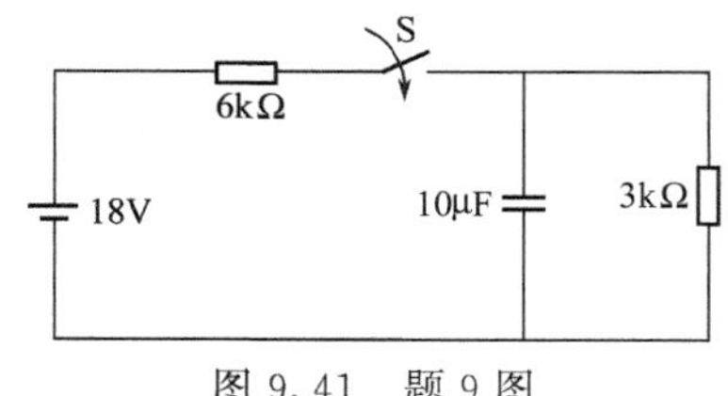

图 9.41　题 9 图

9. 如图 9.41 所示，当开关闭合时电路的时间常数为（　　）。

A. 0.06s　　B. 0.02s　　C. 0.03s　　D. 0.1s

10. 用初始值、稳态值和时间常数来分析线性电路过渡过程的方法叫作三要素法。它适用于（　　）元件的线性电路过渡过程分析。

A. R、C　　B. R、L　　C. R、L、C　　D. A 和 B

三、判断题（每题 2 分，共 10 分）

1. 零值初始条件下，换路后的一瞬间，电感相当于短路。（　　）

2. 时间常数越大，过渡过程越长。（　　）

3. 对于一阶 RL 电路，时间常数 $\tau=\frac{L}{R}$ 的 R 为 L 所串接的电阻。（　　）

4. 对于一阶 RC 电路，换路后，若无独立源作用，则电路中所有的响应均为零。（　　）

5. 电感元件的电压、电流的初始值可由换路定律确定。（　　）

四、计算题（每题 15 分，共 30 分）

1. 在图 9.42 所示的电路中，已知在 $t=0$ 时，闭合 S，试求 S 合上后，电感电流 $i_L(t)$。

2. 在图 9.43 所示的电路中，已知 $U_S=6$V，$R_1=3\Omega$，$R_2=2\Omega$，$C=5$F，在 S 闭合前，电路已处于稳态。当 $t=0$ 时 S 闭合。试求 S 闭合后 $u_C(t)$，$i_C(t)$。

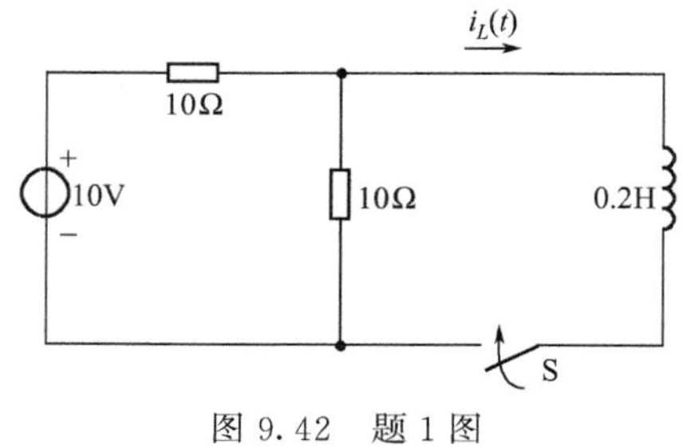

图 9.42　题 1 图

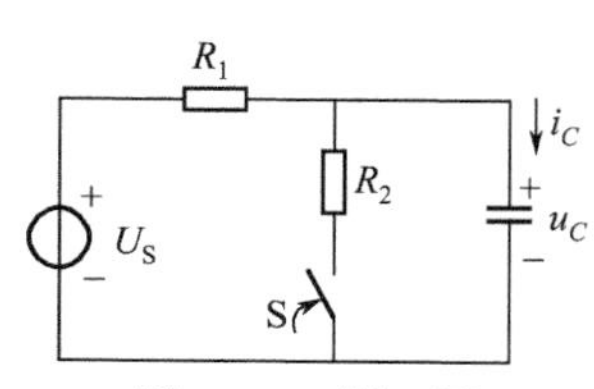

图 9.43　题 2 图

第10单元 安全用电

UNIT 10

模块 34 触电的方式与急救方法

知识回顾

一、触电原理

触电是人体触及带电体或带电体与人体之间电弧放电时，电流经过人体流入大地或是进入其他导体构成回路的现象。

二、触电事故种类

1. 电击

电击是电流对人体内部组织的伤害，是最危险的一种伤害，绝大多数（大约 85%以上）的触电死亡事故都是由电击造成的。

2. 电伤

电伤是电流的热效应、化学效应、光效应或机械效应对人体造成的伤害。尽管大约 85%以上的触电死亡事故是电击造成的，但其中大约 70%的含有电伤成分。

三、触电方式

1. 单相触电

当人体直接碰触带电设备其中的一相时，电流通过人体流入大地，这种触电现象称之为单相触电，如图 10.1 所示。

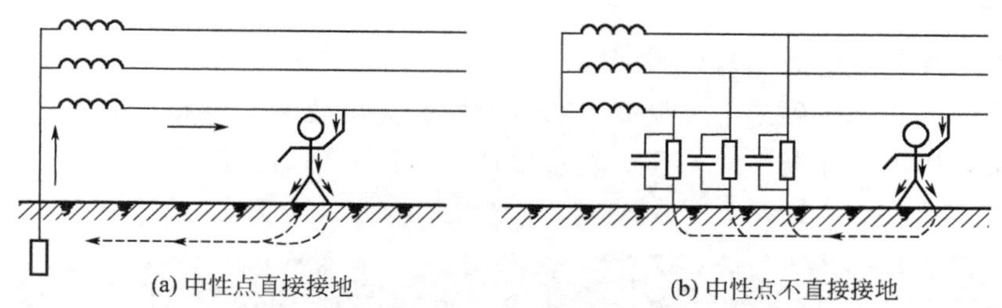

(a) 中性点直接接地

(b) 中性点不直接接地

图 10.1 单相触电示意图

2. 两相触电

人体同时接触带电设备或线路中的两相导体，或在高压系统中，人体同时接近不同相的

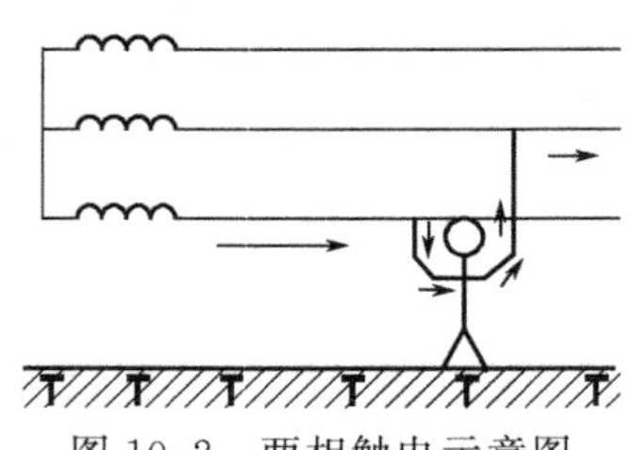
图 10.2　两相触电示意图

两相带电导体，而发生电弧放电，电流从一相导体通过人体流入另一相导体，构成一个闭合回路，这种触电方式称为两相触电，如图 10.2 所示。

发生两相触电时，作用于人体上的电压等于线电压，这种触电是最危险的。

3. 跨步电压触电

当电气设备或线路发生接地故障时，接地电流通过接地体将向大地四周流散，这时在地面上形成分布电位，要 20m 以外，大地的电位才等于零。假如人在接地点周围（20m 以内）行走，其两脚之间就有电位差，这就是跨步电压。由跨步电压引起的人体触电，称为跨步电压触电，如图 10.3 所示。

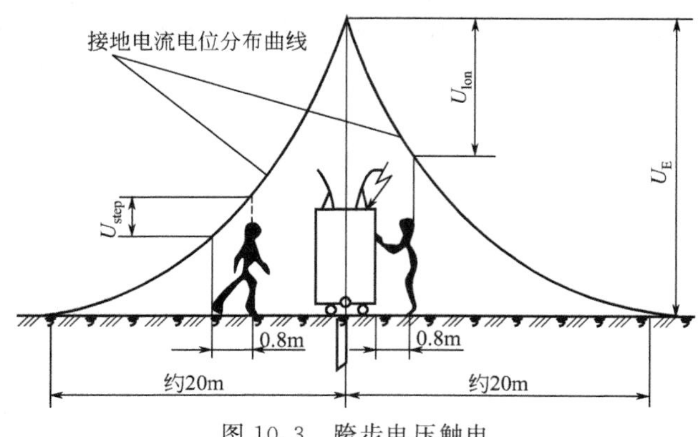

图 10.3　跨步电压触电

四、触电急救

触电急救是生产经营单位所有从业人员必须掌握的一项基本技能，是电工从业的必备条件之一。触电急救必须做到：使触电者迅速脱离电源；分秒必争就地抢救；用正确的方法进行施救。

1. 人工呼吸

适用于有心跳但无呼吸的触电者。

救护口诀：病人仰卧平地上，鼻孔朝天颈后仰，首先清理口鼻腔，然后松扣解衣裳，捏鼻吹气要适量，排气应让口鼻畅，吹二秒来停三秒，五秒一次最恰当。

2. 胸外按压法

适用于有呼吸但无心跳的触电者。

救护口诀：病人仰卧硬地上，松开衣扣解衣裳，当胸放掌不鲁莽，中指应该对胸膛，掌根用力向下按，压下一寸至半寸，压力轻重要适当，过分用力会压伤，慢慢压下突然放，一秒一次最恰当。

典型例题

【例 1】 电流对人体的伤害主要可分为________和________两种。

解： 由知识回顾中触电事故种类可知，电流对人体的伤害主要分为电击和电伤两种。

【例 2】 人体触电的主要方式有________、________和________。

解：由知识回顾中触电方式可知，人体触电的主要方式有单相触电、两相触电和跨步电压触电。

【例 3】 跨步电压的大小与__________、__________、__________等有关。

解：根据跨步电压的定义"当电气设备或线路发生接地故障时，接地电流通过接地体将向大地四周流散，这时在地面上形成分布电位，要 20m 以外，大地的电位才等于零。人假如在接地点周围（20m 以内）行走，其两脚之间就有电位差，这就是跨步电压。"因此，跨步电压与接地电流大小、两脚之间的跨距、离接地点的远近等有关。

【例 4】 发现有人触电，第一步__________，第二步__________。

解：触电急救必须做到：使触电者迅速脱离电源；分秒必争就地抢救；用正确的方法进行施救。所以，第一步要使触电者迅速安全脱离电源，第二步现场救护。

【例 5】 安全用电的基本方针是____________________。

解：安全用电的基本方针是安全第一，预防为主。

【例 6】 安全色标的意义：红色表示______________；黄色表示______________；绿色______________；蓝色______________。

解：红色表示禁止、停止；黄色表示警告、注意；绿色安全状态、通行；蓝色指令、必须遵守。

模块习题

1. 决定触电伤害程度的因素有__________、__________、__________、__________、__________、__________。

2. 人触电后能自主摆脱电源的最大电流，称为__________，成年男性的平均摆脱电流为__________ mA，成年女性约为__________ mA。

3. __________和__________是现场急救的基本方法。

4. 不要用手去移动正在安装的家用电器，若需移动，应先关上______________，并______________。

5. 触电事故一般具有__________、__________、__________、__________等特点。

6. 安全用电是以（ ）为目标的。

A. 生产 B. 安全 C. 发展 D. 管理

7.（ ）是触电事故中最危险的一种。

A. 电烙印 B. 皮肤金属化 C. 电灼伤 D. 电击

8. 电气设备或电气线路发生火灾时应立即（ ）。

A. 设置警告牌或遮拦 B. 用水灭火 C. 切断电源

9. 电流通过人体的任何一个部位都可能致人死亡，以下电流路径，最危险为________，次危险的是__________，危险性最小的是__________。

A. 右手到脚 B. 一只脚到另一只脚 C. 左手到前胸

10. 电气值班员可以单独移开或者越过遮拦进行工作。 （ ）

11. 各种触电事故中，最危险的一种是电灼伤。 （ ）

12. 救护触电者脱离电源的过程，救护者应双手操作，使其快速脱离电源。 （ ）

13. 有经验的电工，停电后不需要再用验电笔测试便可进行检修。 （ ）

14. 发现有人触电应如何抢救？

15. 人体的电阻一般是多少？

※模块 35 接地与接零

知识回顾

接地和接零的基本目的有两条：一是按电路的工作要求需要接地；二是为了保障人身和设备安全的需要。接地按照其作用分为工作接地、保护接地、重复接地和防雷接地；接零按照作用分为工作接零和保护接零。

一、接地

1. 工作接地

为了保证电气设备的可靠运行，将电力系统中的变压器低压侧中性点接地称为工作接地，如图 10.4 所示。工作接地的作用有两点：一是减轻单相接地的危险性；二是稳定系统的电位，限制电压不超过某一范围，减轻高压窜入低压的危险。

2. 保护接地

保护接地就是电气设备在正常运行的情况下，将不带电的金属外壳或构架用足够粗的金属线与接地体可靠地连接起来，以达到在相线碰壳时保护人身安全，这种接地方式就叫保护接地，如图 10.5 所示。对于保护接地电阻值的要求是：$R_0<4\Omega$。该接地方式适用于三相电源中性点不接地的供电系统和单相安全电压的悬浮供电系统的一种安全保护方式。

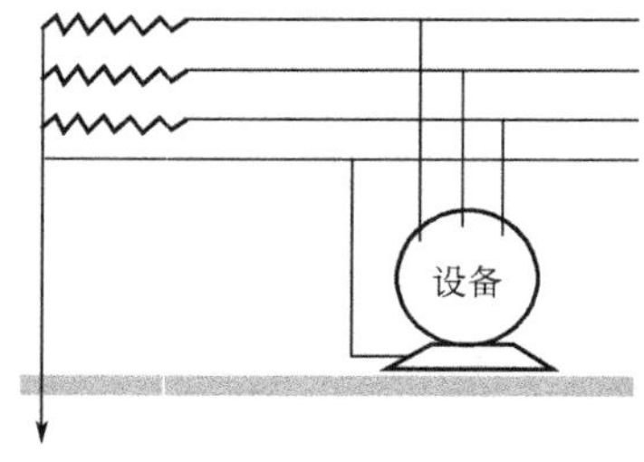

图 10.4 工作接地示意图

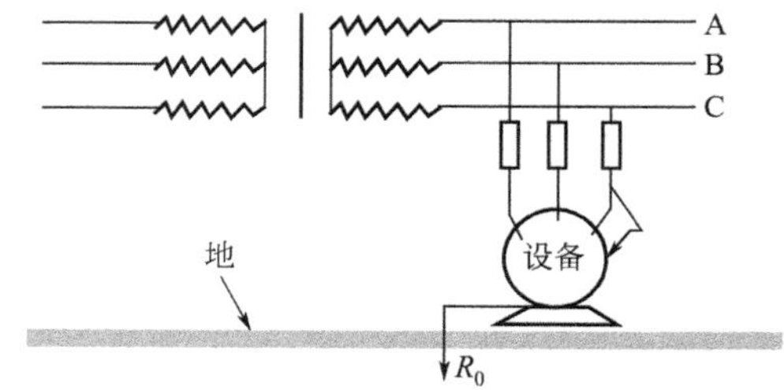

图 10.5 保护接地示意图

3. 重复接地

除运行变压器低压侧中性点接地外，零线（中线）上的一处或多处再另行接地称为重复接地，如图 10.6 所示，其中重复接地电阻满足 $R_c \leqslant 10\Omega$。

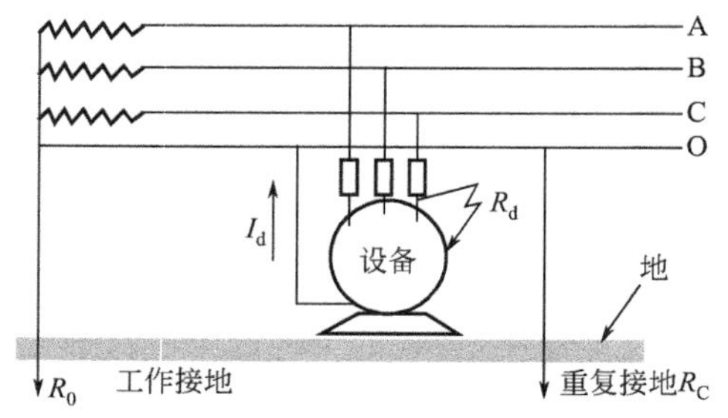

图 10.6 重复接地示意图

重复接地的作用：

① 能够降低漏电设备对地电压；

② 减轻零线断线的危险性；

③ 缩短故障时间；

④ 改善防雷性能。

4. 防雷接地

为泄掉雷电流而设置接地装置称为防雷接地。防雷接地分为两个概念，一是防雷，防止因雷击而造成损害；二是静电接地，防止静电产生危害。

二、接零

1. 工作接零

工作接零是用电设备必需的，它是单相负荷必需的回路，如图 10.7 所示。

2. 保护接零

保护接零是为电气设备的安全运行在特定的场合特别为人的安全而设计的，就是电气设备在正常运行的情况下，将不带电的金属外壳或构架与电网的零线紧密地连接起来，这种接线方式就叫保护接零，如图 10.8 所示。万一某相线碰壳时，短路电流要比保护接地时大得多，使相线的熔丝熔断，以达到保护人身的安全。

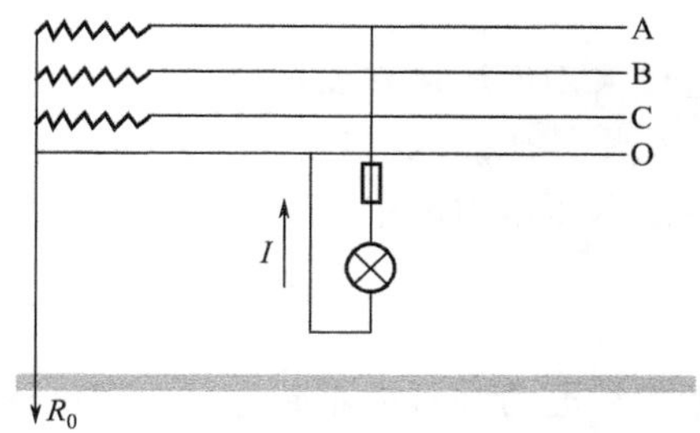

图 10.7 工作接零示意图

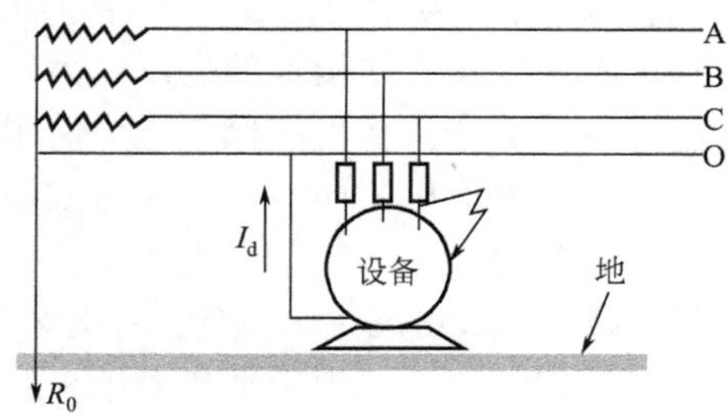

图 10.8 保护接零示意图

三、保护接地与保护接零的相同点与不同点

它们都是维护人身安全的两种技术措施，虽也有相似的地方，但二者在本质上是不同的。

1. 不同点

① 保护原理不同。

② 适用的范围不同。

③ 线路结构不同。

2. 相同点

① 在低压系统中都是为了防止漏电造成触电事故的技术措施。

② 要求采取接地措施与要求采取接零措施的项目大致相同。

③ 接地和接零都要求有一定的接地装置，而且各接地装置的接地体和接地线的施工、连接都基本相同。

典型例题

【例 1】 为了保障人身安全，避免发生触电事故，将电气设备在正常情况下不带电的金属部分与大地作电气连接，称为__________。它主要应用在__________的电力系统中。它的原理是利用__________的作用。

解： 根据保护接地的定义可知：保护接地就是电气设备在正常运行的情况下，将不带电的金属外壳或构架用足够粗的金属线与接地体可靠地连接起来，以达到在相线碰壳时保护人身安全，这种接地方式就叫保护接地，如图 10.5 所示。对于保护接地电阻值的要求是：$R_0 < 4\Omega$。该接地方式适用于三相电源中性点不接地的供电系统和单相安全电压的悬浮供电系统的一种安全保护方式。

此题应该填入保护接地，中性点不接地，并联电路中小电阻强分流。

【例 2】 把电气设备平时不带电的外露可导电部分与电源中性线连接起来，称为__________。它主要应用在__________的电力系统中。

解： 根据保护接零的定义可知：保护接零是为电气设备的安全运行在特定的场合特别为人的安全而设计的，就是电气设备在正常运行的情况下，将不带电的金属外壳或构架与电网的零线紧密地连接起来，这种接线方式就叫保护接零，如图 10.8 所示。万一某相线碰壳时，短路电流要比保护接地时大得多，使相线的熔丝熔断，以达到保护人身的安全。它主要应用在中性点直接接地的电力系统中。

【例 3】 保护接地与接零保护各适用于什么场合？

解： 在中性点直接接地的低压电力网中，电力装置应采用低压接零保护。

在中性点非直接接地的低压电力网中，电力装置应采用低压接地保护。

由同一台发电机、同一台变压器或同一段母线供电的低压电力网中，不宜同时采用接地保护与接零保护。

【例 4】 什么情况下采用保护接地？

解： 在中性点不接地的低压系统中，在正常情况下各种电力装置的不带电的金属外露部分，除有规定外都应接地。如：

（1）电机、变压器、电器、携带式及移动式用电器具的外壳。

（2）电力设备的传动装置。

（3）配电屏与控制屏的框架。

（4）电缆外皮及电力电缆接线盒，终端盒的外壳。

模块习题

1. 新标准下，我国交流电路三相线分别采用__________、__________和__________颜色标示。

2. 根据接地的目的不同，接地主要可分为__________和__________两类。

3. 接地装置是由__________和__________组成的整体。

4. 电动机应装设__________和__________保护装置。并应根据设备需要装设__________和__________保护装置。

5. 洗衣机、电冰箱等家用电器的金属外壳应连接（　　）。

A. 地线　　B. 零线　　C. 相线

6. 测量接地电阻时，应以大约（　　）r/min 的转速转动仪表的摇把。

A. 60　　B. 120　　C. 200　　D. 250

7. 在三相四线配电网中工作零线用（　　）表示。

A. N　　B. PE　　C. PEN

8. 电气设备在正常情况下不带电的金属部分与配电网中性点连接的系统是（　　）。

A. 都不是　　B. 保护接零系统　　C. 保护接地系统

9. 灯具开关应串接在相线上，不应装在零线上。　　（　　）

10. 保护零线在短路电流作用下不能熔断。　　（　　）

单元自测题（一）

一、填空题（每空 1 分，共 20 分）

1. 人体触电有__________和__________两类。

2. 间接接触触电包括了__________触电、__________触电等。

3. 新标准下，我国交流电路三相线分别采用__________、__________和__________颜色标示。

4. 为了贯彻__________、__________的基本方针，从根本上杜绝触电事故的发生，必须在制度上、技术上采取一系列的预防和保护性措施，这些措施统称为__________。

5. 安全牌是用__________、__________、__________做成的标牌。

6. 所谓接地，是指人为地把电气设备的某一部位与__________做良好的电气连接。

7. 根据接地的目的不同，接地可分为__________和__________两类。

8. __________和__________是现场急救的基本方法。

9. 接地装置是由__________和__________组成的整体。

二、选择题（每题 2 分，共 20 分）

1. 在以接地电流入地点为圆心，（　　）m 为半径范围内行走的人，两脚之间承受的电压叫跨步电压。

A. 1000　　B. 100　　C. 50　　D. 20

2. 在下列电流路径中，最危险的是（　　）。

A. 左手—前胸　　B. 左手—双脚　　C. 右手—双脚　　D. 左手—右手

3. 人体电阻一般情况下取（　　）考虑。

A. 1～10Ω　　B. 10～100Ω　　C. 1～2kΩ　　D. 10～20kΩ

4. 下列导体色标，表示接地线的颜色是（　　）。

A. 黄色　　B. 绿色　　C. 淡蓝　　D. 绿/黄双色

5. 50mA 电流属于（　　）。

A. 感知电流　　B. 摆脱电流　　C. 致命电流　　C. 人体电流

6. 检修工作时凡一经合闸就可送电到工作地点的断路器和隔离开关的操作手把上应悬挂（　　）。

A. 止步，高压危险！　　B. 禁止合闸，有人工作！

C. 禁止攀登，高压危险！　　D. 在此工作！

7. 某安全色的含义是安全、允许、通过、工作，其颜色为（　　）。

A. 红色　　B. 黄色　　C. 绿色　　D. 黑色

8. 静电在工业生产中可能引起（　　）事故。

A. 爆炸和火灾　　B. 电死人员　　C. 相间短路　　D. 漏电

9. 安全用电是以（　　）为目标的。

A. 生产　　B. 安全　　C. 发展　　D. 管理

10. 测量接地电阻时，应以大约（　　）r/min 的转速转动仪表的摇把。

A. 60　　B. 120　　C. 200　　D. 250

三、判断题（每题 2 分，共 20 分）

1. 安全用电是衡量一个国家用电水平的重要标志之一。（　　）

2. 触电事故的发生具有季节性。（　　）

3. 电灼伤、电烙印和皮肤金属化属于电伤。（　　）
4. 跨步电压触电属于直接接触触电。（　　）
5. 交流电比同等强度的直流电更危险。（　　）
6. 为使触电者气道畅通，可在触电者头部下面垫枕头。（　　）
7. 胸部按压的正确位置在人体胸部左侧，即心脏处。（　　）
8. 当触电者牙关紧闭时，可用口对鼻人工呼吸法。（　　）
9. 在拉拽触电者脱离电源的过程中，救护人员应采用双手操作，保证受力均匀，帮助触电者顺利地脱离电源。（　　）
10. 抢救时间超过 5h，可认定触电者已死亡。（　　）

四、简答题（共 4 题，共 40 分）

1. 什么叫安全电压？安全电压分为哪些等级？（本题 10 分）
2. 如何应急处置触电事故？（本题 10 分）
3. 保护接地与接零保护各适用于什么场合？（本题 10 分）
4. 保护接地与接零保护有什么区别？（本题 10 分）

单元自测题（二）

一、填空题（每空 1 分，共 20 分）

1. 人体触电的主要方式有__________、__________和__________。
2. 决定触电伤害程度的因素有__________、__________、__________、__________、__________、__________。
3. 发现有人触电，第一步__________，第二步__________。
4. 在日常生活中，安全用电的基本原则是：不直接接触________线路，不靠近__________线路。
5. 根据接地的目的不同，主要可分为__________、__________两类。
6. 把电气设备平时不带电的外露可导电部分与电源中性线连接起来，称为__________。它主要应用在__________的电力系统中。
7. 安全牌是用__________、__________、__________做成的标牌。

二、选择题（每题 2 分，共 20 分）

1. 在三相四线配电网中工作零线用（　　）表示。

A. N　　B. PE　　C. PEN

2.（　　）是触电事故中最危险的一种。

A. 电烙印　　B. 皮肤金属化　　C. 电灼伤　　D. 电击

3. 电气设备在正常情况下不带电的金属部分与配电网中性点连接的系统是（　　）。

A. 都不是　　B. 保护接零系统　　C. 保护接地系统

4. 电气设备或电气线路发生火灾时应立即（　　）。

A. 设置警告牌或遮拦　　B. 用水灭火　　C. 切断电源

5. 下列导体色标，表示接地线的颜色是（　　）。

A. 黄色　　B. 绿色　　C. 淡蓝　　D. 绿/黄双色

6.（　　）是指不会使人发生电击危险的电压。

A. 短路电压　　B. 安全电压　　C. 跨步电压　　D. 故障电压

7. 最容易掌握、效果较好而且不论触电者有无摔伤均可以施行的是（　　）。

A. 胸外心脏挤压法　　B. 俯卧压背法

C. 口对口人工呼吸法　　D. 牵手人工呼吸法

8. 接到严重违反电气安全工作规程制度的命令时，应该（　　）执行。

A. 考虑　　B. 部分　　C. 拒绝　　D. 向上级汇报后

9. 保护接零适用于（　　）。

A. 中性点直接接地系统　　B. 中性点不接地系统

C. 单相电路　　D. 三相三线制电路

10. 工作地点狭窄，行动困难及周围有大面积接地等环境（如金属容器内、隧道内、矿井内），其安全电压采用（　　）

A. 36V　　B. 24V　　C. 12V　　D. 6V

三、判断题（每题 2 分，共 20 分）

1. 因为零线比火线安全，所以开关大都安装在零线上。（　　）
2. 0.1A 电流很小，不足以致命。（　　）
3. 两相触电比单相触电更危险。（　　）
4. 由于城市用电频繁，所以触电事故城市多于农村。（　　）
5. 在任何环境下，36V 都是安全电压。（　　）
6. 电气设备必须具有一定的绝缘电阻。（　　）
7. 如果救护过程经历了 5 小时，触电者仍然未醒，应该继续进行。（　　）
8. 触电者昏迷后，可以猛烈摇晃其身体，使之尽快复苏。（　　）
9. 为了有效地防止设备漏电事故的发生，电气设备可采用接地和接零双重保护。（　　）
10. 由于触电者痉挛，手指紧握导线，可用干燥的模板垫在触电者身下，再采取其他办法切断电源。（　　）

四、计算题（共 4 题，共 40 分）

1. 人体的电阻一般是多少？（本题 5 分）
2. 保护接地的适用范围有哪些？（本题 10 分）
3. 怎样使触电者脱离高压电源？（本题 15 分）
4. 什么情况下采用保护接地？（本题 10 分）

综合自测题(一)

一、填空题（每空 1 分，共 20 分）

1. 一个手电筒的灯泡，当两端电压为 10V 时，电流为 2A，灯泡的电阻为__________ Ω，灯泡的功率是__________ W。

2. 两个电阻 R_1 和 R_2 组成一并联电路，已知 $R_1:R_2=1:2$，则通过两电阻的电流之比为 $I_1:I_2=$__________，消耗功率之比 $P_1:P_2=$__________。

3. 在直流电路中，某点的电位等于该点与__________之间的电压。

4. 电路如图 1 所示，Ⓐ$_1$＝Ⓐ$_2$＝Ⓐ$_3$＝1A，现正弦交流电压不变，电源频率增加一倍，则Ⓐ$_1$＝__________ A，Ⓐ$_2$＝__________ A，Ⓐ$_3$＝__________ A。

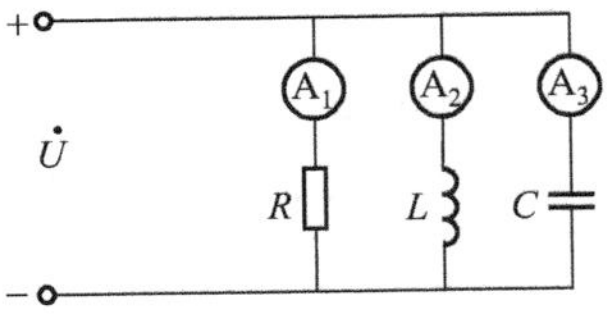

图 1　填空题 4

5. 正弦交流电路中，已知 $u(t)=220\sqrt{2}\sin 314t$ V，电流 $i(t)=2\sqrt{2}\sin(314t+30°)$ A，此电路的性质呈现__________性。电压超前电流__________。

6. 我国供电系统可提供相、线两种电压。日常生活中民用交流电压 220V，是指交流电源的__________电压；工厂企业用交流电压 380V 是指__________电压。

7. 已知三相对称交流电动势 $u_{ab}=220\sqrt{2}\sin(314t+30°)$ V，则 $u_{bc}=$________________，$u_{ca}=$________________。

8. 电路如图 2 所示，则阻抗值 $|Z|=$__________，阻抗角 $\varphi=$__________。

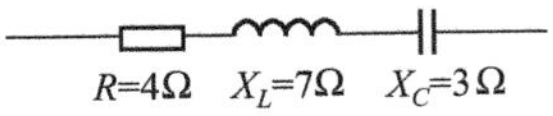

图 2　填空题 8

9. 磁力线线条稀疏处表示磁场__________（强＼弱）。

10. 一非正弦周期电流的基波频率为 50Hz，则其 5 次谐波的频率为__________。

11. 换路定律反映了储能元件的能量不能跃变，体现在电容上为__________不能跃变，体现在电感上为__________不能跃变。

二、选择题（每题 2 分，共 30 分）

1. 如图 3 所示电路，电流 $I=$（　　）A。

A. 0.5　　B. 1

C. 1.5　　D. 2

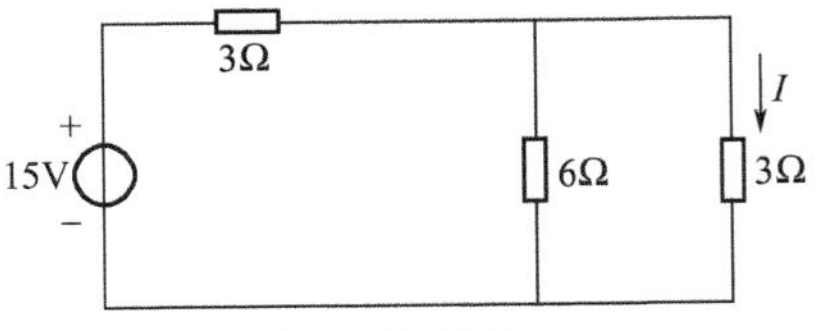

图 3　选择题 1

2. 一段导线，其电阻为 R，将其从中对折合成一段新的导线，则其电阻为（　　）。

A. $R/2$　　B. $R/4$

C. $R/8$　　D. R

3. 一段有源支路如图 4 所示，AB 两端的电压 $U_{AB}=$（　　）。

A. −6V　　B. −4V　　C. 4V　　D. 16V

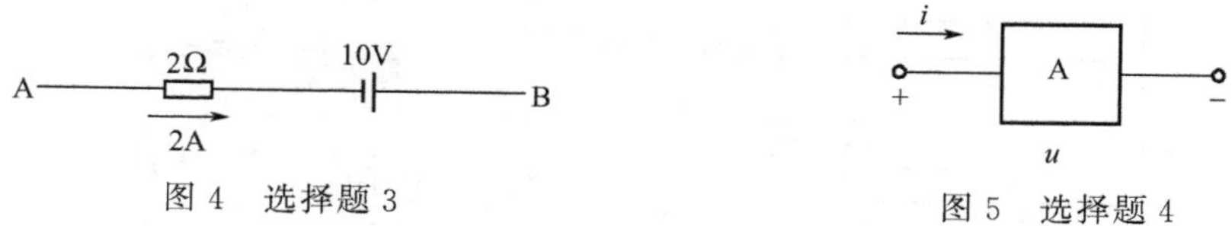

图 4　选择题 3　　　　图 5　选择题 4

4. 已知图 5 所示电路元件 A 中，当 $i=5\sin 100t$ A 时，$u=10\sin(100t-90°)$V，则此元件为（　　）。

A. 电感元件　　B. 电容元件　　C. 电阻元件　　D. RL 元件

5. 现有“220V，40W”、“110V，40W”、“36V，40W”三个灯泡，分别在额定电压下工作，则（　　）。

A.“220V，40W”灯泡最亮　　B.“110V，40W”灯泡最亮

C.“36V，40W”灯泡最亮　　D. 三只灯泡一样亮

6. 已知 $e_1=311\sin(314t-30°)$V，$e_2=311\sin(314t+30°)$V，则（　　）。

A. e_1 超前 e_2 60°　　B. e_1 滞后 e_2 60°　　C. e_1 与 e_2 同相　　D. e_1 与 e_2 反相

7. 如图 6 所示正弦交流电流的有效值是（　　）A。

A. $5\sqrt{2}$　　B. 5　　C. 10　　D. 6.7

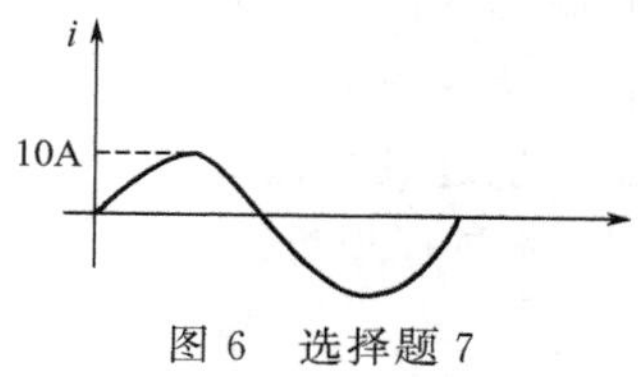

图 6　选择题 7

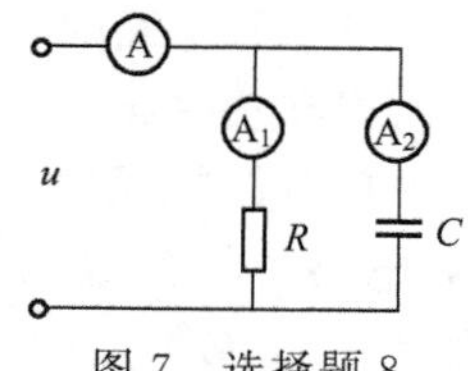

图 7　选择题 8

8. 如图 7 所示为正弦交流电路的一部分，电流表 A 的读数是 5A，电流表 A_1 的读数是 4A，则电路中电流表 A_2 的读数是（　　）。

A. 4A　　B. 1A　　C. 3A　　D. 0A

9. 二端网络的端口电压、电流分别为：$u(t)=10+20\cos\omega t+10\cos 2\omega t$ V，$i(t)=2+10\cos\omega t+5\cos 4\omega t$ A，电压、电流为关联参考方向，则二端网络吸收的平均功率为（　　）。

A. 145W　　B. 270W　　C. 220W　　D. 120W

10. 三相四线制电路中，中性线电流一定等于（　　）。

A. 3 个线电流的代数和　　B. 3 个线电流的相量和

C. 3 个线电流的乘积　　D. 3 个线电流中的最大 1 相电流

11. 处于谐振状态的 RLC 串联电路，若增加电容的 C 值，则电路呈现出（　　）。

A. 感性　　B. 容性　　C. 阻性　　D. 不好确定

12. 电感性负载并联了一个合适的电容后，电路的有功功率（　　）。

A. 增大　　B. 减小　　C. 不变　　D. 无法确定

13. 图 8 所示电路，同名端为（　　）。

A. ABC　　B. BYC　　C. AYZ　　D. ABZ

14. 图 9 所示电路中，$t=0$ 时开关打开，则 $u(0_+)$ 为（　　）。

A. 0V　　B. 3.75V　　C. −6V　　D. 6V

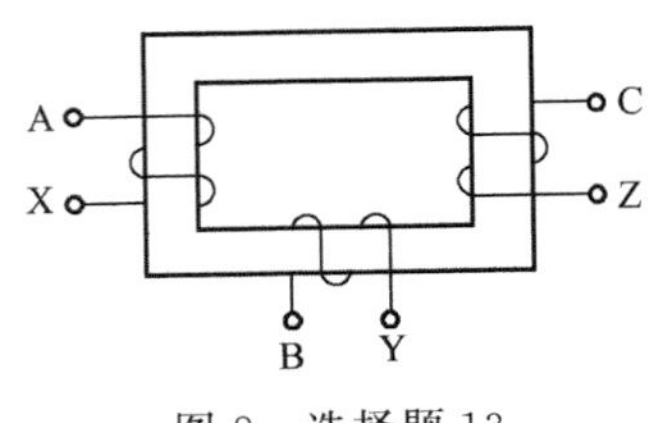

图 8　选择题 13

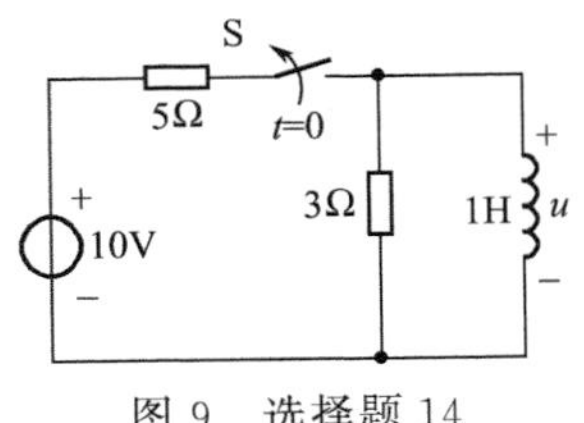

图 9　选择题 14

15. 纯电感电路中无功功率用来反映电路中（　　）。

A. 纯电感不消耗电能的情况　　B. 消耗功率的多少

C. 能量交换的规模　　D. 无用功的多少

三、判断题（每题 2 分，共 20 分）

1. 理想电压源的输出电流和电压是恒定的，不随负载变化。（　　）
2. 耐压为 220V 的电容器可以接到工频 220V 交流电上。（　　）
3. RLC 串联电路，当 $L>C$，则电路呈电感性，即电流滞后电压。（　　）
4. 对于电容性交流负载电路，电流超前电压 90°。（　　）
5. RLC 串联交流电路的阻抗，与电源的频率有关。（　　）
6. 两个正弦交流电流 $i_1=5\sin(2\pi t-45°)$A，$i_2=5\sin(5\pi t+45°)$A，则 i_1 滞后于 i_2。（　　）
7. 应用叠加原理求解电路时，对暂不考虑的电源应将其作短路处理。（　　）
8. 电源提供的视在功率越大，表示负载取用的有功功率越大。（　　）
9. 只要电路中含有储能元件，在换路时就一定会产生过渡过程。（　　）
10. RL 串联电路中的 R 越大，时间常数越大，过渡过程越长。（　　）

四、计算题（共 30 分）

1. 已知：$U_S=12V$，$I_S=2A$，$R_1=R_2=R_3=2\Omega$，用叠加定理求图 10 所示电路中电阻 R_3 的电流 I？（10 分）

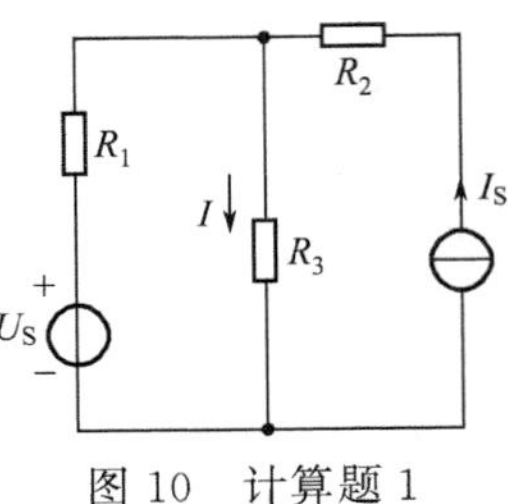

图 10　计算题 1

2. 已知图 11 所示电路中，$u=100\sqrt{2}\sin1000t$ V，求复阻抗 Z、电流 $\dot{I}$、电路功率因数 $\cos\varphi$、$\dot{U}_R$、$\dot{U}_L$、$\dot{U}_C$、P、Q、S。（本题 10 分）

3. 已知，$U_{S1}=U_{S2}=9$V，$R_1=3\Omega$，$R_2=6\Omega$，$R_3=8\Omega$，$C=100\mu$F，如图 12 所示，原电路达稳态，设 $t=0$ 时，开关 K 从 a 投至 b，试用三要素法求电压 $u_C(t)$。（本题 10 分）

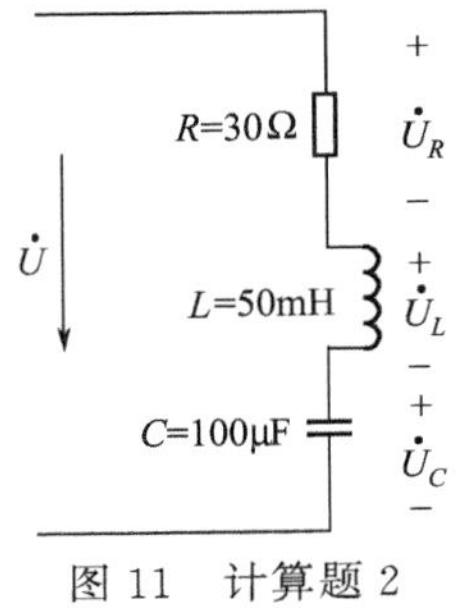

图 11　计算题 2

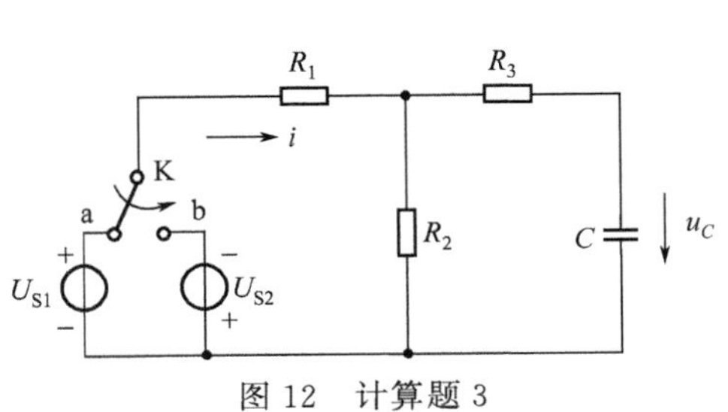

图 12　计算题 3

综合自测题(二)

一、选择题（每题 2 分，共 40 分）

1. 任何一个电路都可能具有（　　）三种状态。

A. 通路、断路和短路　　B. 高压、低压和无线

C. 正常工作、不正常工作　　D. 低频、高频和短波

2. 用交流电流表测得电流的数值是（　　）。

A. 平均值　　B. 有效值　　C. 最大值　　D. 瞬时值

3. 我国交流电的频率是（　　）Hz。

A. 0　　B. 60　　C. 50　　D. 100

4. 把一只标识为 220V、60W，与另一只 220V、40W 的白炽灯泡串联后，接到 220V 交流电源上，它们的亮度关系是（　　）。

A. 60W 与 40W 同样亮　　B. 60W 比 40W 更亮

C. 40W 比 60W 更亮　　D. 60W 亮，40W 熄灭

5. 如图 1 所示电路，电流 $I=$（　　）A。

A. 0.5　　B. 1

C. 1.5　　D. 2

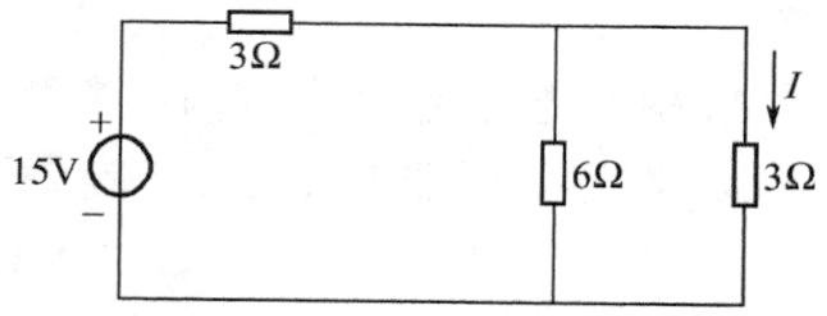

3Ω
15V
6Ω
3Ω
I

图 1　选择题 5

6. 已知正弦电压 $U=311\sin314t$ V，当 $t=0.01$s，电压的瞬时值为（　　）。

A. 0V　　B. 311V

C. 220V　　D. 31.1V

7. 正弦交流电的三要素是（　　）。

A. 电压、电流、频率　　B. 最大值、周期、初相位

C. 周期、频率、角频率　　D. 瞬时值、周期、有效值

8. 图 2 所示电路中端电压 U 为（　　）。

A. 8V　　B. −2V

C. 2V　　D. −4V

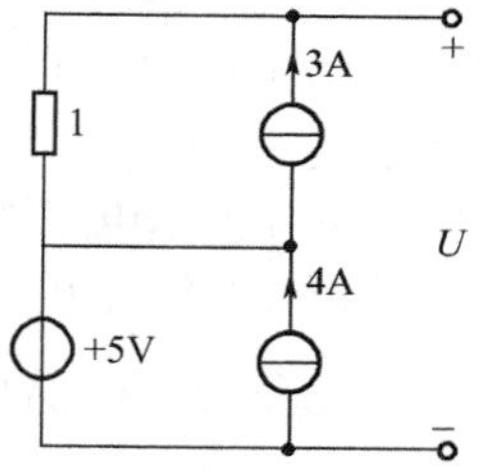

1
3A
4A
+5V
U
+
−

图 2　选择题 8

9. 日常生活中，流过白炽灯泡中的电流为（　　）。

A. 线电流　　B. 相电流

C. 中性线电流　　D. 零序电流

10. 纯电感电路中无功功率用来反映电路中（　　）。

A. 纯电感不消耗电能的情况　　B. 消耗功率的多少

C. 能量交换的规模　　D. 无用功的多少

11. 测得一个有源二端网络的开路电压为 60V，短路电流 3A，则把一个电阻为 $R=100\Omega$ 接到该网络的引出点，R 上的电压为（　　）。

A. 60V　　B. 50V　　C. 300V　　D. 0V

12. 在电阻、电感串联交流电路中，电源频率越高其阻抗（　　）。

A. 越小　　B. 越大　　C. 不变　　D. 变化趋势不确定

13. 三相四线制供电线路中，有关中线叙述正确的是（　　）。

A. 中线的开关不宜断开　　B. 中线应安装熔断器

C. 当三相负载不对称时，中线能保证各相负载电压对称

D. 不管负载对称与否，中线上都不会有电流。

14. 在 RLC 串联电路中，已知 $R=3\Omega$，$X_L=15\Omega$，$X_C=12\Omega$，则电路的性质为（　　）。

A. 感性　　B. 容性　　C. 阻性　　D. 不能确定

15. 关于三相交流电路中相电流与线电流的概念，不正确的是（　　）。

A. 某相电源或某相负载中流过的电流称为相电流

B. 电源端点与负载端点之间流过的电流称为线电流

C. 相线上流过的电流称为相电流　　D. 相线上流过的电流称为线电流

16. 图 3 所示电路为星形连接的对称三相负载接在对称三相电源上，已知其相电压为 220V，则线电压为（　　）。

A. $\sqrt{3}\times 220\text{V}$　　B. $\dfrac{1}{\sqrt{3}}\times 220\text{V}$

C. $\sqrt{2}\times 220\text{V}$　　D. $\dfrac{1}{\sqrt{2}}\times 220\text{V}$

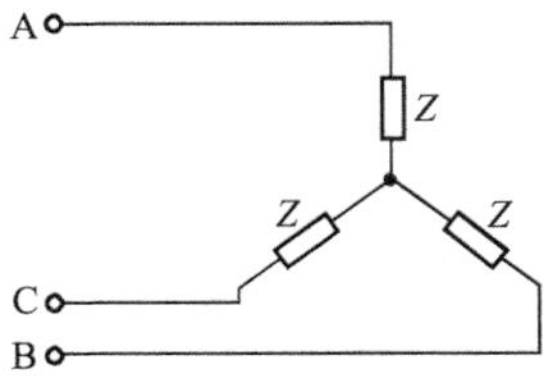

图 3　选择题 16

17. 电力系统负载大部分是感性负载，要提高电力系统的功率因数常采用（　　）。

A. 串联电容补偿　　B. 并联电容补偿　　C. 串联电感　　D. 并联电感

18. 理想变压器变比为 3，副绕组接阻抗为 10Ω，原绕组的等效阻抗为（　　）。

A. 30Ω　　B. 300Ω　　C. 90Ω　　D. 900Ω

19. 与对称三相电源相接的负载由星形连接改为三角形连接，则负载的功率（　　）。

A. 不变　　B. 增加$\sqrt{3}$倍　　C. 减少$\sqrt{3}$倍　　D. 增加 3 倍

20. 对称三相电路中，三相负载作星形连接，$Z=6+j8\Omega$，负载线电压 $U_1=380\text{V}$，则相电流 $I_P=$（　　）。

A. 38.1A　　B. 22A　　C. 12.7A　　D. 30A

二、填空题（每空 1 分，共 20 分）

1. 一个电阻，当两端电压为 10V 时，电流为 1A，电阻大小为________Ω，功率是________W。

2. 图 4 所示电路中，开关 S 打开时等效电阻 $R_{ab}=$________，开关 S 闭合时等效电阻 $R_{ab}=$________。

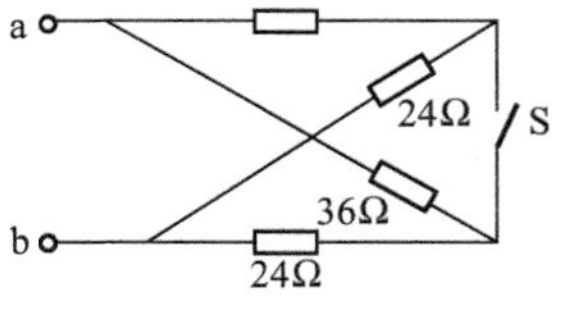

图 4　填空题 2

3. 正弦交流电路中，已知 $u=220\sqrt{2}\sin(314t+60^\circ)\text{V}$，电流 $i=2\sin 314t\,\text{A}$，此电路的性质呈现________性。电压超前电流________。

4. RLC 串联电路发生谐振时，其谐振频率 $f_0=$________，若给定电源电压一定，电路中通过的电流________（最大、最小），若要想保证选择性好，则 Q_0 值应选________（高、低）。

5. 电路的三种工作状态是通路、开路、短路，而________在一般情况下是绝对不允许的。

6. 三相对称电路，负载△形连接，线电流＝__________相电流，负载 Y 形连接，线电压＝__________相电压。

7. $i(t)=5+5\sqrt{2}\sin(3t+62°)+5\sqrt{2}\sin(9t+62°)$(A)，$\omega=3$rad/s，因此该电流的直流分量是__________ A，基波有效值是__________ A，该电流的有效值为__________ A。

8. 电路如图 5 所示，$t=0$ 时开关闭合，则 $u_C(0_+)=$__________ V，$u_C(\infty)=$__________ V。

图 5　填空题 8

9. 在直流电路中，某点的电位等于该点与__________之间的电压。

10. 某理想降压变压器原边电压为 220V，副边电流为 2A，变压器变比 $k=2$，则此变压器原边电流为__________ A，副边电压为__________ V。

三、判断题（每小题 1 分，共 10 分）

1. 铁芯线圈相当于一个感性负载。（　）
2. 用交流电压表测得交流电压是 220V，则此交流电的最大值是 220V。（　）
3. 电功率的单位是焦耳。（　）
4. 正弦量的大小和方向都随时间不断变化，因此无法选择参考方向。（　）
5. 总电压相位超前总电流 270°的正弦交流电路为一纯电感电路。（　）
6. RLC 串联交流电路的阻抗，与电源的频率有关。（　）
7. 理想电压源和理想电流源可以进行等效变换。（　）
8. 交流电路发生串联谐振时，相当于电阻电路，阻抗最小，电流最大。（　）
9. 三相交流对称负载三角形接法的功率是 Y 形接法时功率的 3 倍。（　）
10. 对于电容性交流负载电路，电流超前电压 90°。（　）

四、计算题（30 分）

1. 已知 $U_S=12$V，$I_S=2$A，$R_1=R_2=R_3=2\Omega$，用支路电流法求图 6 所示电路中电阻 R_3 的电流 I？（10 分）

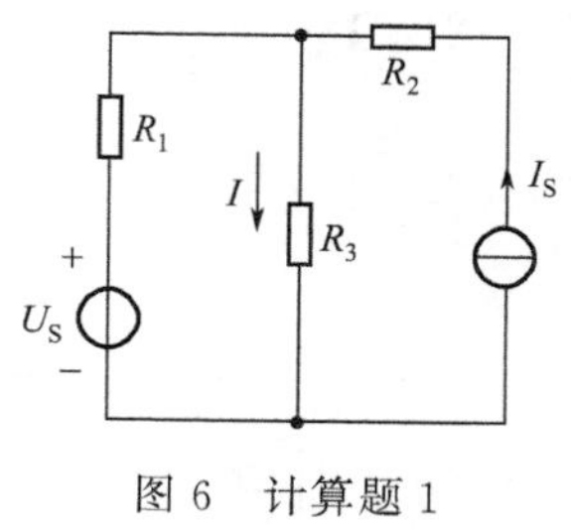

图 6　计算题 1

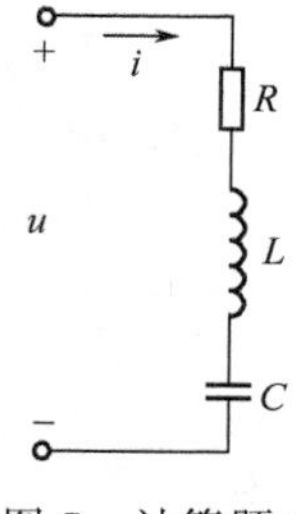

图 7　计算题 2

2. 图 7 所示 RLC 串联电路中，$R=10\Omega$，$X_L=3\Omega$，$X_C=13\Omega$，端电压为 $u=200\sin(\omega t+10°)$V，求：

(1) 电路复阻抗 Z，并判断电路性质。

(2) 总电流 $\dot{I}$ 和各元件端电压 $\dot{U}_R$、$\dot{U}_L$、$\dot{U}_C$。（本题 10 分）

3. 三个完全相同的线圈接成星形，将它接在线电压为 380V 的三相对称电源上，线圈的电阻 $R=6\Omega$，感抗 $X_L=8\Omega$，试求：(1) 各线圈的电流；(2) 每相负载的功率因数；(3) 三相总功率。（本题 10 分）

综合自测题(三)

一、填空题（每空 1 分，共 20 分）

1. 在电路元件上电压 U 与电流 I 的参考方向一致条件下，当 $P=UI$ 为正值时，该元件（吸收/发出）__________功率，属于__________元件；当 P 为负值时，该元件（吸收/发出）__________功率，属于__________元件。

2. 已知 $U_{AB}=10V$，若选 B 点为参考点，则 $V_A=$__________ V，$V_B=$__________ V。

3. 导线的电阻是 10Ω，对折起来作为一根导线用，电阻变为__________ Ω，若把它均匀拉长为原来的 2 倍，电阻变为__________ Ω。

4. 已知 $R_1=5\Omega$，$R_2=3\Omega$，$R_3=2\Omega$，把它们串联起来后的总电阻 $R=$__________。

5. 一个正弦交流电流的解析式为 $i=220\sqrt{2}\sin(314t+45°)$ A，则其有效值 $I=$__________ A，角频率 $\omega=$__________ rad/s，初相 $\varphi_i=$__________。

6. 把一个大小为 10Ω 的电阻元件接到频率为 50Hz、电压为 10V 的正弦交流电源上，其电流为__________ A。

7. 测得串联的 RL 电路在正弦交流电路中 $R=6\Omega$，$X_L=8\Omega$，则该电路的复阻抗的表达式应是__________。

8. 提高功率因数常用的方法是____________________，功率因数最大等于__________。

9. 非正弦周期电压 $u=10+8\sqrt{2}\sin\omega t+6\sqrt{2}\sin3\omega t$，其直流分量是__________ V，基波分量是__________ V；三次谐波分量是__________ V；该电压的有效值 $U=$__________ V。

二、选择题（每题 2 分，共 20 分）

1. 已知一个“220V，40W”的灯泡，它的电阻是（　　）。

A. 2300Ω　　B. 3200Ω　　C. 1210Ω　　D. 620Ω

2. 电路如图 1 所示，电流 $I=$（　　）。

A. −1A　　B. 3A　　C. 5A　　D. 9A

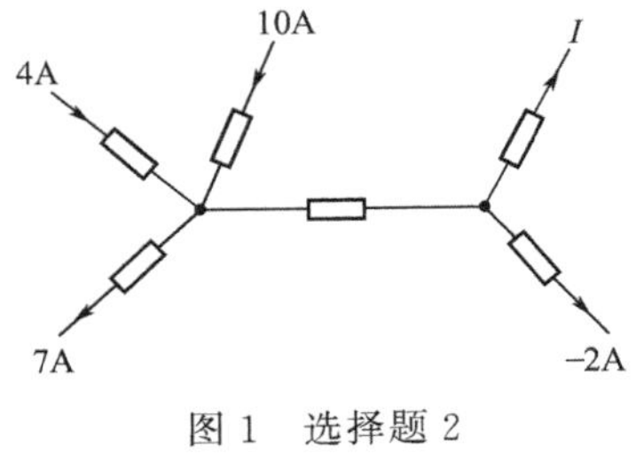

图 1　选择题 2

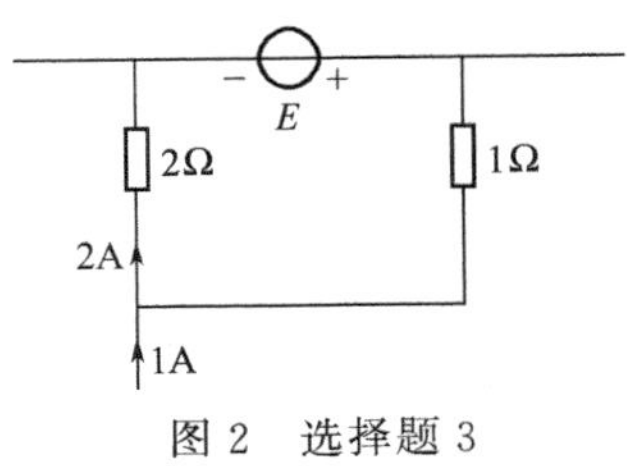

图 2　选择题 3

3. 电路如图 2 所示，电源电动势 $E=$（　　）。

A. 2V　　B. 3V　　C. 4V　　D. 5V

4. 用叠加定理分析电路时，不作用的电压源（　　）处理。

A. 作开路　　B. 作短路　　C. 不进行　　D. 作串联

5. 对于纯电感元件，其两端电压 U 与通过的电流 I 相位之间的关系是（　　）。

A. 相位差为“0”　　B. 电压超前电流 90°

C. 电流超前电压 90°　　D. 电压超前电流 180°

6. 在交流电路中，某元件的阻抗与频率成反比，则该元件是（　　）。

A. 电阻　　B. 电感　　C. 电容　　D. 电源

7. 在 RLC 串联电路中，已知 $R=3\Omega$，$X_L=10\Omega$，$X_C=12\Omega$，则电路的性质为（　　）。

A. 感性　　B. 容性　　C. 阻性　　D. 不能确定

8. 纯电容电路中无功功率用来反映电路中（　　）。

A. 纯电感不消耗电能的情况　　B. 消耗功率的多少

C. 能量交换的规模　　D. 无用功的多少

9. 在 RLC 串联电路中，已知 $U_R=40V$，$U_L=65V$，$U_C=35V$，则测量电路总电压的电压表的读数是（　　）。

A. 10V　　B. 50V　　C. 70V　　D. 140V

10. 在对称的三相负载星形连接的三相电路中，有（　　）。

A. $I_L=\sqrt{3}I_P$　　B. $U_L=\sqrt{3}U_P$　　C. $S=\sqrt{3}U_PI_P$　　D. $S=3U_LI_L$

三、判断题（每题 1 分，共 10 分）

1. 电路中任意两点之间的电压与参考点的选择有关。（　　）

2. 理想电压源的输出电流和电压是恒定的，不随负载变化。（　　）

3. 功率大的电器，单位时间内电流做的功就多。（　　）

4. 两个阻值相等的电阻并联，其等效电阻（即总电阻）比其中任何一个电阻的阻值都大。（　　）

5. 我国的工业频率为 50Hz，其周期为 0.02s。（　　）

6. 叠加定理应用时，不作用的电流源将其作断路处理。（　　）

7. 戴维南定理是针对线性有源二端网络的等效定理，是“对内”等效。（　　）

8. 在电阻串联直流电路中，电阻值越大，其两端的电压就越高。（　　）

9. 在电阻和电感串联的交流电路中，总电压是各分电压的相量和，而不是代数和。（　　）

10. 三相电路中中线的作用在于使星形连接的不对称负载的相电压对称。（　　）

四、计算题（共 50 分）

1. 图 3 所示电路中，$R_1=2\Omega$，$R_2=4\Omega$，$R_3=10\Omega$，用电源等效变换求开路电压 U_{ab}。（本题 10 分）

2. 图 4 所示电路接正弦交流电压，电路中 V_1 表的读数为 30V，V_2 表的读数为 40V。计算电压表 V 的读数。（本题 10 分）

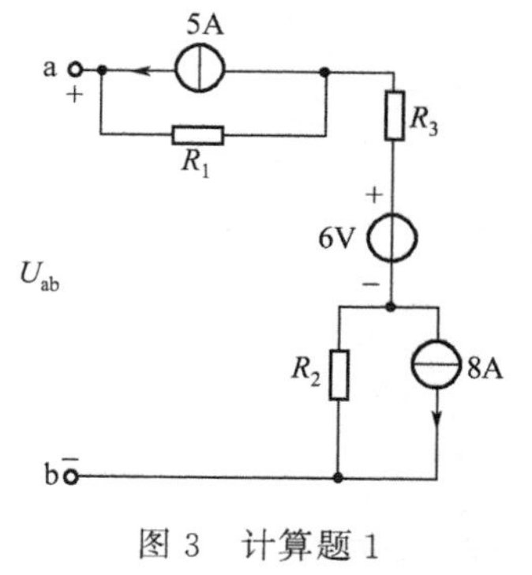

图 3　计算题 1

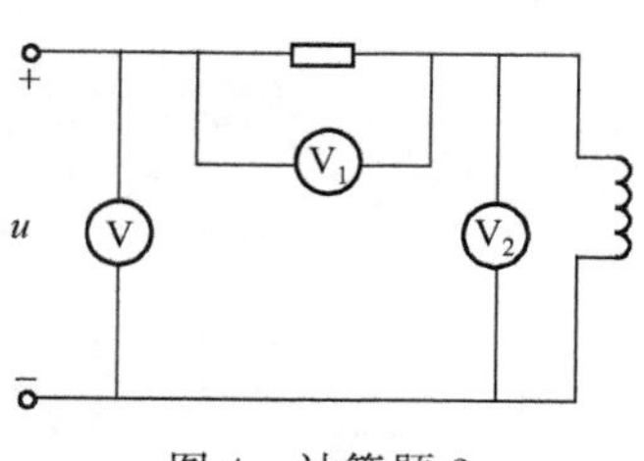

图 4　计算题 2

3. 如图 5 所示，已知 $E_1=18\text{V}$，$E_2=6\text{V}$，$R_1=R_2=R_3=4\Omega$，求 I_3。（本题 10 分）

4. 图 6 所示电路中，$U_S=10\text{V}$，$R_1=2\Omega$，$R_2=3\Omega$，$C=5\mu\text{F}$。$u_C(0_-)=0$。（本题 20 分）

（1）计算时间常数 τ；

（2）求开关 S 闭合后的 u_C 和 i 的表达式。

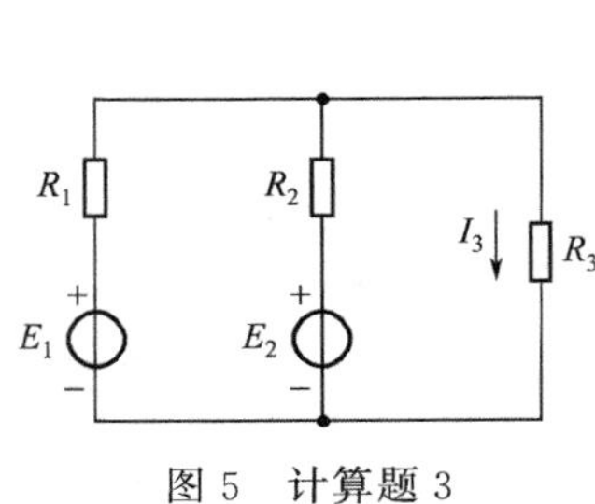

图 5 计算题 3

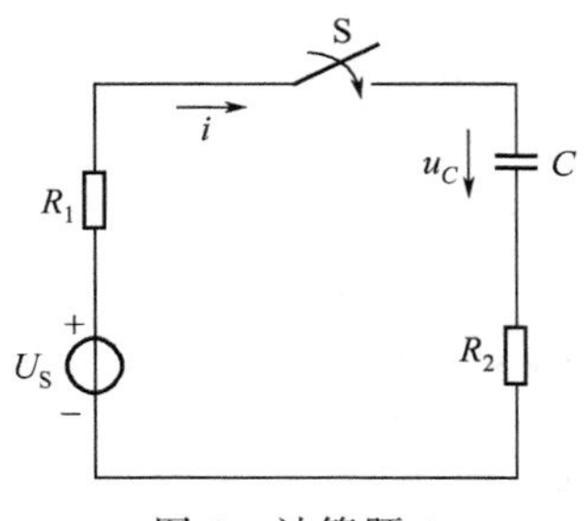

图 6 计算题 4

综合自测题(四)

一、填空题（每空 1 分，共 20 分）

1. 电路的电阻是 20Ω，通过电阻的电流是 6A，那么关联参考方向下，该电路的电压为__________V，功率为__________W。

2. 实际电压源是有内阻的，实际电压源可用__________和__________的串联组合等效。

3. 电路如图 1 所示，A 点的电位 $V_A=$__________V，B 点的点位 $V_B=$__________V。

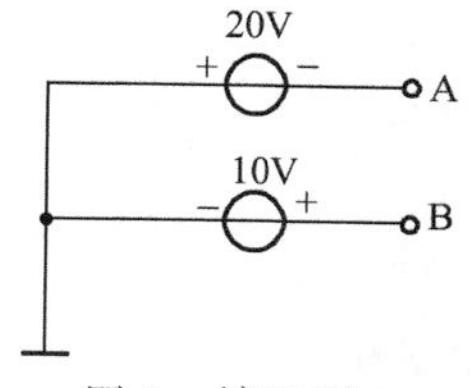

图 1　填空题 3

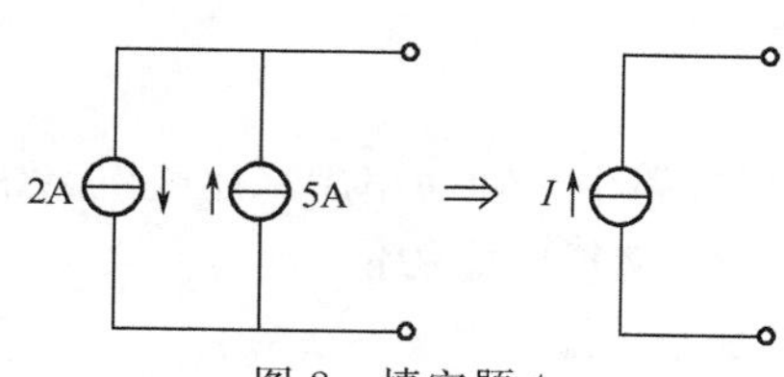

图 2　填空题 4

4. 如图 2 所示，则 $I=$__________A。

5. 我国工业及生活中使用的交流电频率为__________Hz，周期为__________秒。若已知两个工频交流电压相量为 $\dot{U}_1=220\angle 45°V$、$\dot{U}_2=80\angle 60°V$，则电压 U_1 的最大值为__________V，初相位 $\psi_1=$__________，两电压的相位差 $\varphi_{12}=$__________。分别写出两电压的瞬时值表达式：____________________，____________________。

6. 三相四线制系统是指三根__________和一根__________组成的供电系统，其中相电压是指__________和__________之间的电压，线电压是指__________和__________之间的电压。

二、选择题（每题 2 分，共 20 分）

1. 图 3 所示电路为某一复杂电路的一部分，按 KVL 定律列出该回路的电压方程为（　　）

A. $R_1I_1-R_2I_2+R_3I_3-R_4I_4=-E_1+E_3+E_5$

B. $R_1I_1-R_2I_2+R_3I_3-R_4I_4=E_1-E_3-E_5$

C. $-R_1I_1-R_2I_2-R_3I_3+R_4I_4=-E_1+E_3+E_5$

D. $(R_1+R_2+R_3+R_4)I_2=-E_1+E_3+E_5$

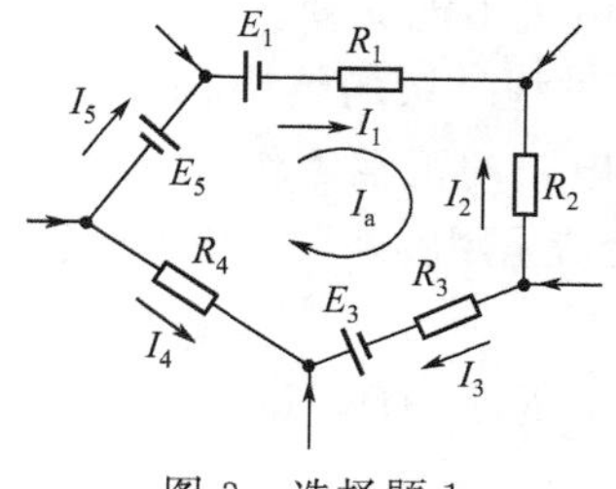

图 3　选择题 1

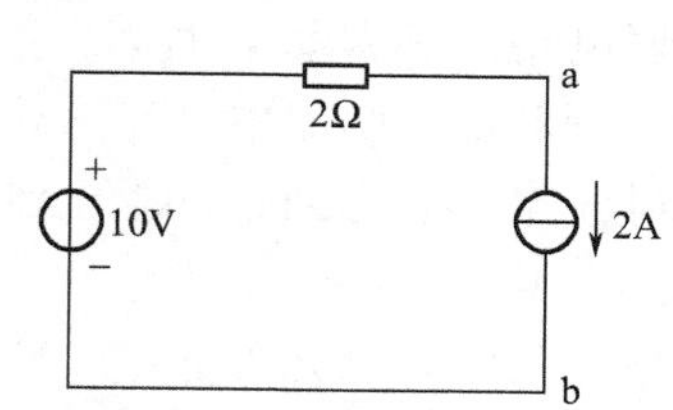

图 4　选择题 2

2. 电路如图 4 所示，则 a、b 两点间电压 $U_{ab}=$（　　）。

A. −14V　　B. −6V　　C. +6V　　D. +14V

3. 叠加定理只适用于（　　）。

A. 交流电路　　B. 直流电路　　C. 线性电路　　D. 均适用

4. $u(t)=5\sin(314t+110°)$V 与 $i(t)=3\sin(314t-95°)$A 的相位差是（　　）。

A. 25°　　B. 115°　　C. −65°　　D. 155°

5. 已知交流电流 $i=4\sqrt{2}\sin\left(314t-\frac{\pi}{4}\right)$A，当它通过 $R=2\Omega$ 的电阻时，电阻上消耗的功率是（　　）。

A. 32W　　B. 8W　　C. 16W　　D. 10W

6. 已知电容 C 两端电压为 $u=10\sin(\omega t+30°)$V，则电容电流 i 为（　　）。

A. $j\omega C\sin(\omega t+30°)$A　　B. $\omega C\sin(\omega t+120°)$A

C. $10\omega C\sin(\omega t+120°)$A　　D. $10\omega C\sin(\omega t-60°)$A

7. 如图 5 所示交流电路，图中电流表的读数应为（　　）。

A. 16A　　B. 4A

C. 8A　　D. −4A

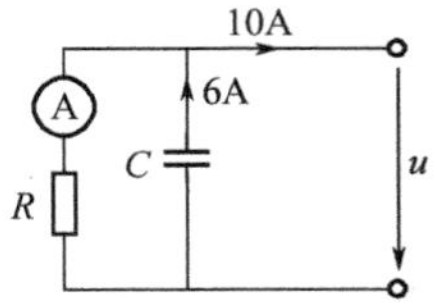

图 5　选择题 7

8. 纯电感电路中无功功率用来反映电路中（　　）。

A. 纯电感不消耗电能的情况　　B. 消耗功率的多少

C. 能量交换的规模　　D. 无用功的多少

9. 已知某用电设备的复阻抗 $Z=4+j4\Omega$，供电电压 $\dot{U}=220\angle 30°$V，则该设备的功率因数为（　　）。

A. 0.707　　B. 1.414

C. 0.8　　D. 1

10. 如图 6 所示的三相负载是（　　）连接。

A. 串联　　B. 星形

C. 三角形　　D. Y 形

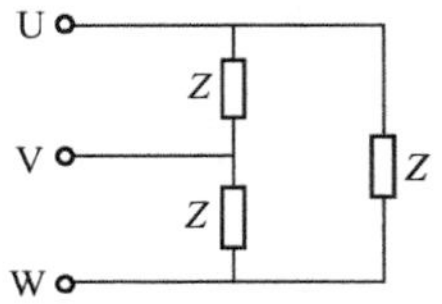

图 6　选择题 10

三、判断题（每题 1 分，共 10 分）

1. 电压源和电流源可以进行等效变换。（　　）
2. 叠加原理适用于线性电路电流、电压和功率的叠加。（　　）
3. 电路中某两点的电位都很高，但该两点间的电压不一定很大。（　　）
4. 电容性电路中电压超前电流 90°。（　　）
5. RLC 串联电路，已知 $R=8\Omega$，$X_L=10\Omega$，$X_C=6\Omega$，则电路的性质为容性。（　　）
6. 基尔霍夫定律在交流电路中不适用。（　　）
7. 动态电路在换路的瞬间其电感的电压和电容的电流不能突变。（　　）
8. RC 串联电路的 R 越大，时间常数越大，过渡过程结束的越快。（　　）
9. 在电力工程和电子电路中，互感现象不会影响电路的正常工作。（　　）
10. 触电急救过程中，遇到有心跳但无呼吸的触电者应采用胸外按压法进行急救。（　　）

四、计算题（共 50 分）

1. 电路如图 7 所示，已知 $U_{S1}=20$V，$U_{S2}=30$V，$R_1=4\Omega$，$R_2=6\Omega$，$R_3=7.6\Omega$，用叠加定理求 R_3 支路电流 I_3。（本题 10 分）

2. 在 RLC 串联电路中，已知 $R=30\Omega$，$L=40$mH，$C=100\mu$F，$\omega=1000$rad/s，$\dot{U}=10\angle 0°$V，试求：(1) 电路的阻抗 Z；(2) 电流 $\dot{I}$ 和电压 $\dot{U}_R$、$\dot{U}_C$ 及 $\dot{U}$；(3) 绘电压、电流相量

图。(本题 15 分)

3. 如图 8 所示电路，S 闭合前，$U_C(0_-)=0$，则在 S 闭合瞬间，求 $i_1(0_+)$、$i_2(0_+)$、$i_3(0_+)$ 及 $U_C(0_+)$。(本题 15 分)

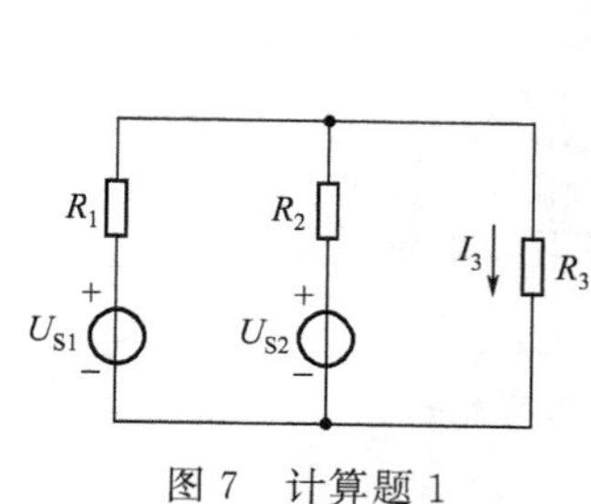

图 7　计算题 1

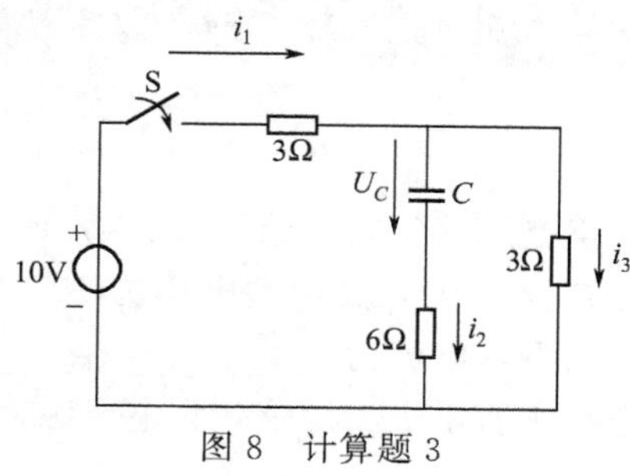

图 8　计算题 3

4. 一个串联谐振电路的特性阻抗 $\rho=100\Omega$，谐振时 $\omega_0=1000\text{rad/s}$，试求电路元件的参数 L 和 C。(本题 10 分)

综合自测题(五)

一、填空题（每空 1 分，共 20 分）

1. 已知 $R=2\Omega$，其两端电压为 10V，则关联参考方向下，电流为__________ A，非关联参考方向下，电流为__________ A。

2. 把图 1 所示电流源等效为电压源，则 $U_S=$__________ V，$R=$__________ Ω。

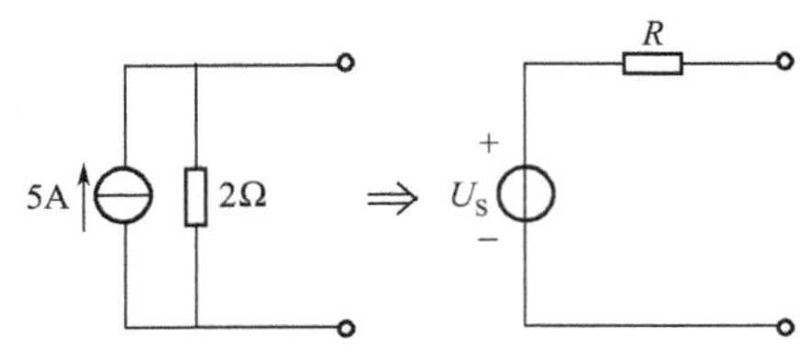

图 1　填空题 2

3. 正弦交流电的三要素是__________，__________，__________。若已知电压的瞬时值为 $u=10\sin(314t+30°)$V，则该电压有效值 $U=$__________ V，频率 $f=$__________ Hz，初相位为 $\varphi=$__________。

4. 一功率 $P=40$W 的日光灯接到 220V 的交流电源上，测得线路上的电流为 $\frac{4}{11}$A，则该日光灯的功率因数 $\cos\varphi=$__________。

5. 有一 RLC 串联电路，其中 $R=30\Omega$，$X_L=70\Omega$，$X_C=30\Omega$，则阻抗角 $\varphi=$__________，该电路为__________性电路，其总电压的相位__________（超前/滞后）电流的相位。

6. 一阶电路的三要素为________________、________________、________________。

7. RLC 串联正弦交流电路发生谐振的条件是________________，谐振时，谐振频率 $f_0=$__________ Hz，品质因数 $Q=$__________。

二、选择题（每题 2 分，共 20 分）

1. 一段有源支路如图 2 所示，AB 两端的电压 $U_{AB}=$（　　）。

A. −6V　　B. −14V

C. 14V　　D. 6V

图 2　选择题 1

2. 若电路中某元件两端的电压 $U=36\angle-180°$V，电流 $I=4\angle180°$A，则该元件是（　　）。

A. 电阻　　B. 电感

C. 电容　　D. 不能确定

3. 如图 3 所示，$I_4=$（　　）。

A. 7A　　B. 3A

C. 9A　　D. 19A

图 3　选择题 3

4. 一般认为经过（4～5）τ 后，过渡过程结束，对于 RC 串联电路，若 C 值一定，增大 R 值，则过渡过程（　　）。

A. 变长　　B. 变短

C. 不变　　D. 不能确定

5. 在感抗 $X_L=10\Omega$ 的纯电感电路的两端加电压 $u=50\sin(314t+30°)$V，则流过电路中电流的瞬时值为（　　）。

A. $i=5\sin(314t+60°)$A　　B. $i=5\sin(314t-60°)$A

C. $i=5\sin(314t+120°)$A　　D. $i=5\sin(314t+90°)$A

6. 电路如图 4 所示，下列关系式中正确的是（　　）。

A. $U=I(R+R_L)$　　B. $U=U_R+U_L$

C. $U=I\sqrt{R^2+X_L^2}$　　D. $U=I(R+jX_C)$

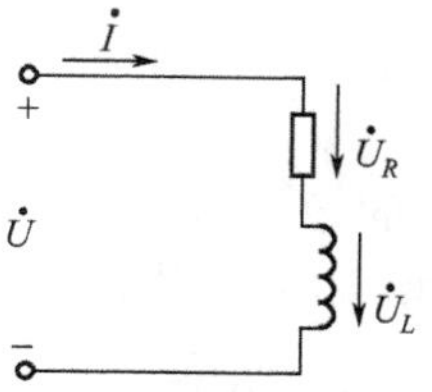

图 4　选择题 6

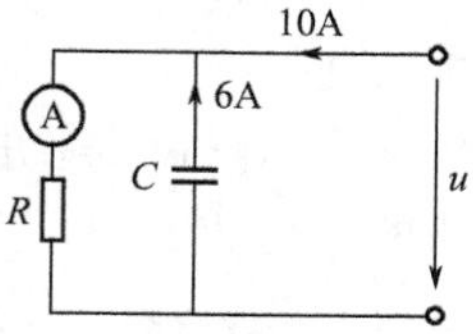

图 5　选择题 7

7. 如图 5 所示交流电路，图中电流表的读数应为（　　）。

A. 16A　　B. 4A　　C. −16A　　D. −4A

8. 纯电容电路中无功功率用来反映电路中（　　）。

A. 纯电感不消耗电能的情况　　B. 消耗功率的多少

C. 能量交换的规模　　D. 无用功的多少

9. 已知某用电设备的复阻抗 $Z=3+j4\Omega$，供电电压 $\dot{U}=220\angle 60°$V，则该设备的功率因数为（　　）。

A. 0.707　　B. 0.6

C. 0.8　　D. 1

10. 如图 6 所示的三相负载是（　　）连接。

A. 串联　　B. 星形

C. 三角形　　D. Y 形

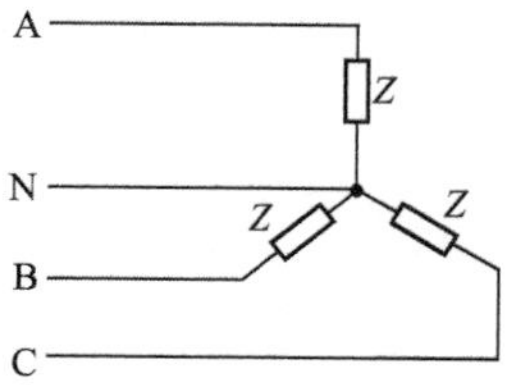

图 6　选择题 10

三、判断题（每题 1 分，共 10 分）

1. "110V，40W" 的灯泡在 220V 的电源上能正常工作。（　　）

2. 电源电动势的大小由电源本身的性质所决定，与外电路无关。（　　）

3. 一个理想的电压源可以用一个理想的电流源来等效。（　　）

4. 电感性电路中电压超前电流 90°。（　　）

5. RLC 串联电路，已知 $R=8\Omega$，$X_L=10\Omega$，$X_C=6\Omega$，则电路的性质为感性。（　　）

6. 正弦交流电压可以用相量来表示，例如 $u=100\sin\omega t=\dot{U}$。（　　）

7. 动态电路在换路的瞬间其电感的电流和电容的电压不能突变。（　　）

8. 自感是线圈中电流变化而产生电动势的一种现象，因此不是电磁感应现象。（　　）

9. 保护接地和保护接零是一样的。（　　）

10. 触电急救过程中，遇到有心跳但无呼吸的触电者应采用人工呼吸法进行急救。（　　）

四、计算题（共 50 分）

1. 如图 7 所示电路，求 4Ω 电阻上电流 I 及 1Ω 电阻消耗的功率。（本题 10 分）

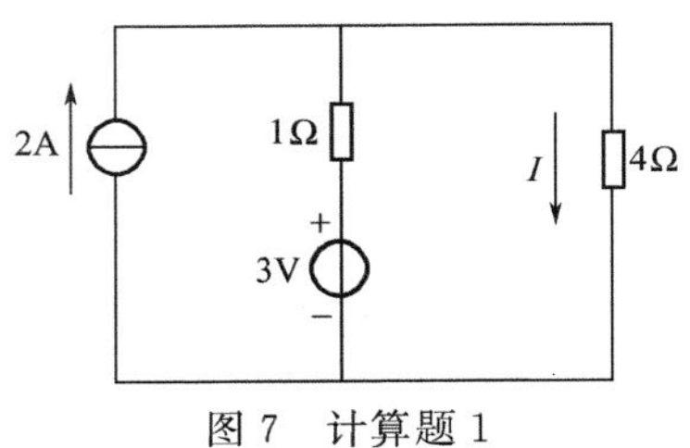

图 7　计算题 1

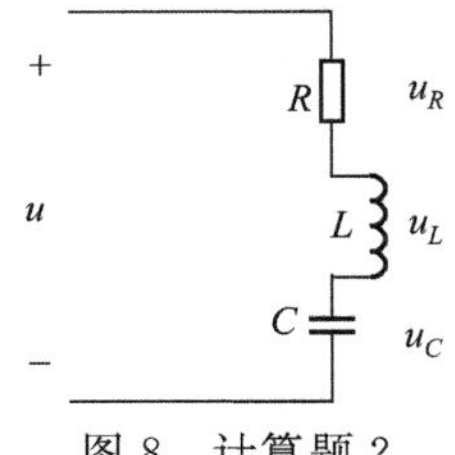

图 8　计算题 2

2. 如图 8 所示电路中，$R=3\Omega$，$X_L=7\Omega$，$X_C=3\Omega$，电源电压 $u=10\sqrt{2}\sin(314t+30°)$V，计算：

（1）$\dot{I}$，$\dot{U}_R$，$\dot{U}_L$，$\dot{U}_C$；

（2）写出 i 的瞬时值解析式，画出 i，u_R，u_L，u_C 的相量图。

（3）计算总电路的有功功率 P，无功功率 Q，视在功率 S。（本题 20 分）

3. 三相对称负载 $Z=3+j4\Omega$，电源线电压为 $\dot{U}_{AB}=380\angle 30°$V。

（1）若采用三相四线制星形连接，计算负载各相电流 $\dot{I}_A$、$\dot{I}_B$、$\dot{I}_C$，负载各相电压 $\dot{U}_A$、$\dot{U}_B$、$\dot{U}_C$。

（2）若采用三角形连接，计算负载相电流 $\dot{I}_{AB}$、$\dot{I}_{BC}$、$\dot{I}_{CA}$，负载线电流 $\dot{I}_A$、$\dot{I}_B$、$\dot{I}_C$（本题 20 分）

参考答案

第 1 单元　电路模型与电路定律

模块 1　电路的组成及作用：模块习题

1. 电流　电源　负载　中间环节　2. 电阻器　电容器　电感器
3. 电源　负载　4. 电阻　5. 实际电路元件

模块 2　电路的基本物理量：模块习题

1. 关联参考方向　非关联参考方向　2. 正电荷　相反
3. 串联　正　负　量程　4. 电场力
5. 负　正　6. 吸收　输出
7. 输出　吸收　8. 并　串
9. c　d　c
10. 参考点　$V_a - V_b$　$V_b - V_a$
11. ×　12. √　13. ×　14. √　15. ×
16. −1V　17. $U_{AB} = 8V$

模块 3　电路的工作状态：模块习题

1. 开路　短路　通路　2. 熔断器　断路器
3. 额定电压　额定电流　额定功率　4. B　5. A　6. C
7. ×　8. ×　9. ×　10. √

模块 4　电路元件——PLC 元件：模块习题

1. 电度　2. 电阻　电感　电容
3. 短路　开路　4. 大于零
5. 5.6×10^{-6}　6×10^{5}
6. 电阻元件　理想电感元件　理想电容元件　理想电压源　理想电流源

模块 5　电路元件——电压源与电流源：模块习题

1. 电流　电压　2. 零　无穷大
3. ×　4. ×　5. √　6. √　7. √　8. ×　9. ×
10. 电流不能超过 50mA，电压不能超过 5V。所以不能将其接在 10V 的电源上使用。

模块 6　基尔霍夫定律：模块习题

1. 复杂电路
2. 通过同一个电流的每一个分支，三条或三条以上支路的连接点，任一闭合路径

3. 支路　　4. C　　5. C

6. $I_B=13A$　$I_C=-16A$　$I_{AC}=8A$　7. 2.25V　8. $I_1=-3A$　$I_2=-1A$　$I_3=2A$

单元自测题（一）

一、填空题

1. DC，不发生变化，AC。而变化　　2. 短路

3. 50mA　20V　　4. 电容　电感

5. 相反

二、选择题

1. B　　2. C　　3. B　　4. B　　5. C

三、判断题

1. ×　　2. ×　　3. √　　4. ×　　5. √

6. ×　　7. ×　　8. ×　　9. ×　　10. ×

四、计算题

1. $U_{ab}=24V$　　2. $I=4A$　$I_1=11A$　$I_2=23A$

3. 18Ω　　4. $I_2=9mA$，$I_5=13mA$，$I_6=-4mA$　　5. $r=1\Omega$

单元自测题（二）

一、填空题

1. 2∶3，2∶3　　2. $R=484\Omega$

3. 最大　最小　　4. KCL　$\sum i=0$　KVL　$\sum u=0$

5. 电压　电压　相对　0　　6. 4 个　5 条　6 个　3 个

7. 线性　　8. 理想电压源　理想电流源

二、选择题

1. B　　2. C　　3. C　　4. B　　5. B

6. B　　7. A　　8. D　　9. D　　10. A

三、判断题

1. ×　　2. ×　　3. √　　4. ×　　5. ×

6. ×　　7. √　　8. √　　9. √　　10. √

四、计算题

1. $V_a=2.25V$

2.（a）u、i 关联，$P=ui=50(W)>0$，吸收功率

（b）u、i 非关联，$P=-ui=20(W)>0$，吸收功率

3. 端电压 2.88V，内阻上的电压：0.12V

4. $U_{CD}=2V$

5. 电压降 5V，消耗功率 0.25W，消耗电能 15J

第 2 单元　电路的等效变换

模块 7　电阻串并联电路的等效变换：模块习题

1. $R_{ab}=\frac{45}{7}\Omega$　　2. $R_{eq}=10\Omega$　　3. $R_{ab}=7\Omega$

4. $R_{ab}=9\Omega$　　5. $I=4A$

※模块 8　电阻星形连接与三角形连接的等效变换：模块习题

1. 略　　2. $R_{AB}=2\Omega$　　3. $R_{AB}=1\Omega$

模块 9　电压源和电流源的等效变换：模块习题

1. 串联　　2. 并联　　3. 一致

4.

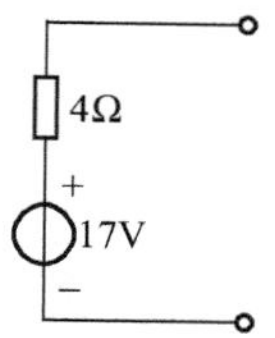

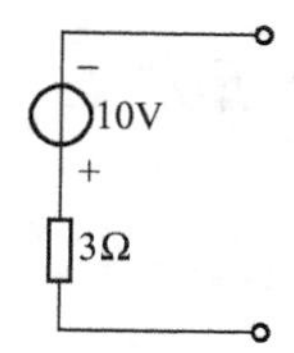

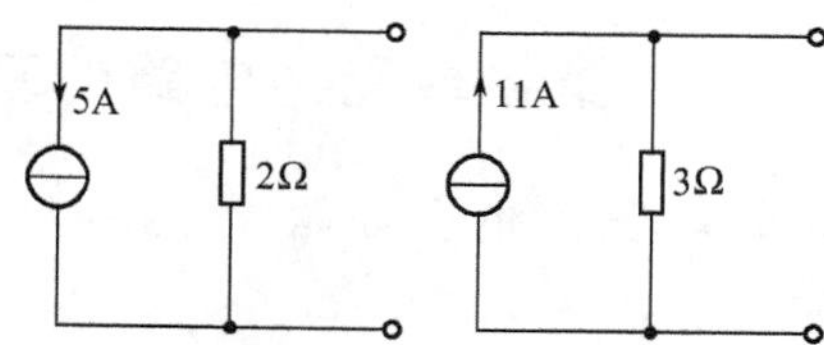

5. $I=0.1\text{A}$　　6. $I=1\text{A}$

单元自测题（一）

一、填空题

1. 30A　0.2Ω　　2. 外电路　内电路　　3. 正比

4. $\frac{U_S}{r}$　不变　并联　　5. 不能　可以

二、判断题

1. √　　2. ×　　3. ×　　4. ×　　5. √

6. √　　7. √　　8. ×　　9. ×　　10. √

三、计算题

1. $U_{AB}=-2.4\text{V}$　$U_{CB}=-0.96\text{V}$

$I=1\text{A}$　$I_1=0.24\text{A}$　$I_2=0.16\text{A}$　$I_3=0.4\text{A}$　$I_4=0.6\text{A}$

2. $I=1\text{A}$　　3. $E=7\text{V}$，$r=0.5\Omega$

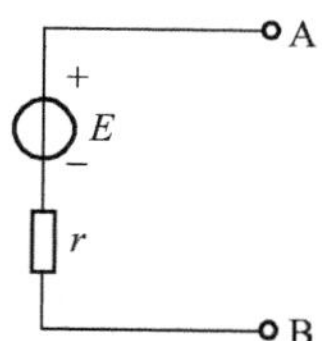

4. $I=0.1\text{A}$　　5. $R_{AB}=7\Omega$

单元自测题（二）

一、填空题

1. 5V　2Ω　　2. 越小　越大

3. 21Ω　　4. 也相等　　5. 3∶1　　6. 不变

7. 并联　串联

二、判断题

1. √　　2. ×　　3. √　　4. ×　　5. ×

6. √　　7. ×　　8. ×　　9. ×　　10. ×

三、计算题

1. $R_3=12\Omega$，$R_4=7\Omega$

2.

3Ω

+ 18V −

3. $R=300\Omega$　　※4. $I=0.535\text{A}$　　5. $I=2\text{A}$

第 3 单元　电路的基本分析方法

模块 10　叠加定理：模块习题

1. 电流，电压，功率
2. 1A
3. (1) 12W　(2) 12W　(3) 12W　(4) 12W
4. B
5. B
6. D
7. $U_{ab}=1\text{V}$，$I=5\text{A}$
8. $I_1=3\text{A}$，$I_2=3\text{A}$，$I_3=1\text{A}$
9. $U=0\text{V}$
10. $U=-4\text{V}$，$I=-\frac{2}{3}\text{A}$

模块 11　戴维南定理：模块习题

1. 10，2.5
2. 短路　断路
3. B
4. C
5. C
6. D
7. $R_3=76\Omega$
8. $I=-0.8\text{A}$
9. $I=\frac{1}{3}\text{A}$
10. $I=3\text{A}$
11. $R_L=6\Omega$，$P_{Lmax}=24\text{W}$

※模块 12　节点电压法：模块习题

1. C　2. B　3. D　4. C　5. A　6. D　7. A

8. $U_{ab}=\frac{24}{7}\text{V}$

9. 节点 a：$\left(\frac{1}{R_1}+\frac{1}{R_2}+\frac{1}{R_3}\right)U_a-\left(\frac{1}{R_2}+\frac{1}{R_3}\right)U_b=I_S-\frac{U_S}{R_2}$

节点 b：$-\left(\frac{1}{R_2}+\frac{1}{R_3}\right)U_a+\left(\frac{1}{R_2}+\frac{1}{R_3}+\frac{1}{R_4}\right)U_b=\frac{U_S}{R_2}$

$I=\frac{U_a-U_b}{R_3}$

10. $U=205\text{V}$，$I=-130\text{A}$

11. $I_1=3\text{A}$　$I_2=-3\text{A}$　$I_3=0\text{A}$　$I_4=1\text{A}$

单元自测题（一）

一、填空题

1. 6V，0.12A，0.72W，2V，0.04A，0.08W，8V，0.16A，1.28W
2. 2V，2Ω
3. $\frac{4}{3}\text{A}$，$\frac{4}{3}\text{A}$，$-\frac{10}{3}\text{A}$，$\frac{5}{3}\text{A}$
4. 10，2.5

5. 节点 a：$\left(\frac{1}{R_1}+\frac{1}{R_2}+\frac{1}{R_3}\right)U_a-\frac{1}{R_2}U_b-\frac{1}{R_1}U_c=\frac{U_{S3}}{R_3}-\frac{U_{S1}}{R_1}-\frac{U_{S2}}{R_2}$

节点 b：$U_b=U_{S4}$

节点 c：$-\frac{1}{R_1}U_a-\frac{1}{R_5}U_b+\left(\frac{1}{R_1}+\frac{1}{R_5}+\frac{1}{R_6}\right)U_c=\frac{U_{S1}}{R_1}$

二、选择题

1. B　2. D　3. B　4. A　5. C
6. C　7. D　8. B　9. D　10. A

三、判断题

1. √　2. ×　3. √　4. ×　5. ×

四、计算题

1. 6V 电压源单独作用 $I_2'=0.1\text{A}$，0.3A 电流源单独作用 $I_2''=0.1\text{A}$

$I_2=I_2'+I_2''=0.2\text{A}$

2.（1）$I=2.1\text{A}$　（2）$R_X=7\Omega$ 时，$P_{max}=\frac{63}{4}\text{W}$

3. $\left(\frac{1}{6}+\frac{1}{3}\right)U_A=1+\frac{9}{6}$，$U_A=5\text{V}$

4. 图 3.66(a) $I=0.5\text{A}$，把 N 当做无源二端网络，可以等效为一个电阻，求出其电阻值为 $R_N=4\Omega$

图 3.66(b) 可以利用叠加定理计算出电压 $U=\frac{36}{5}\text{V}$

单元自测题（二）

一、填空题

1. KCL，正，负　2. 12，2　3. −1，1，发出，27
4. 4，36　5. 24，6　6. 4，24，1，−4，5，20
7. 6

二、选择题

1. A　2. A　3. B　4. B　5. C
6. B　7. A　8. C　9. D　10. C

三、判断题

1. √　2. √　3. ×　4. √　5. ×

四、计算题

1.（1）$I=-2\text{A}$　（2）$U=19\text{V}$

2. $\left(\frac{1}{5}+\frac{1}{20}+\frac{1}{2}\right)U_a-\frac{1}{2}U_b=9$

$\left(\frac{1}{2}+\frac{1}{42}+\frac{1}{3}\right)U_b-\frac{1}{2}U_a=16$

得 $U_a=40\text{V}$，$U_b=42\text{V}$，$I_1=1\text{A}$　$I_2=2\text{A}$　$I_3=-1\text{A}$　$I_4=1\text{A}$　$I_5=-2\text{A}$

3. 6V 电压源单独作用时，$I'=0.8\text{A}$

2A 电流源单独作用时，$I''=1.6\text{A}$

共同作用时，$I=I'+I''=0.8+1.6=2.4\text{A}$

4. $U_0=9\text{V}$　$I=\dfrac{9}{R_0+5+3}=1\text{A}$　$R_0=1\Omega$　　$I=\dfrac{2}{3}\text{A}$

第 4 单元　相量法

模块 13　正弦量的概念：模块习题

1. 50；0.02

2. 最大值；频率；初相位

3. $\sqrt{2}$

4. 同频率；频率

5. 311V；220V；314rad/s；50Hz；$\dfrac{\pi}{3}$

6. 220；$-\dfrac{2\pi}{3}$

7. $-120°$；i_2；i_1

8. C　　9. B　　10. D　　11. B　　12. C

13. $i_1=\sin(314t+90°)$；$i_2=2\sin(314t+30°)$；$i_3=3\sin(314t-120°)$

14.（1）100mA　（2）0mA

15.（1）$f=1\text{Hz}$　（2）$\omega=2\pi$　（3）$20\sin\left(2\pi t+\dfrac{\pi}{6}\right)$

模块 14　正弦量的相量表示法：模块习题

1. 相量，最大值，有效值，初相位

2. $U\angle-\psi_u$

3. $30\sqrt{2}\sin(\omega t+60°)$

4. $50\angle-30°$；$100e^{j60°}$

5. $10\sqrt{2}\sin 314t$；$5\sqrt{2}\sin(314t+90°)$

6. A　　7. C　　8. D　　9. B

10.（1）$\dot{I}_1=10\angle-30°\text{A}$；$\dot{I}_2=10\angle 60°\text{A}$　（2）$10\sqrt{2}\angle 15°\text{A}$

（3）$20\sin(\omega t+15°)\text{A}$　（4）略

11.（1）$\dot{U}_1=110\sqrt{2}\angle 0°\text{V}$，$\dot{U}_2=110\sqrt{2}\angle 120°\text{V}$，$\dot{U}_3=110\sqrt{2}\angle-120°\text{V}$

（2）0　（3）0　（4）

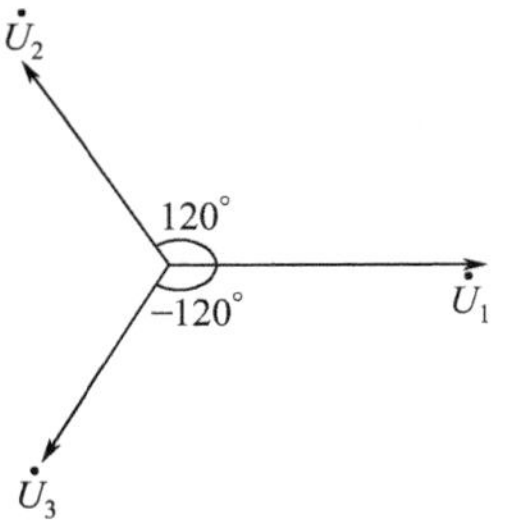

12. $\dot{U}=220=220\angle 0°=220(\cos 0°+j\sin 0°)$

$\dot{I}_1=10j=10\angle 90°=10(\cos 90°+j\sin 90°)$

$\dot{I}_2=5-5j=5\sqrt{2}\angle-45°=5\sqrt{2}[\cos(-45°)+j\sin(-45°)]$

单元自测题（一）

一、填空题

1. 正弦

2. 50，0.02

3. $110\sqrt{2}\text{V}$，110V，628rad/s，100Hz，$\dfrac{\pi}{3}$，$110\angle\dfrac{\pi}{3}\text{V}$

4. $100\sqrt{2}$，45°，−15°。

$u_1=100\sqrt{2}\sin(314t+45°)$，$u_2=80\sqrt{2}\sin(314t+60°)$

5. 电压超前电流 30°

6. 10A

7. $300\angle 50°$，$0.75\angle 10°$

8. 滞后，45°

二、选择题

1. B	2. B	3. C	4. B	5. B
6. B	7. B	8. C	9. A	10. B

三、判断题

1. √	2. ×	3. ×	4. ×	5. ×

四、计算题

1. $310\sin(314t-30°)$V

2. 有效值 220V，$u_a=311\sin(314t-60°)$，$t=0.005$s 时，$u_a=155$V。

3. $\dot{U}_1=220\angle 60°$V，$\dot{U}_2=220\angle 120°$V

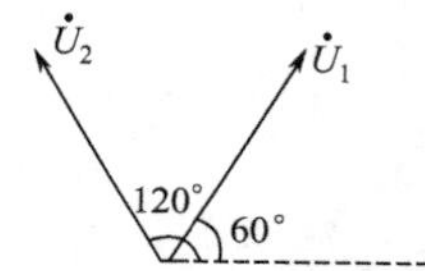

$u_1+u_2=220\sqrt{6}\sin(\omega t+90°)$V，$u_1-u_2=220\sqrt{2}\sin\omega t$V

4. (1) $u_1=50\sqrt{2}\sin(628t+30°)$V，$u_2=100\sqrt{2}\sin(628t+30°)$ (2) 0

五、连线题

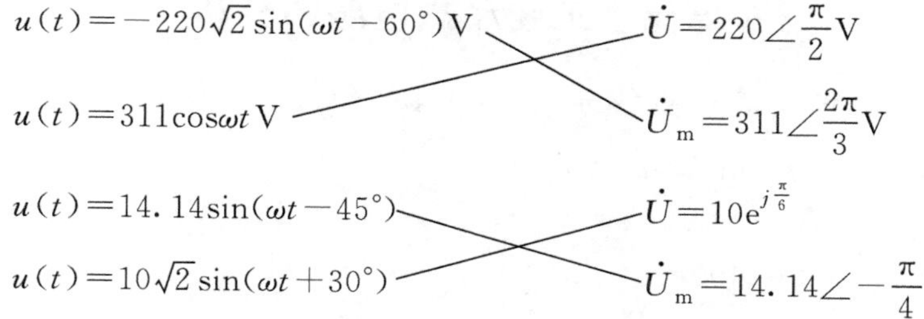

单元自测题（二）

一、填空题

1. 最大值（有效值）、频率（角频率、周期）、初相位

2. $\sqrt{2}$

3. 最大值

4. 4，100，$\frac{\pi}{2}$，0.0628，15.9，$2\sqrt{3}$V

5. $8\sqrt{2}\sin 314t$；$6\sqrt{2}\sin(314t+90°)$；$10\angle 37°$；$10\angle -37°$

6. 超前，45°

7. −60°，$110\sqrt{2}\angle -60°$A

8. 10V

二、选择题

1. B	2. B	3. D	4. D	5. B
6. A	7. B	8. A	9. A	10. D

三、判断题

1. √	2. ×	3. ×	4. ×	5. ×

四、计算题

1. $e(t)=-311\sin 314t=311\sin(314t+180°)\text{V}$，$\dot{E}=220\angle 180°\text{V}$

2.(1) $f=50\text{Hz}$；(2) $\omega=314\text{rad/s}$；

(3) $u(t)=220\sin(314t+30°)$，或 $u(t)=220\sin(314t+150°)$；(4) $U=110\sqrt{2}$

3.(1) 0；(2) $u_{ab}=220\sqrt{6}\sin(\omega t+40°)\text{V}$；$u_{bc}=220\sqrt{6}\sin(\omega t-80°)\text{V}$

(3) 相量图如下

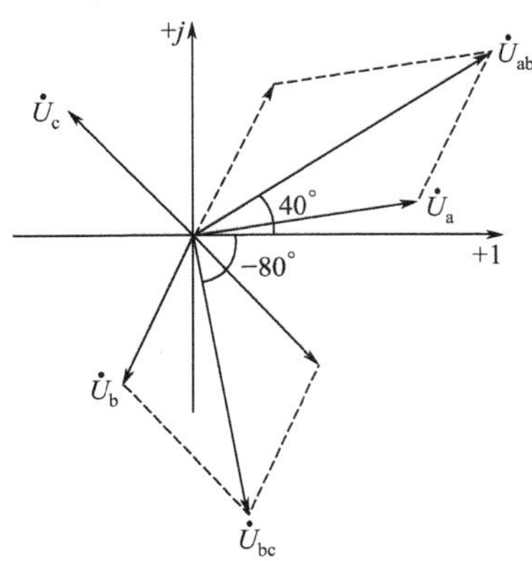

4. $\dot{U}=220=220\angle 0°=220(\cos 0°+j\sin 0°)$

$\dot{I}_1=5\sqrt{2}+5\sqrt{2}j=10\angle 45°=10(\cos 45°+j\sin 45°)$

$\dot{I}_2=5\sqrt{3}-5j=10\angle -30°=10[\cos(-30°)+j\sin(-30°)]$

第5单元　正弦稳态电路的分析

模块15　单一元件交流电路的分析：模块习题

1. 10，$-60°$，$u=10\sqrt{2}\sin(314t-60°)\text{V}$

2. D　　3. A　　4. A　　5. C　　6. D

7.(1) $U=100\sqrt{2}\text{V}$，$\dot{U}=100\sqrt{2}\angle -120°\text{V}$

(2)

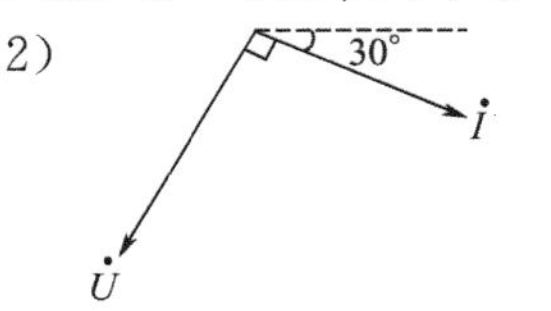

(3) $P=0\text{W}$，$Q=200\text{var}$

模块16　复阻抗：模块习题

1. 10Ω，10，0°　　2. B　　3. D　　4. B

5.(1) $Z=Z_1+Z_2=14\Omega$，$\dot{I}=\dfrac{\dot{U}}{Z}=\dfrac{220\angle 0°}{14}=15.71\angle 0°\text{A}$

$\dot{U}_1=\dot{I}Z_1=15.71\angle 0°\times 6\sqrt{2}\angle 45°=133.3\angle 45°\text{V}$

$\dot{U}_2=\dot{I}Z_2=15.71\angle 0°\times 10\angle -37°=157.1\angle -37°\text{V}$

(2) $Z=\dfrac{Z_1Z_2}{Z_1+Z_2}=\dfrac{6\sqrt{2}\angle 45°\times 10\angle -37°}{14}=6.1\angle 8°\Omega$

$$\dot{I}=\frac{\dot{U}}{Z}=\frac{110\angle 30^\circ}{6.1\angle 8^\circ}=18.1\angle 22^\circ \text{A}$$

$$\dot{I}_1=\frac{\dot{U}}{Z_1}=\frac{110\angle 30^\circ}{6\sqrt{2}\angle 45^\circ}=13\angle -15^\circ \text{A}$$

$$\dot{I}_2=\frac{\dot{U}}{Z_2}=\frac{110\angle 30^\circ}{10\angle -37^\circ}=11\angle 67^\circ \text{A}$$

模块 17　RLC 串联交流电路的分析：模块习题

1. C　　2. A　　3. A　　4. C

5. $Z=6+8j=10\angle 53^\circ\Omega$，$\dot{I}=1\angle -23^\circ \text{A}$，$\dot{U}_R=6\angle -23^\circ \text{V}$，$\dot{U}_L=10\angle 67^\circ \text{V}$，$\dot{U}_C=2\angle -113^\circ \text{V}$

6. 3.2μF（提示：以电流为参考相量画相量图）

7. 10V（提示：以电流为参考相量画相量图）

模块 18　正弦稳态电路的功率：模块习题

1. 0.18A

2. $P=4192\text{W}$，$Q=2420\text{var}$，$S=4840\text{V}\cdot\text{A}$，0.866$\left(\dot{I}=\frac{220\angle 0^\circ}{10\angle 30^\circ}=22\angle -30^\circ \text{A}\right)$

3. $\cos\varphi=0.51$，$Q=68.4\text{var}$

4.（1）$Z=10\sqrt{2}\angle -45^\circ\Omega$，（2）$I=5\sqrt{2}\text{A}$，（3）$\cos\varphi=0.707$

（4）$P=500\text{W}$，$Q=-500\text{var}$，$S=707\text{V}\cdot\text{A}$

5.（1）$Z_N=20\angle -30^\circ\Omega$，0.866，（2）$P=216.5\text{W}$，$Q=-125\text{var}$

模块 19　功率因数的提高和最大功率传输：模块习题

1. 提高功率因数可以提高发电设备容量的利用率，降低输电线路和发电机绕组上的功率损耗。

2. 1.51mF　　3. 0.455；3.88μF

4. $Z_L=10-10j\,\Omega$；$P_{\max}=\frac{U_S^2}{4R_i}=250\text{W}$　　5. 一半（或 50%）

※模块 20　RLC 电路串联谐振：模块习题

1. $\frac{1}{\sqrt{LC}}$，$\frac{1}{2\pi\sqrt{LC}}$　　2. $\frac{\omega_0 L}{R}$（或 $\frac{1}{\omega_0 CR}$、$\frac{\rho}{R}$）

※3. 高，选择，通频带，失真

4. $C=\frac{1}{\omega_0^2 L}=20\mu\text{F}$，$I=\frac{U}{R}=1\text{A}$，$Q=1$，$U_L=U_C=10\text{V}$

单元自测题（一）

一、填空题

1. 4，0°　　2. $20\angle 30^\circ$V，1　　3. 250，0.5　　4. 5Ω，0°

5. $4\angle -53^\circ$，$2\angle 90^\circ$，$2.68\angle -26.6^\circ$，感　　6. 2Ω，1590μF

7. 减少线路或设备的功率损耗，提高线路或设备容量的利用率

8. $3-4j$　　9. $X_L=X_C$，$\frac{1}{2\pi\sqrt{LC}}$，最大

二、选择题

1. B　2. C　3. C　4. A　5. B

6. C　7. C　8. C　9. A　10. D

三、判断题

1. √　2. √　3. ×　4. ×　5. ×

6. ×　7. ×　8. √　9. ×　10. √

四、计算题

1. $Z=30+j40\Omega=50\angle 53^\circ\Omega$，$P=UI\cos\varphi=100\times 2\times\cos 53^\circ=120\text{W}$

$Q=UI\sin\varphi=100\times 2\times\sin 53^\circ=160\text{var}$，$S=UI=100\times 2=200\text{V}\cdot\text{A}$

相量图（设 $\dot{I}=2\angle 0^\circ\text{A}$）

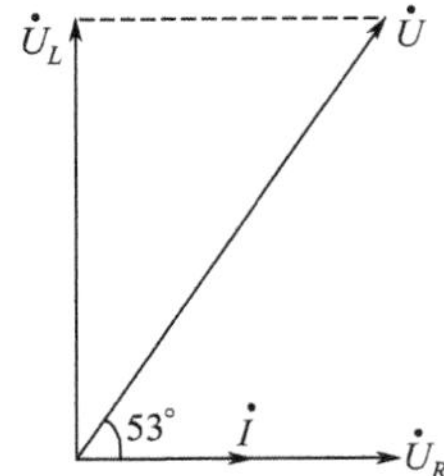

2. $Z=Z_1+Z_2=4-j3\Omega=5\angle -37^\circ\Omega$，$\dot{I}=\dfrac{\dot{U}}{Z}=\dfrac{100\angle 0^\circ}{5\angle -37^\circ}=20\angle 37^\circ\text{A}$

$\dot{U}_1=\dot{I}Z_1=20\angle 37^\circ\times\sqrt{2}\angle 45^\circ=20\sqrt{2}\angle 82^\circ\text{V}$

$\dot{U}_2=\dot{I}Z_2=20\angle 37^\circ\times 5\angle -53^\circ=100\angle -16^\circ\text{V}$

相量图

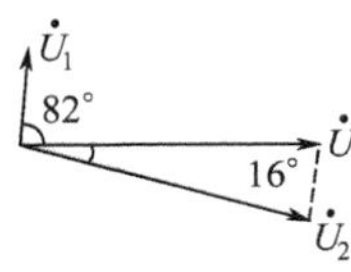

3. $|Z|=\sqrt{R^2+X^2}=1000\Omega$　①

根据 U 与 U_C 之间的相位差为 30°，画出相量图

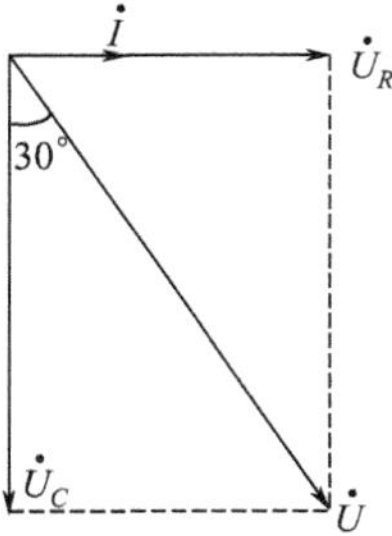

由图可知$\dfrac{U_R}{U_C}=\dfrac{R}{X_C}=\dfrac{1}{\sqrt{3}}$　②

①、②联立，求出 $R=500\Omega$，$X_L=500\sqrt{3}\,\Omega$，$C=\dfrac{1}{\omega X_C}=0.18\mu\text{F}$，观察相量图可知，

$\dot{U}$ 超前 $\dot{U}_C$。

4. 模型如下图(a)，已知 $U_R=100\text{V}$，$U=220\text{V}$

画出相量图(b)，可知 $\cos\varphi=\frac{110}{220}=\frac{1}{2}$，所以 $\varphi=60°$

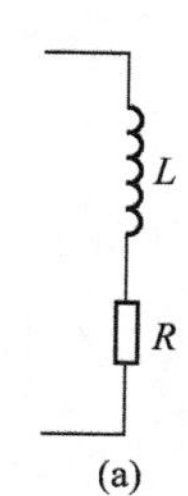

(a)

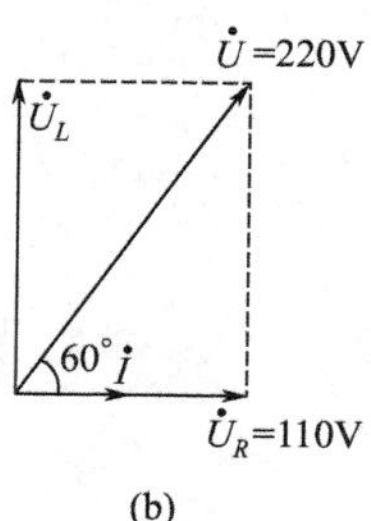

(b)

$P=\frac{U_R^2}{R}$，$R=\frac{U_R^2}{P}=\frac{110^2}{40}=302.5\Omega$

$\tan\varphi=\frac{X_L}{R}$，$X_L=R\tan\varphi=302.5\times\tan60°=524\Omega$

或者利用 $P=UI\cos\varphi$，算出 $I=\frac{P}{U\cos\varphi}=\frac{40}{220\times\cos60°}=\frac{4}{11}\text{A}$

$\tan\varphi=\frac{U_L}{U_R}$，所以 $U_L=U_R\tan\varphi=110\sqrt{3}\text{V}$

$X_L=\frac{U_L}{I}=\frac{110\sqrt{3}}{\frac{4}{11}}=524\Omega$

$X_L=\omega L=2\pi fL$，$L=\frac{X_L}{2\pi f}=\frac{524}{100\pi}=1.67\text{H}$

已知 $\cos\varphi_1=0.5$，$\cos\varphi_2=0.8$，$P=40\text{W}$，$U=220\text{V}$，$\omega=314\text{rad/s}$

可以求出 $\tan\varphi_1=\sqrt{3}$，$\tan\varphi_2=0.75$

则并联电容大小为 $C=\frac{P}{\omega U^2}(\tan\varphi_1-\tan\varphi_2)=\frac{40}{314\times220^2}(\sqrt{3}-0.75)=2.6\mu\text{F}$

单元自测题（二）

一、填空题

1. $3+j4$，27W，0.6
2. $X_L=X_C$
3. 20Ω，0.01A
4. $8\angle-90°$，8
5. 1
6. 并联电容，功率因数
7. RL，越好，越窄
8. 超前 75°，感性
9. 增大
10. $\frac{10\angle30°}{6\sqrt{2}\angle-15°}=\frac{5}{6}\sqrt{2}\angle-15°\text{A}$，$\frac{10\angle30°}{6\angle-90°}=\frac{5}{3}\angle120°\text{A}$，$\frac{5}{6}\sqrt{2}\angle75°=1.18\angle75°\text{A}$

二、选择题

1. D　2. A　3. A　4. A　5. A
6. B　7. C　8. D　9. A　10. A

三、判断题

1. × 2. √ 3. √ 4. × 5. ×
6. × 7. × 8. × 9. × 10. ×

四、计算题

1. $R=2\Omega$，第一种情况：$U_{C1}=6V$，$X_{C1}=\frac{3}{2}\Omega$，$C_1=\frac{1}{15}F$；

第二种情况：$U_{C2}=18V$，$X_{C1}=\frac{9}{2}\Omega$，$C_1=\frac{1}{45}F$

2. 设 $\dot{U}=220\angle 0°V$，$Z=R+j(X_L-X_C)=-j10=10\angle -90°V$，$\dot{I}=\frac{\dot{U}}{Z}=22\angle 90°A$

$P=UI\cos\varphi=0W$

$Q=UI\sin\varphi=220\times 22\times \sin 90°=4840var$

3.（1）$Z=R+j(X_L-X_C)=50+j50=50\sqrt{2}\angle 45°V$

（2）$\dot{I}=\frac{\dot{U}}{Z}=\frac{220\angle 20°}{50\sqrt{2}\angle 45°}=\frac{11}{5}\sqrt{2}\angle -25°A$

$i=\frac{22}{5}\sin(314t-25°)A$

（3）$\dot{U}_R=\dot{I}R=110\sqrt{2}\angle -25°V$

$\dot{U}_L=j\dot{I}X_L=198\sqrt{2}\angle 65°V$

$\dot{U}_C=-j\dot{I}X_C=88\sqrt{2}\angle -115°V$

瞬时电压 $u_R=220\sin(314t-25°)V$

$u_L=396\sin(314t+65°)V$

$u_C=176\sin(314t-115°)V$

（4）相量图

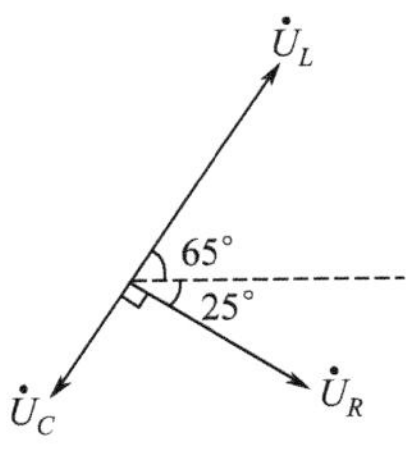

（5）$P=UI\cos\theta=484W$，$Q=UI\sin\theta=484var$

4. $C=0.27mF$

第 6 单元 三相电路的分析

模块 21 三相电路：模块习题

1. 大小，频率，相位 2. 零 3. 相序 4. 三角形
5. 线电流、相电流 6. 220V 7. B 8. D
9. D 10. C

11. $u_B=220\sqrt{2}\sin(\omega t-90°)$V，$u_C=220\sqrt{2}\sin(\omega t+150°)$V

三相电源的相量式为：$\dot{U}_A=220\angle 30°$V，$\dot{U}_B=220\angle -90°$V，$\dot{U}_C=220\angle 150°$V，图略。

12. 瞬时值表达式：$u_A=220\sqrt{2}\sin 314t$V，$u_B=220\sqrt{2}\sin(314t-120°)$V，$u_C=220\sqrt{2}\sin(314t+120°)$

相量表达式：$\dot{U}_A=220\angle 0°$V，$\dot{U}_B=220\angle -120°$V，$\dot{U}_C=220\angle 120°$V

13.（1）$\dot{U}_B=U\angle -60°$V，$\dot{U}_C=U\angle 180°$V

（2）$u_A=\sqrt{2}U\sin(\omega t+60°)$V，$u_B=\sqrt{2}U\sin(\omega t-60°)$V，$u_C=\sqrt{2}U\sin(\omega t+180°)$V

（3）图略

模块 22　对称三相电路的分析：模块习题

1. 三相对称
2. 星形、三角形
3. 三角形
4. 星形、三角形
5. 相等、$I_L=\sqrt{3}I_P$、30
6. 三角形、星形
7. 220

8. 相电压：$\dot{U}_A=220\angle -30°$V，$\dot{U}_B=220\angle -150°$V，$\dot{U}_C=220\angle 90°$V

线电流：$\dot{I}_A=8.8\angle -66.87°$A，$\dot{I}_B=8.8\angle -186.87°$A，$\dot{I}_C=8.8\angle 53.13°$A

9. 电压表的读数：$V_1=220$V，$V_2=380$V

电流表的读数：$A_1=13.66$A，$A_2=7.33$A，$A_3=6.33$A

10. 假设电源线电压为$\dot{U}_{AB}=380\angle 0°$V

（1）星形接法

相电压：$\dot{U}_a=220\angle -30°$V，$\dot{U}_b=220\angle -150°$V，$\dot{U}_c=220\angle 90°$V

相电流：$\dot{I}_a=2.2\angle -83.13°$A，$\dot{I}_b=2.2\angle -203.13°\text{A}=2.2\angle 156.87°$A，$\dot{I}_c=2.2\angle 36.87°$A

（2）三角形接法

相电压：$\dot{U}_a=380\angle 0°$V，$\dot{U}_b=380\angle -120°$V，$\dot{U}_c=380\angle 120°$V

相电流：$\dot{I}_a=3.8\angle -53.13°$A，$\dot{I}_b=3.8\angle -173.13°$A，$\dot{I}_c=3.8\angle 66.87°$A

11. 应采用星形接法，假设电源线电压为$\dot{U}_{AB}=380\angle 0°$V

负载相电压为：$\dot{U}_a=220\angle -30°$V，$\dot{U}_b=220\angle -150°$V，$\dot{U}_c=220\angle 90°$V

线电流：$\dot{I}_A=22\angle -66.87°$A，$\dot{I}_B=22\angle 173.13°$A，$\dot{I}_C=22\angle 53.13°$A

12. 负载的相电流：$\dot{I}_a=12.08\angle -51.24°$A，$\dot{I}_b=12.08\angle -171.24°$A，$\dot{I}_c=12.08\angle 68.76°$A

负载的相电压：$\dot{U}_a=215.02\angle 0.6°$V，$\dot{U}_b=215.02\angle -119.4°$V，$\dot{U}_c=215.02\angle 120.6°$V

※模块 23　不对称三相电路的计算：模块习题

1. 0，5A
2. 三相四线制且中线阻抗近似为零
3. 0
4. 220，10

5.（1）各相电压均为$U_P=220$V，各相电流均为$I_P=5.5$A

(2) 各相电压均为 $U_P=220V$，各相电流：$I_A=5.5A$，$I_B=11$，$I_C=5.5$

6. $A_1=\frac{5}{\sqrt{3}}=2.87A$，$A_2=5A$，$A_3=\frac{5}{\sqrt{3}}=2.87A$

7. 变暗　　8. 变亮　　9. 不变

10. $I_A=44A$，$I_B=44A$，$I_C=22A$，$I_N=22A$

模块24　三相电路功率的计算：模块习题

1. $U_P I_P \cos\varphi$，$3U_P$　　2. $3U_P I_P \cos\varphi$，$\sqrt{3}U_l I_l \cos\varphi$

3. $S=\sqrt{P^2+Q^2}$

4. $10\angle-30°$，0.87，380V，38A，37.69kW，380V，22A，12.6kW

5. 0.86　　6. (1) 2.32kW，(2) 6.96kW

7. 14.48kW　　8. 0.69，5.76kW

9. (1) 5.5A，3.08kW　　(2) 16.45A，9.21kW

10. $I_P=7.6A$，$I_l=13.2A$，$P=5.2kW$

11. $P=1.52kW$，$Q=1.14kvar$，$S=1.91kV\cdot A$

单元自测题（一）

一、填空题

1. $\frac{1}{\sqrt{3}}$，1，0　　2. 5280W，3960，6600，17.6Ω，42mH

3. 三角形　　4. 380，220，1.12kW　　5. 30，6

6. 0，0　　7. 9.12kW，6.56kW　　8. 0.83，0.55kW

二、选择题

1～5. B D A A B　　6～10. A A B D C

三、判断题

1～5. √ × √ √ ×

四、计算题

1. $\cos\varphi=0.35$，$Z=37.93\angle70°$　　2. 220V，1980var，$Z=44\angle36.9°$

3. 1018V，5820var，$Z=321\angle36.9°$

4. $\dot{I}_A=8.8\angle0°A$，$\dot{I}_B=6.22\angle-165°A$，$\dot{I}_C=6.22\angle-150°A$

5. (1) $\dot{I}_a=4.21\angle-53.57°$　　$\dot{U}_a=210.5\angle-106.7°$

$\dot{I}_b=4.21\angle-173.57°$　　$\dot{U}_b=210.5\angle46.7°$　　(2) 图略

$\dot{I}_c=4.21\angle66.43°$　　$\dot{U}_c=210.5\angle13.3°$

单元自测题（二）

一、填空题

1. 相同、相等、120°　　2. 三相四线制　　3. 三相三线制　　4. 220，380

5. $\sqrt{3}$，超前30°　　6. 相等　　7. 相等　　8. $\sqrt{3}$，滞后30°

9. 2A，$2\sqrt{3}$A　　10. $380\sin(\omega t-30°)$

11. 220，380　　12. 相电压，相电流

二、选择题

1～5. A A A A A　　6～10. D A B A B

三、判断题

1～5. √ × √ × ×

四、计算题

1. 10A，17.3A，11400W　　2. 30.4，22.8

3.（1）$\dot{U}_a=220\angle 60^\circ$，（2）$Z_P=44\angle 30^\circ$，（3）$\cos\phi=0.866$，（4）2850

4. $I_P=I_L=44A$，$P=23230W$

5. $\dot{U}_a=220\angle 0^\circ V$，$\dot{U}_b=220\angle -120^\circ V$，$\dot{U}_c=220\angle 120^\circ V$

$\dot{I}_A=20\angle 0^\circ A$，$\dot{I}_B=10\angle -120^\circ A$，$\dot{I}_C=10\angle 120^\circ A$　　$P=8800W$

第 7 单元　互感耦合电路的分析

模块 25　磁路的基本知识：模块习题

1. 矫顽力　　2. 安培/米、特斯拉　　3. 高导磁性、磁饱和性、磁滞性

4. 软磁、永磁、矩磁　　5. 磁滞回线　　6. 大于　　7. 剩磁、矫顽力

8. 窄而长、小

模块 26　自感与互感：模块习题

1. C　　2. C　　3. D　　4. C

5.

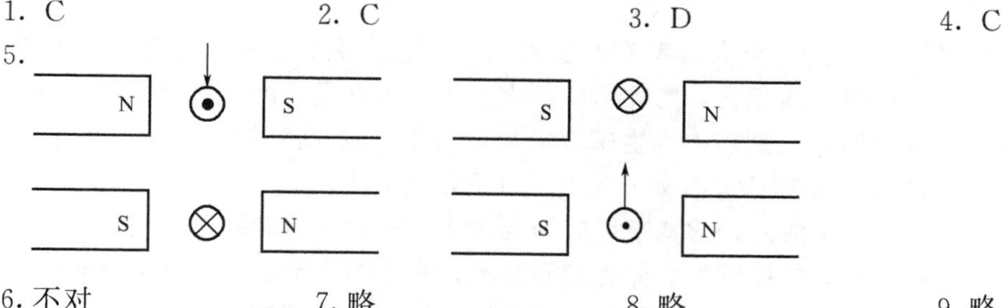

6. 不对　　7. 略　　8. 略　　9. 略

※模块 27　互感电压与互感线圈的串联电路

1. 关联、非关联　　2. 方向、同名

3. $L=L_1+L_2+2M$、$L=L_1+L_2-2M$

4. $(L_1L_2-M^2)/(L_1+L_2-2M)$、$(L_1L_2-M^2)/(L_1+L_2+2M)$

5. 答：两互感线圈顺串时 $L_{顺}=L_1+L_2+2M$，反串时 $L_{反}=L_1+L_2-2M$，由两式可看出，顺接时等效电感量大，因而感抗大，电压一定时电流小，如果误把顺串的两互感线圈反串，由于等效电感量大大减小，致使通过线圈的电流大大增加，线圈将由于过热而有烧损的危险。故连接时必须注意同名端

单元自测题（一）

一、填空题

1. 磁感应强度，B，特斯拉，T　　2. 磁化、磁感应强度、磁场强度

3. 软磁材料，硬磁材料，矩磁材料　　4. 高导磁性，磁饱和性，磁滞性

5. A→B　　B→A

二、判断题

1. × 2. √ 3. × 4. × 5. √
6. × 7. √ 8. √ 9. × 10. ×

三、选择题

1. C 2. D 3. ACB 4. A 5. C 6. D 7. A

四、计算题与问答题

1.略 2.略 3. 1400 4.略

单元自测题（二）

一、填空题

1.恒定，随时间变化 2.软磁材料
3.远大于 4.磁动势
5.减小，减小，不变；不变，减小，减小 6.高导磁性，磁滞性
7.有外来磁场，有磁畴 8.磁化
9.正，正，正 10.弱

二、选择题

1. B 2. A 3. A 4. A 5. A 6. C 7. B

三、问答题与计算题

1.答：电机和变压器的磁路常采用硅钢片制成，它的导磁率高，损耗小，有饱和现象存在。

2.答：磁滞损耗是由于 B 交变时铁磁物质磁化不可逆，磁畴之间反复摩擦，消耗能量而产生的。它与交变频率 f 成正比，与磁密幅值 B_m 的 α 次方成正比。涡流损耗是由于通过铁芯的磁通 ϕ 发生变化时，在铁芯中产生感应电势，再由于这个感应电势引起电流（涡流）而产生的电损耗。它与交变频率 f 的平方和 B_m 的平方成正比。

3.答：铁磁材料按其磁滞回线的宽窄可分为两大类：软磁材料和硬磁材料。磁滞回线较宽，即矫顽力大、剩磁也大的铁磁材料称为硬磁材料，也称为永磁材料。这类材料一经磁化就很难退磁，能长期保持磁性。常用的硬磁材料有铁氧体、钕铁硼等，这些材料可用来制造永磁电机。磁滞回线较窄，即矫顽力小、剩磁也小的铁磁材料称为软磁材料。电机铁芯常用的硅钢片、铸钢、铸铁等都是软磁材料。

4.答：在 W_1 中外加 u_1 时在 W_1 中产生交变电流 i_1，i_1 在 W_1 中产生交变磁通 ϕ，ϕ 通过 W_2 在 W_2 中和 W_1 中均产生感应电势 e_2 和 e_1，当 i_1 增加时 e_1 从 b 到 a，e_2 从 d 到 c，当 i_1 减少时 e_1 从 a 到 b，e_2 从 c 到 d。

5.同名端是 2、3、6

6.略

第 8 单元　非正弦周期电流电路

模块 28　非正弦周期信号：模块习题

1.谐波，傅里叶级数 2. 360 3. 5×10^5 4.小

5.不对。虽然电源是正弦的，但电路中如果有非线性元件，非线性元件上就会产生非正弦响应。

6.不是。非正弦信号可分为周期性和非周期性两种。

※模块 29　非正弦周期电路的有效值和平均功率：模块习题

1. $\sqrt{\frac{40^2}{2}+\frac{20^2}{2}+\frac{10^2}{2}}$V=32.4V　　2. 10，5，3，11.6

3. 50，82.16　　4. 10.8W

5. 电压的有效值 18.2V，电流的有效值 5.4A，平均功率为 60W。

单元自测题（一）

一、填空题

1. 非正弦　　2. $[5+6\sin\omega t]$　　3. 2×10^5，6×10^5，1×10^6

4. 0.02，$20\sqrt{2}\sin\omega t$，50，0°，$20\sqrt{2}$，$20\cos3\omega t$，150，90°，20，$10\sqrt{2}\sin(5\omega t+60°)$，250，60°，$10\sqrt{2}$

※5. 22　　6. 相同

二、选择题

1. B　　※2. B　　3. C　　※4. C　　※5. A

三、判断题

1. ×　　※2. ×　　3. ×　　4. √　　5. √

四、计算题

※1. 电压有效值为 108.37V，平均值为 100V　　※2. 75.4W

单元自测题（二）

一、填空题

1. 非正弦曲线　　2. 10^5，3×10^5，6×10^5

※3. 0，30，40，70，86　　4. 周期，非周期

※5. 直流分量和各次谐波分量各自产生的平均功率的和　　6. 傅里叶级数

※7. $\frac{I_m}{2}$，$-\frac{I_m}{\pi}\sin\omega t$，$\frac{I_m}{\sqrt{2}\pi}$，$-\frac{I_m}{2\pi}\sin2\omega t$，$\frac{I_m}{2\sqrt{2}\pi}$　　※8. 不同，同

二、选择题

※1. B　　2. C　　3. C　　※4. D　　※5. B

三、判断题

※1. √　　2. √　　※3. ×　　※4. ×　　5. ×

四、计算题

※1. 271.2W　　※2. 10.8A

第 9 单元　动态电路分析

模块 30　动态电路换路定律：模块习题

1. 能量，电容，电感　　2. 换路　　3. 过渡过程

4. $u_C(0_+)=u_C(0_-)$，$i_L(0_+)=i_L(0_-)$

模块 31　动态电路的初始值：模块习题

1. 短路，开路　　2. 电压为 U_0 的电压源，电流为 I_0 的电流源

3. 0　　4. −6V

5. $u_C(0_+)=0$V，$u_{R_2}(0_+)=12$V，$i_2(0_+)=0$A，$i_1(0_+)=0$A

6. $i_L(0_+)=2.5\text{A}$，$u_L(0_+)=-20\text{V}$，$u_{R_2}(0_+)=10\text{V}$

模块 32 一阶电路的响应：模块习题

1. $u_C(t)=10(1-e^{-\frac{t}{10}})\text{V}$；$i_C(t)=2e^{-\frac{t}{10}}\text{A}$ 2. $u_C(t)=15e^{-\frac{t}{6}}\text{V}$；$i_C(t)=-5e^{-\frac{t}{6}}\text{A}$

3. $u_L(t)=-10e^{-10t}\text{V}$；$i_L(t)=-5e^{-10t}\text{A}$ 4. $u_L(t)=20e^{-5t}\text{V}$；$i_L(t)=2-2e^{-5t}\text{A}$

模块 33 一阶电路分析方法：模块习题

1. 1.4，1，3 2. 零状态响应 $5(1-e^{-100t})\text{V}$，零输入响应 $13e^{-100t}\text{V}$

3. $i_L(t)=\dfrac{10}{3}-\dfrac{7}{3}e^{-1.5t}\text{A}$，$u_L(t)=3.5e^{-1.5t}\text{V}$

4. $u_C(t)=10-8e^{-0.5t}\text{V}$ 5. $i_L(t)=20-19e^{-t}\text{A}$

6. $i_L(t)=5-3e^{-2t}$，$i_1(t)=2-e^{-2t}$，$i_2(t)=3-2e^{-2t}$

单元自测题（一）

一、填空题

1. 一 2. 零输入响应 3. 全响应

4. 初始值、稳态值、时间常数，$f(t)=f(\infty)+[f(0_+)-f(\infty)]e^{-\frac{t}{\tau}}$

5. 开路 6. 短路 7. $u_C(0_+)=u_C(0_-)$，$i_L(0_+)=i_L(0_-)$

8. 零状态响应 9. RC；$\dfrac{L}{R}$ 10. 4，0，10

11. 10，2.5 12. $2.4\times10^{-5}\text{s}$

二、选择题

1. D 2. A 3. B 4. C 5. D

6. B 7. A 8. B 9. D 10. B

三、判断题

1. × 2. × 3. × 4. √ 5. √

四、计算题

1. $u_C(t)=20-10e^{10^4t}$ $[u_C(0_+)=10\text{V}$，$u_C(\infty)=20\text{V}$，$\tau=10^{-4}\text{s}]$

2. $u_L(t)=-50e^{-25t}\text{V}$，$i_L(t)=10e^{-25t}\text{A}$

$[i_L(0_+)=10\text{A}$，$u_L(0_+)=-50\text{V}$，$i_L(\infty)=0$，$u_L(\infty)=0$，$\tau=0.04\text{s}]$

单元自测题（二）

一、填空题

1. 一瞬间 2. 零状态响应 3. 电感的电流，电容的电压

4. 暂态 5. 10A 的电流源 6. 5V 的电压源

7. 过渡过程 8. 减小 9. 初始值、稳态值、时间常数

10. 换路定律，$t=0_+$ 11. 10，8，0.5，$10e^{-2t}$，8 $(1-e^{-2t})$ 12. $4\times10^{-5}\text{s}$

二、选择题

1. A 2. C 3. B 4. C 5. A

6. C 7. A 8. A 9. B 10. D

三、判断题

1. × 2. √ 3. × 4. × 5. ×

四、计算题

1. $i_L(t)=1-e^{-25t}$ $[i_L(0_+)=0A, i_L(\infty)=1A, \tau=0.04s]$

2. $u_C(t)=2.4+3.6e^{-\frac{t}{6}}V$，$i_C(t)=-3e^{-\frac{t}{6}}A$

$[u_C(0_+)=6A, i_C(0_+)=-3A, u_C(\infty)=2.4V, i_C(\infty)=0, \tau=6s]$

第 10 单元　安全用电

模块 34　触电的方式与急救方法：模块习题

1. 电流的大小，通过人体的持续时间，通过人体的途径，电压高低，电流频率，人体状况

2. 摆脱电流，16，10

3. 人工呼吸，胸外按压

4. 电器开关，拔掉插头

5. 多发性，突发性，季节性，高死亡率

6. B　　7. D　　8. C　　9. C，A，B

10. ×　　11. ×　　12. ×　　13. ×

14. 答：发现有人触电应立即抢救。抢救的要点：应使触电者脱离电源，正确进行现场诊断，及时实施就地抢救。

触电者呼吸停止，心脏不跳动，如果没有其他致命的外伤，只能认为是假死，必须立即进行抢救，争取时间是关键，在请医生前来和送医院的过程中不许间断抢救。抢救以“口对口人工呼吸”和“人工胸外挤压”两种抢救方法为主。

15. 答：一般情况下，人体的电阻可按 1000～2000Ω 考虑。

※模块 35　接地与接零：模块习题

1. 红，黄，绿

2. 保护接地，工作接地

3. 接地体，地线

4. 过载，短路，断相，欠压

5. A　　6. B　　7. C　　8. B

9. √　　10. √

单元自测题（一）

一、填空题

1. 电击，电伤

2. 跨步电压，接触电压

3. 黄，绿，红

4. 安全第一，预防为主，安全防护技术

5. 图形符号　安全色　几何形状

6. 大地

7. 工作接地，保护接地

8. 人工呼吸，胸外按压

9. 接地体，接地线

二、选择题

1. D　　2. A　　3. C　　4. D　　5. C

6. B　　7. C　　8. A　　9. B　　10. B

三、判断题

1. √　　2. √　　3. √　　4. ×　　5. √

6. ×　　7. ×　　8. √　　9. ×　　10. ×

四、简答题

1. 答：不致使人直接致死或致残的电压称为安全电压。

42V，36V，24V，12V，6V

2.答：要使触电者迅速脱离电源，应立即拉下电源开关或拔掉电源插头，若无法及时找到或断开电源时，可用干燥的竹竿、木棒等绝缘物挑开电线。

将脱离电源的触电者迅速移至通风干燥处仰卧，将其上衣和裤带放松，观察触电者有无呼吸，摸一摸颈动脉有无搏动。

施行急救。若触电者呼吸及心跳均停止时，应做人工呼吸和胸外按压，即实施心肺复苏法抢救，另要及时打电话呼叫救护车。

尽快送往医院，途中应继续施救。

3.答：在中性点直接接地的低压电力网中，电力装置应采用低压接零保护。

在中性点非直接接地的低压电力网中，电力装置应采用低压接地保护。

由同一台发电机、同一台变压器或同一段母线供电的低压电力网中，不宜同时采用接地保护与接零保护。

4.答：① 保护原理不同

保护接地是限制设备漏电后的对地电压，使之不超过安全范围。在高压系统中，保护接地除限制对地电压外，在某些情况下，还有促使电网保护装置动作的作用；

保护接零是借助接零线路使设备漏电形成单相短路，促使线路上的保护装置动作，以及切断故障设备的电源。此外，在保护接零电网中，保护零线和重复接地还可限制设备漏电时的对地电压。

② 适用的范围不同

保护接地既适用于一般不接地的高低压电网，也适用于采取了其他安全措施（如装设漏电保护器）的低压电网；

保护接零只适用于中性点直接接地的低压电网。

③ 线路结构不同

保护接地，电网中可以无工作零线，只设保护接地线；

保护接零，则必须设工作零线，利用工作零线作接零保护。

保护接零线不应接开关、熔断器，当在工作零线上装设熔断器等开断电器时，还必须另装保护接地线或接零线。

单元自测题（二）

一、填空题

1.单相触电，两相触电，跨步电压触电

2.电流的大小，通过人体的持续时间，通过人体的途径，电压高低，电流频率，人体状况

3.使触电者迅速安全脱离电源，现场救护　　4.低压，高压

5.保护接地，工作接地　　6.保护接零，中性点直接接地

7.图形符号，安全色，几何形状

二、选择题

1. C　2. D　3. B　4. C　5. D
6. B　7. C　8. C　9. A　10. C

三、判断题

1. ×　2. ×　3. √　4. ×　5. ×
6. √　7. √　8. ×　9. ×　10. √

四、计算题

1. 答：一般情况下，人体的电阻可按 1000～2000Ω 考虑。

2. 答：保护接地就是电气设备在正常运行的情况下，将不带电的金属外壳或构架用足够粗的金属线与接地体可靠地连接起来，以达到在相线碰壳时保护人身安全，这种接地方式就叫保护接地，如图 10.5 所示。对于保护接地电阻值的要求是：$R_0<4\Omega$。

该接地方式适用于三相电源中性点不接地的供电系统和单相安全电压的悬浮供电系统的一种安全保护方式。

3. 答：对于高压触电事故，可采用下列方法使触电者脱离电源。

(1) 立即通知有关部门断电。

(2) 戴上绝缘手套，穿上绝缘靴，用相应电压等级的绝缘工具按顺序拉开开关。

(3) 抛掷裸金属线使线路短路接地，迫使保护装置动作，断开电源。注意抛掷金属线之前，先将金属线的一端可靠接地，然后抛掷另一端；注意抛掷的一端不可触及触电者和其他人。

4. 答：在中性点不接地的低压系统中，在正常情况下各种电力装置的不带电的金属外露部分，除有规定外都应接地。如：

(1) 电机、变压器、电器、携带式及移动式用电器具的外壳。

(2) 电力设备的传动装置。

(3) 配电屏与控制屏的框架。

电缆外皮及电力电缆接线盒，终端盒的外壳。

综合自测题（一）

一、填空题

1. 5，20　　2. 2∶1，2∶1　　3. 参考点　　4. 1，0.5，2

5. 容，$-30°$　　6. 相，线

7. $220\sqrt{2}\sin(314t-90°)$V，$220\sqrt{2}\sin(314t+150°)$V

8. $4\sqrt{2}\Omega$，45°　　9. 弱

10. 250Hz　　11. 电容电压，电感电流

二、选择题

1. D	2. B	3. A	4. B	5. D
6. B	7. A	8. C	9. D	10. B
11. A	12. C	13. C	14. C	15. C

三、判断题

1. ×	2. ×	3. ×	4. ×	5. √
6. ×	7. ×	8. ×	9. ×	10. ×

四、计算题

1. $I=4$A

2. $Z=50\angle 53°\Omega$，$\dot{I}=2\angle -53°$A，$\cos\varphi=\cos 53°=0.6$

$\dot{U}_R=60\angle -53°$V，$\dot{U}_L=100\angle 37°$V，$\dot{U}_C=20\angle -143°$V

$P=240$W，$Q=240$var，$S=400$V·A

3. $u_C(t)=-6+12e^{-1000t}$V

综合自测题（二）

一、选择题

1. A　2. B　3. C　4. C　5. D
6. A　7. B　8. A　9. B　10. C
11. B　12. B　13. C　14. A　15. D
16. A　17. B　18. C　19. D　20. B

二、填空题

1. 10，10　2. 30Ω，30Ω　3. 电感，60°
4. $\frac{1}{2\pi\sqrt{LC}}$，最大，高　5. 短路　6. $\sqrt{3}$，$\sqrt{3}$
7. 5，5，$5\sqrt{3}$　8. 2，0　9. 参考点　10. 1，110

三、判断题

1. √　2. ×　3. ×　4. ×　5. ×
6. √　7. ×　8. √　9. √　10. ×

四、计算题

1. $I=4\text{A}$
2.(1) $Z=10\angle-45°\Omega$，电容性
(2) $\dot{I}=10\angle55°\text{A}$，$\dot{U}_R=100\angle55°\text{V}$，$\dot{U}_L=30\angle145°\text{V}$，$\dot{U}_C=130\angle-35°\text{V}$
3.(1) 线圈电流：$I_P=22\text{A}$
(2) 每相负载功率因数：$\cos\varphi=\cos53°=0.6$
(3) 三相总功率：$P=8688\text{W}$，$Q=11584\text{var}$，$S=14480\text{V}\cdot\text{A}$

综合自测题（三）

一、填空题

1. 吸收，耗能；发出，供能　2. 10，0
3. 2.5，40　4. 10Ω
5. 220，314，45°　6. $177.10\angle53°$或 $6+8j$
8. 并联电容器，1
9. 10，$8\sqrt{2}\sin\omega t$，$6\sqrt{2}\sin\omega t$，$10\sqrt{2}$

二、选择题

1. C　2. D　3. D　4. B　5. B
6. C　7. B　8. C　9. B　10. B

三、判断题

1. ×　2. ×　3. √　4. ×　5. √
6. √　7. ×　8. √　9. √　10. √

四、计算题

1. −16V　2. 50V　3. 2A
4.(1) $\tau=RC=2.5\times10^{-5}\text{s}$
(2) $u_C(0_+)=0\text{V}$，$u_C(\infty)=10\text{V}$；$i_C(0_+)=2\text{A}$，$i_C(\infty)=0\text{A}$
$u_C(t)=10-10e^{-40000t}\text{V}$，$i_C(t)=2e^{-40000t}\text{A}$

综合自测题（四）

一、填空题

1. 120，720　　2. 理想电压源，内阻　3. −20，10　　4. 3

5. 50，0.02，$220\sqrt{2}$，45°，−15°（或 15°）。$u_1(t)=220\sqrt{2}\sin(314t+45°)$V，$u_{21}(t)=80\sqrt{2}\sin(314t+60°)$V

6. 端线（或火线），中线，端线（或火线），中线，端线（或火线），端线（或火线）

二、选择题

1. A　2. C　3. C　4. D　5. A
6. C　7. C　8. C　9. A　10. C

三、判断题

1. ×　2. ×　3. √　4. ×　5. ×
6. ×　7. ×　8. ×　9. ×　10. ×

四、计算题

1. U_{S1} 单独作用时，$I_3'=1.2$A，U_{S2} 单独作用时，$I_3''=1.2$A，所以 $I_3=2.4$A

2.（1）$Z=R+j(X_L-X_C)=30+j(40-10)=30+30j=30\sqrt{2}\angle 45°\Omega$

（2）$\dot{I}=\dfrac{\dot{U}_L}{jX_L}=\dfrac{10\angle 0°}{j40}=0.25\angle -90°$A

$\dot{U}_R=\dot{I}R=7.5\angle -90°$V

$\dot{U}_C=-jX_C\dot{I}=2.5\angle -180°=-2.5$V

$\dot{U}=\dot{I}Z=7.5\sqrt{2}\angle -45°$V

（3）略

3. $i_1(0_+)=2$A，$i_2(0_+)=\dfrac{2}{3}$A，$i_3(0_+)=\dfrac{4}{3}$A，$u_C(0_+)=0$V

4. $L=0.1$H，$C=10\mu$F

综合自测题（五）

一、填空题

1. 5，−5　　2. 10，2

3. 最大值（或有效值），角频率（或周期、频率），初相位。$5\sqrt{2}$，50，30°

4. 0.5　　5. 53.1°，电感，超前

6. 初始值，稳态值，时间常数

7. $X_L=X_C$，$\dfrac{1}{2\pi\sqrt{LC}}$，$\dfrac{\rho}{R}\left(\text{或}\dfrac{\omega_0 L}{R}，\dfrac{1}{\omega_0 CR}\right)$

二、选择题

1. A　2. A　3. A　4. A　5. B
6. C　7. A　8. C　9. B　10. B

三、判断题

1. ×　2. √　3. ×　4. ×　5. √
6. ×　7. √　8. ×　9. ×　10. √

四、计算题

1. 1.6A，0.16W

2.(1) $\dot{I}=2\angle -23^\circ$A，$\dot{U}_R=6\angle -23^\circ$V，$\dot{U}_L=14\angle 67^\circ$V，$\dot{U}_C=6\angle -113^\circ$V

(2) $i=2\sqrt{2}\sin(314t-53^\circ)$A，图略

(3) $P=12$W，$Q=16$var，$S=20$V·A

3.(1) $\dot{I}_{\rm A}=44\angle -53^\circ$A，$\dot{I}_{\rm B}=44\angle -173^\circ$A，$\dot{I}_{\rm C}=44\angle 67^\circ$A，

$\dot{U}_{\rm A}=220\angle 0^\circ$V，$\dot{U}_{\rm B}=220\angle -120^\circ$V，$\dot{U}_{\rm C}=220\angle 120^\circ$V。

(2) $\dot{I}_{\rm AB}=76\angle -23^\circ$A，$\dot{I}_{\rm BC}=76\angle -143^\circ$A，$\dot{I}_{\rm CA}=76\angle 97^\circ$A，

$\dot{I}_{\rm A}=76\sqrt{3}\angle -53^\circ$A，$\dot{I}_{\rm B}=76\sqrt{3}\angle -173^\circ$A，$\dot{I}_{\rm C}=76\sqrt{3}\angle 67^\circ$A

参考文献

[1] 邱关源. 电路（上、下册）. 第 3 版. 北京：高等教育出版社，1999.

[2] 李瀚荪. 电路分析基础（上、中、下册）. 第 3 版. 北京：高等教育出版社，1999.

[3] 周南星. 电工基础. 北京：中国电力出版社，2004.

[4] 沈国良. 电工电子技术基础. 北京：机械工业出版社，2002.

[5] 孙琴梅. 实用电工电子技术. 上海：上海交通大学出版社，2003.

[6] James W，Nilsson Susan A，Riedel 著. 电路. 第 8 版. 周玉坤等译. 北京：电子工业出版社，2009.

[7] 林训超. 电工技术与应用. 北京：高等教育出版社，2013.

[8] 李元庆. 电路基础与实践应用. 北京：中国电力出版社，2011.

[9] 赵会军. 电工技术. 第 2 版. 北京：高等教育出版社，2014.

[10] 刘秉安. 电工技能培训. 北京：机械工业出版社，2011.

[11] 燕庆明. 电路基础及应用. 北京：高等教育出版社，2014.

[12] 李贞权. 电工技术基础与技能. 北京：机械工业出版社，2011.

[13] 张虹. 实用电路基础. 北京：北京大学出版社，2009.

[14] 席时达. 电工技术. 第 4 版. 北京：高等教育出版社，2014.

[15] 孙爱东. 电工技术及应用. 北京：中国电力出版社，2012.

[16] 谭维瑜. 电工技术与技能实训. 北京：机械工业出版社，2012.

[17] 石生. 电路基本分析. 第 4 版. 北京：高等教育出版社，2014.

[18] 张恩沛. 电路分析实训教程. 北京：机械工业出版社，2008.

[19] 刘科. 电路基础与实践. 北京：机械工业出版社，2012.

[20] 才家刚. 电工工具和仪器仪表的使用. 北京：化学工业出版社，2011.

[21] 康巨珍. 电路理论基础. 天津：天津科技翻译出版公司，2000.

[22] 邵展图. 电工基础（第 5 版）习题册. 北京：中国劳动社会保障出版社，2014.

[23] 张涛. 电工基础学习辅导与习题详解. 北京：国防工业出版社，2014.

[24] 孔庆鹏. 电工学（上册）习题及实验指导-电工技术基础. 北京：电子工业出版社，2015.

[25] 张志良. 电工基础学习指导与习题解答. 北京：机械工业出版社，2010.

[26] 蒋志坚. 电路分析基础习题精炼. 北京：机械工业出版社，2012.